纺织高等教育“十一五”部委级规划教材

技术纺织品

陈韶娟　马建伟　主编
邱冠雄　主审

中国纺织出版社

内 容 提 要

本书主要介绍了芳纶制品、碳纤维制品、抗菌纺织品、医用纺织品、智能纺织品、土工合成材料、建筑用纺织品等18种技术纺织品的发展现状、生产方法和加工原理、应用与测试，使读者能概要性地了解技术纺织品的概念、发展前景和常见技术纺织品的结构、性能和用途。

本书可作为纺织院校新型纺织技术、产业用纺织品等课程的教材，也可作为相关专业人员的培训教材，还可供相关科研院所和生产企业的工程技术人员参考。

图书在版编目(CIP)数据

技术纺织品/陈韶娟，马建伟主编. —北京：中国纺织出版社，2008.10
纺织高等教育"十一五"部委级规划教材
ISBN 978-7-5064-5032-4
Ⅰ.技… Ⅱ.①陈…②马 Ⅲ.纺织品—高等学校—教材
Ⅳ.TS106
中国版本图书馆CIP数据核字(2008)第127147号

策划编辑：裘 康　　责任编辑：曹昌虹　　特约编辑：范雨昕
责任校对：寇晨晨　　责任设计：李 然　　责任印制：何 艳

中国纺织出版社出版发行
地址：北京东直门南大街6号　邮政编码：100027
邮购电话：010—64168110　传真：010—64168231
http://www.c-textilep.com
E-mail:faxing @ c-textilep.com
北京虎彩文化传播有限公司印刷　北京虎彩文化传播有限公司装订
各地新华书店经销
2008年10月第1版第1次印刷
开本：787×1092　1/16　印张：15.25
字数：312千字　定价：48.00元

凡购本书，如有缺页、倒页、脱页，由本社市场营销部调换

出版者的话

全面推进素质教育，着力培养基础扎实、知识面宽、能力强、素质高的人才，已成为当今本科教育的主题。教材建设作为教学的重要组成部分，如何适应新形势下我国教学改革要求，与时俱进，编写出高质量的教材，在人才培养中发挥作用，成为院校和出版人共同努力的目标。2005年1月，教育部颁发了教高[2005]1号文件"教育部关于印发《关于进一步加强高等学校本科教学工作的若干意见》"(以下简称《意见》)，明确指出我国本科教学工作要着眼于国家现代化建设和人的全面发展需要，着力提高大学生的学习能力、实践能力和创新能力。《意见》提出要推进课程改革，不断优化学科专业结构，加强新设置专业建设和管理，把拓宽专业口径与灵活设置专业方向有机结合。要继续推进课程体系、教学内容、教学方法和手段的改革，构建新的课程结构，加大选修课程开设比例，积极推进弹性学习制度建设。要切实改变课堂讲授所占学时过多的状况，为学生提供更多的自主学习的时间和空间。大力加强实践教学，切实提高大学生的实践能力。区别不同学科对实践教学的要求，合理制定实践教学方案，完善实践教学体系。《意见》强调要加强教材建设，大力锤炼精品教材，并把精品教材作为教材选用的主要目标。对发展迅速和应用性强的课程，要不断更新教材内容，积极开发新教材，并使高质量的新版教材成为教材选用的主体。

随着《意见》出台，教育部组织制订了普通高等教育"十一五"国家级教材规划，并于2006年8月10日正式下发了教材规划，确定了9716种"十一五"国家级教材规划选题，我社共有103种教材被纳入国家级教材规划。在此基础上，中国纺织服装教育学会与我社共同组织各院校制订出"十一五"部委级教材规划。为在"十一五"期间切实做好国家级及部委级本科教材的出版工作，我社主动进行了教材创新型模式的深入策划，力求使教材出版与教学改革和课程建设发展相适应，充分体现教材的适用性、科学性、系统性和新颖性，使教材内容具有以下三个特点：

(1) 围绕一个核心——育人目标。根据教育规律和课程设置特点，从提高学生分析问题、解决问题的能力入手，教材附有课程设置指导，并于章首介绍本章知识点、重点、难点及专业技能，增加相关学科的最新研究理论、研究热点或历史背景，章后附形式多样的思考题等，提高教材的可读性，增加学生学习兴趣和自学能力，提升学生科技素养和人文素养。

（2）突出一个环节——实践环节。教材出版突出应用性学科的特点，注重理论与生产实践的结合，有针对性地设置教材内容，增加实践、实验内容。

（3）实现一个立体——多媒体教材资源包。充分利用现代教育技术手段，将授课知识点制作成教学课件，以直观的形式、丰富的表达充分展现教学内容。

教材出版是教育发展中的重要组成部分，为出版高质量的教材，出版社严格甄选作者，组织专家评审，并对出版全过程进行过程跟踪，及时了解教材编写进度、编写质量，力求做到作者权威，编辑专业，审读严格，精品出版。我们愿与院校一起，共同探讨、完善教材出版，不断推出精品教材，以适应我国高等教育的发展要求。

中国纺织出版社
教材出版中心

Foreword

前 言

在传统纺织品市场竞争异常激烈的今天，许多国家的纺织业正面临着一场危机，但与此同时，技术纺织品正处于大发展之中。

所谓技术纺织品，是指非一般性消费的，采用专用技术或具有某种专门技术特性的织物。这类产品性能各异，如阻燃、耐高温、耐磨损、强度高、抗菌等。其使用范围十分广泛，包括产业用、装饰用和服装用纺织品，如轮胎帘子线、汽车用安全气囊、人造器官、防紫外线和防辐射产品等。

技术纺织品属高技术产品，由高性能的合成纤维，如芳纶、碳纤维、高强聚乙烯纤维等制成，根据不同需要，往往加入其他材料，进行复合或其他特殊处理。目前，技术纺织品应用这类高性能合成纤维的比重达到38%，超过了传统的一般消费纺织部门所占的比重(34%)。

尽管我国技术纺织品的起步较晚，但近几年发展很快，成为名副其实的“朝阳工业”。可以预计，在不久的将来，我国将成为世界技术纺织品的第一大消费国。

本书主编为陈韶娟和马建伟，副主编为李涛和郭秉臣。其中，第一章、第二章、第十三章、第十六至第十八章由马建伟编写；第三至第八章、第十一章、第十二章、第十四章由陈韶娟编写；第九章、第十章、第十六章和光盘版由李涛编写；第十五章由郭秉臣编写。全书由陈韶娟定稿、校对，由邱冠雄教授主审。在本书的编写过程中，得到了许多专家的热情帮助和指导，其中，马千里对第一章、牛建民对第十八章的有关内容做了认真修改。另外，还有许多专业人员、在读研究生和本科生参与了本书的资料检索、内容整理、文字录入和绘图工作，他们是王晶、孙磊、王洪燕、车顺花、张彩玲、张明霞、赵晓东、李达、张昊、孙韵珊、蒲帅、张新雨、李鹏等，在此表示衷心感谢。

由于编者水平所限，书中难免有不妥和争议之处，望广大读者指正。

编 者

2008年3月

课程设置指导

本课程设置意义 技术纺织品是指采用专门技术生产，具有较高技术含量和性能，满足特定技术要求的纺织品。这些性能包括阻燃、耐高温、抗磨损、高强度、防菌、发光等。这类纺织品的应用范围十分广泛，如工业中的液体、气体及粉尘过滤、高强度缆绳等；运输业的管道接头、传动带等；医学上的绷带、敷料、人造韧带和器官等；人体保护方面的劳保服装；体育运动方面的滑雪板、高性能运动装等。

在传统纺织品市场竞争异常激烈的今天，技术纺织品市场正处于大步发展时期。专家们预计，我国将成为世界第一大技术纺织品消费国。许多学校也开设了技术纺织品等相关课程。为此，我们编写了此教材。

本课程教学建议 技术纺织品课程作为纺织工程专业和纺织材料与产品设计专业的主干课程，建议40学时，每2学时讲授一章，教学内容包括本书全部内容。

纺织与计算机、纺织与贸易专业方向、染整技术、服装类、装饰品类等专业作为选修课，建议30学时，选择与专业有关内容教学。

本课程教学目的 通过本课程的学习，学生应掌握高性能纤维及技术纺织品的结构性能、加工方法、测试与评价以及应用等知识。

Contents

目 录

第一章 芳纶制品

本章知识点

1. 了解芳纶的发展现状。
2. 掌握芳纶的结构和性能。
3. 熟悉芳纶的加工与制备。
4. 了解芳纶制品及应用。

芳纶是高性能纤维的主要品种之一,它具有优良的化学稳定性、热稳定性及高强度、高模量等特性,被广泛应用于高温过滤材料、电绝缘纸、橡胶补强材料、防弹材料、个体防护服等方面,并不断在高新产业领域得到应用。

第一节 芳纶的发展现状

一、国外发展现状

芳纶是芳香族聚酰胺纤维的通称。1974 年,美国联邦贸易委员会(FTC)采用如下定义来描述芳香族聚酰胺纤维:一种人造纤维,其呈现物质是长链合成聚酰胺,其中至少 85% 的酰胺键被直接连到两个芳香环上。根据酰胺键连接在苯环上的位置不同,主要分为对位芳纶和间位芳纶两大类。其中,对位芳纶纤维的主要品种有聚对苯甲酰胺纤维(芳纶Ⅰ型)、聚对苯二甲酰对苯二胺纤维(芳纶Ⅱ型,缩写为 PPTA,国内商品名称为芳纶 1414,国外商品名称为凯夫拉)和共聚改性芳纶,其中以芳纶 1414 性能最优,用途最广,发展最快。间位芳纶主要有间苯二甲酰间苯二胺(PMIA)纤维,国内商品名称为芳纶 1313。

自从美国杜邦公司的凯夫拉(Kevlar)问世以来,芳纶无论是品种、生产规模、技术水平、产品性能和市场开拓等方面均有很大发展,成为特种合成纤维中产量最高、用途最广的重要品种。芳纶的总生产能力有可能超过维纶和氯纶而跃居仅次于“四大纶”(即涤纶、腈纶、锦纶和丙纶)的合成纤维大品种,其发展速度举世瞩目。

二、国内发展概况

长期以来,由于芳纶生产投资成本高、技术难度大,世界上仅美国、日本和前苏联有能力进行生产,工艺技术属于绝密,产品被视为战略物资而严加管制。尽管我国芳纶的研发起步较早,从 1973 年开始研究,“六五”和“七五”期间均被列为国家重大攻关项目,先后经历了实验室探索、小试、工业化小试和中试几个阶段,并取得了一系列的科研成果,开发了普通型、高伸长型、中高强度型和高强高模型产品，纤维主要性能达到或接近 Kevlar49 T965 型的水平，其主要性能已接近国际同类产品水平。我国芳纶Ⅰ型的研究始于1976年，采用的工艺路线为直接缩聚湿法纺丝。1981年上海树脂所和上海合纤所分别完成了树脂和纤维的小试研究，1990年5月又分别完成了中试研究，通过了鉴定。芳纶Ⅰ型的性能与 Kevlar149 相当接近，目前国内只有一种型号（中强高模型），代号为 FLI—Ⅰ型。

随着经济的飞速发展，芳纶逐渐被国内市场认识和接受。2001年，中国市场芳纶的用量为2000t，全部依赖进口。多年来，我国一直致力于芳纶国产化、规模化的技术开发，但由于种种因素的制约，在关键技术上始终没能突破。2000年，只有30吨/年聚合和10吨/年纺丝的生产能力。我国芳纶的需求量完全依赖进口，严重受制于人。

2003年3月，年产500t芳纶1313的项目在烟台氨纶高新技术工业园区开工建设。2004年5月，投资1.5亿元的芳纶首期工程胜利建成，并一次投料试车成功。经过两次扩建，目前年产能达到2500t，仅次于美国杜邦公司，列居世界第二位，2008年产将达到4000t。在扩大规模的同时，烟台氨纶股份有限公司还加大了产品品种的开发力度，先后开发出不同细度、长度以及有色纤维，满足了国内防护领域的需求，其应用领域已拓展到过滤材料、音响弹波等领域。目前，烟台氨纶股份有限公司正在加快延伸芳纶1313的产业链，优化芳纶产品结构，芳纶1313长丝中试生产线也已投产，同时着手间位芳纶纸产业化项目和对位芳纶中试项目的建设。该公司计划2008年使芳纶的生产能力达到6000吨/年芳纶1313和3000吨/年芳纶1414的规模，合计9000吨/年。

我国对芳纶聚合体制备技术的研究也获得了重大突破。2007年3月28日，中国纺织工业协会在常熟市召开了"100吨/年对位芳纶聚合体制备中试研究"项目鉴定会。鉴定组认为，聚合和溶剂回收工艺技术及装备具有独创性和先进性，总体技术达到了国际先进水平。具有完整的自主知识产权，共申请国家发明专利10项，其中已授权5项。并将进一步优化工艺和装备，稳定产品质量，早日实现1000～2000吨/年的产业化规模。

第二节 芳纶的结构和性能

一、芳纶1414的结构和性能

芳纶1414由对苯二胺（PPD）和对苯二酰氯（TPC）这两种单体聚合而成。在缩聚反应中，TPC和PPD反应生成聚合物聚对苯二甲酰对苯二胺，也就是PPTA。

1. 芳纶1414的结构 芳纶1414分子结构式为：

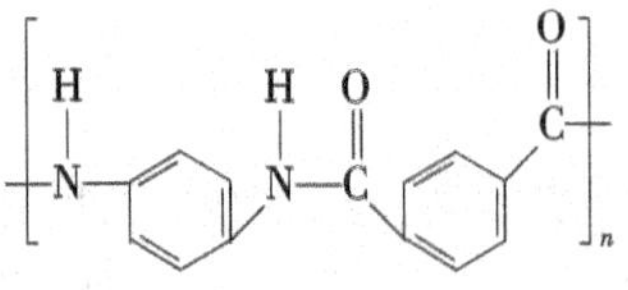

芳纶1414大分子中的酰氨基与对位苯基相连接，结构特点可归纳为以下几点。

（1）分子链沿纤维轴向高度结晶排列。

(2)纤维含有氢键系,这种氢键系沿其轴线有规则地折叠,并沿径向分布。

(3)皮芯结构不同,芯层的微晶不如皮层取向度高。因此,一些专家根据芳纶 1414 的变形、断裂过程和物理结构关系,建立了以下几种结构模型。

①折叠模型。当纤维凝固时,纤维表层首先形成,纺丝应力衰减,则纤维中心层松弛,同时在结晶过程中,均匀的周期性形成折叠,如图 1-1 所示。

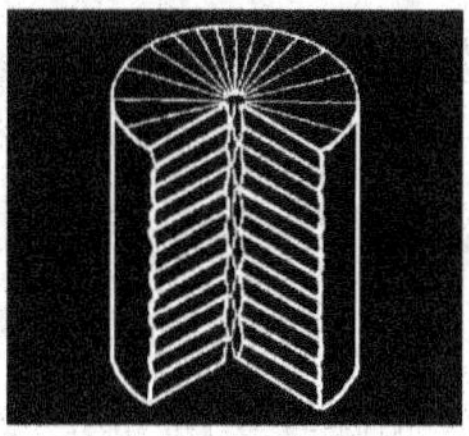

图 1-1 折叠模型

②链端模型。Morgan 认为,PPTA 结晶区内大分子的氢键平面受应力后将产生多大的应变引起大分子链剪切而没有滑移这一点还不清楚,因而提出了芳纶 1414 的链端模型。他认为纤维内链端的集中和分布是影响芳纶 1414 变形、断裂过程和强度的主要结构因素。假设棒状的 PPTA 大分子平行于纤维轴排列;在纤维皮层,链端基本上随机排列,纤维芯层以群体型排列,导致沿纤维轴每隔 200 nm(PPTA 大分子平均长度)形成周期性横向弱平面,而链端群体处于这些弱平面附近,使纤维皮层比芯层结晶少,如图 1-2 所示。芳纶 1414 大分子链端的假设模型意味着整个纤维而不是皮层含有随机的链端分布,纤维强度就会增大,而这与纤维制造过程密切相关。

芳纶 1414 聚合物的分子量大小、分布及纤维的结晶度等直接影响其性能,特别是强度。通过提高纺丝原液中聚合物的浓度,就可以在湿纺加工过程中提高纤维中链状分子的取向度,从而使纤维获得较高的强度。原则上,较高的分子量也可以提高纤维的强度。目前芳纶 1414 的聚合度一般为 75 ~ 80,其相对分子质量为 18000 ~ 19000,均为高结晶性纤维。

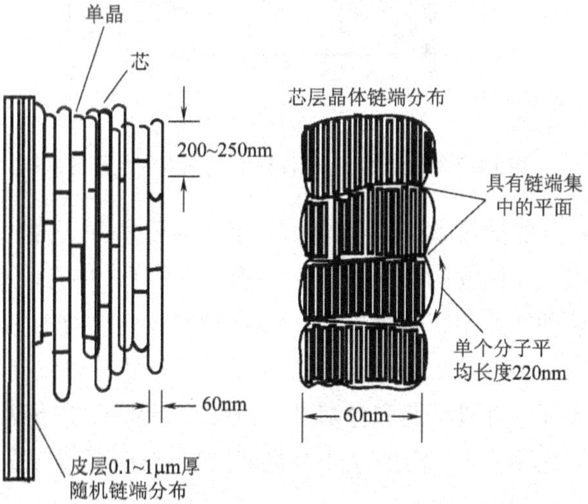

图 1-2 链端模型

2. 芳纶 1414 的性能 芳纶 1414 是一种液晶高分子材料,因为聚合物具有线型结构,所以它是一种高强度、高模量纤维,同时还具有密度低、韧性较好、耐热性优良、耐酸碱性好、耐化学溶剂等优点。其强度是一般高分子材料的几十倍，比强度（抗拉强度与密度之比）为钢丝的6～7倍，比模量（弹性模量与密度之比）为钢丝的2～3倍，密度只有钢丝的1/5，在$1.45g/cm^3$左右，故在宇航、轮胎帘子线、电缆及体育用品方面得到广泛的应用。然而由于结构的原因，芳纶1414也存在一些不足，如溶解性、耐疲劳性以及韧性还不够好，耐光性较差，横向压缩模量较低，这些缺点也限制了它的进一步应用。

芳纶1414轴向强度很大（强共价键），而横向上的强度较小，其轴向抗压强度仅为其抗拉强度的1/5，其拉伸模量非常高。图1－3比较了各种纤维的比强度和比模量数值，说明芳纶1414是一种性能极好的轻型增强材料。由于芳纶1414的横向结合力较弱，因此耐磨性能较差，当纤维之间或纤维与金属表面摩擦，易原纤化，特别是在纤维表面区域，纤维易原纤化或劈裂，以至断裂。芳纶1414的断裂伸长率比各种传统的有机纤维小，但比钢纤维、玻璃纤维和碳纤维的要大，该特点有时是优点，有时则是缺点，与用途有关。另外，由于这种纤维具有较高的各向异性，故剪切性能较低。

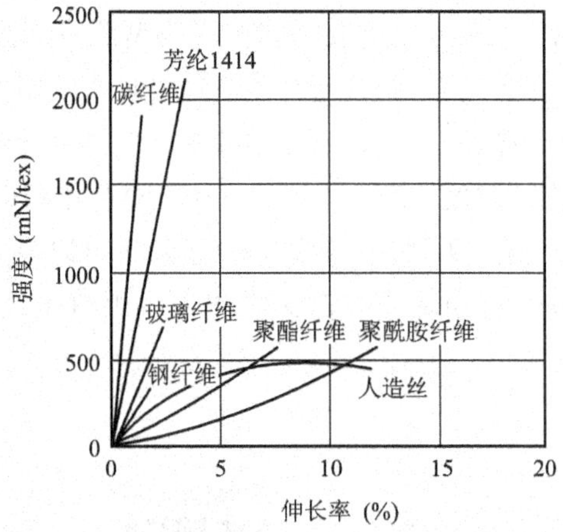

图1－3　芳纶1414与各种增强纤维的性能比较

芳纶1414具有良好的散热和绝热性能。在相同的重量下，芳纶1414比玻璃纤维和石棉织物的绝热性好，强度受温度的影响很小。高温下不膨胀，略有收缩，热稳定性显著地优于一般纤维。而且，这种纤维的阻燃性能好，无后燃烧，且在燃烧时放出的毒气较少。芳纶1414的缺点是防紫外线照射能力较差，在户外应用需进行防紫外线保护。

芳纶1414可耐大部分有机溶剂和盐溶剂。但强酸或强碱，在高温或高浓度下会降低芳纶1414的强度。在氧化环境下，芳纶1414有极好的稳定性，强度损失很小。几种对位芳纶的主要特性见表1－1。

可见，Kevlar49的拉伸模量约比Kevlar29高了近一倍，而其断裂伸长率则降低了近30%。Kevlar49纤维具有低密度、高强度、高模量和低蠕变性的特点，在静负荷及高温条件下仍有优良的尺寸稳定性。特别适合于用作复合材料的增强纤维，目前已在宇航和航空工业、体育用品等方面应用。Kevlar29的伸长度高，耐冲击优于Kevlar49，已用于制造防弹衣和各种规格的高强缆绳。

表 1－1　几种对位芳纶的主要特性

商品牌号	应用特性	密度 (g/cm³)	拉伸强度 (cN/dtex)	拉伸模量 (cN/dtex)	断裂伸长率 (%)	极限氧指数 LOI(%)	分解温度 (℃)	吸湿率 (%)
Kevlar 29	标准	1.44	20.3	490	3.6	29	500	7
Kevlar 49	高模	1.45	20.8	780	2.4	29	500	3.5
Kevlar 119	高伸	1.44	21.2	380	4.4	29	500	7
Kevlar 129	高强	1.44	23.4	670	3.3	29	500	7
Kevlar 149	高模	1.47	16.8	1150	1.3	29	500	1.2
Twaron Reg	标准	1.44	21	500	4.4	29	500	6.5
Twaron HM	高模	1.45	21	750	2.5	29	500	3.5
Technora	高强	1.39	24.7	520	4.6	25	500	2
Armos	高强高模	1.43	35～39	1050	3.5～4.0	39～42	575	2.0～3.5
Rusar C	高强高模	1.46	36.3	1074	2.6	35	575	2.25
Rusar HT	高强高模	1.47	34.7	1200	2.6	45	575	1.35

二、芳纶 1313 的结构和性能

1. 芳纶 1313 的结构　芳纶 1313 分子结构式为：

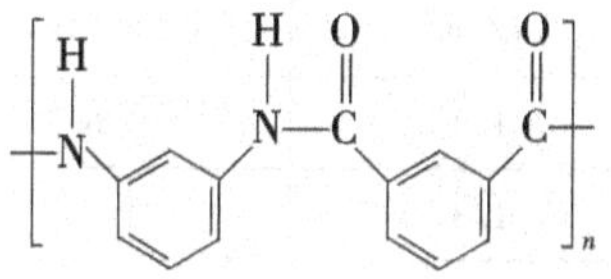

芳纶 1313 大分子中的酰氨基与间位苯基相连接，其共价键没有共轭效应，内旋转位能相对芳纶 1414 低一些，大分子链呈现柔性结构。其弹性模量的数量级和其他柔性大分子处于相同水平。

芳纶 1313 的结晶结构为三斜晶系，亚苯基环的两面角从酰氨基平面测量为 30°，这是分子内相互作用力下最稳定的结构。晶格参数为：$a=0.527\text{nm}$，$b=0.525\text{nm}$，$c=1.13\text{nm}$（纤维轴向），$\alpha=111.5°$，$\beta=111.4°$，$\gamma=88.0°$，$Z=1$。微细结构为较明显的原纤结构。c 轴的长度表明它比完全伸直链短 9%。亚苯基、酰氨基之间和 C—N 键旋转的高能垒阻碍分子链成为完全伸直链的构象。在其结晶结构中，氢键在晶体的两个平面上以格子状排列，氢键的强烈作用使其化学结构非常稳定，并具有优越的耐热性、阻燃性和耐化学腐蚀性。

2. 芳纶 1313 的性能

（1）耐热性好。芳纶 1313 的玻璃化转变温度 T_g 大约为 275℃，375℃开始伴随着热降解，具有很不明确的熔点，热分解温度为 400～430℃。无论是在氮气或空气环境中，400℃时纤维失重小于 10%，在 427℃以上时开始快速分解。在火焰中不发生熔滴，而且如果在熔滴的化学纤维中混入少量芳纶 1313 就能够防止熔滴现象的发生。在 100～200℃下长期使用不会熔融；

在200℃以下，连续工作2000h，强度仍能保持原来的90%；在260℃的热空气中可以连续工作1000h，能够保持原强度的65%～70%；在300℃高温下使用一周，仍能保持原强度的50%；当加热到大约400℃以上时开始碳化，并通过形成坚韧的焦炭层，提供连贯的热防护层以支撑表面，借此维持其保护特性。焦炭的形成确保纤维可燃性低，极限氧指数为28%～31%。

（2）尺寸稳定。芳纶1313在高温下表现出高度的稳定性，在250℃时热收缩率仅为1%，在300℃以下为5%～6%。

（3）耐化学试剂。芳纶1313能耐大多数酸，长期浸蚀在盐酸、硝酸和硫酸中，强度仅略有下降。耐碱性尚好，但长期浸蚀在NaOH中强度下降。耐多数漂白剂及溶剂，在次氯酸钠中强度略有损失。对氧化物稳定，在250℃的腐蚀气体作用下，强度仍保持常温时的60%。在酸的露点温度以上具有抗氧化作用，但在酸的露点温度以下，由于浓硫酸聚集在纤维上，强度往往下降。

（4）不易染色、对日光稳定性较差。芳纶1313分子排列紧密，染料分子不易进入，因此染色性能较差，特别是深色的染色牢度差。湿法纺丝纤维结晶度较高，染色问题尤为突出。芳纶1313由于大分子链上有酰氨基，在紫外光的照射下会发生断链，从而引起物理机械性能的降低。如果是原色纤维，会导致纤维颜色变深。表1－2列出了几种芳纶1313性能。

表1－2　芳纶1313的主要性能

名　称	产　地	密度（g/cm^3）	强度（cN/dtex）	断裂伸长率（%）	极限氧指数 LOI（%）
Nomex	美国杜邦	1.37	4.6	22.40	28
Fenilon	俄罗斯	1.37	4.2	20.25	30
Conex	日本帝人	1.38	4.4	35.50	28

第三节　芳纶的加工

一、芳纶1414的纺丝加工

芳纶1414不溶于大多数的有机和无机溶剂，仅溶于某些强酸中。根据这一特性，杜邦公司开发了以浓硫酸为溶剂的湿法纺丝；另外还有一种方法是对其进行化学改性，使之溶解于有机溶剂后纺丝。但在实际生产中，由于无水硫酸是一种较为廉价的纺丝溶剂，大多数都采用第一种方法。加工时，浓度为100%的硫酸溶液是将发烟硫酸与98%的浓硫酸进行混合而制得的。溶剂经冷却后固化并与芳纶1414粉末相混合形成一种约含20%聚合物的固溶体，物料经充分混合并将制得的纺丝液送至喷丝板纺成极细的长丝，长丝在加有稀硫酸的纺丝浴内进行冷却固化，然后水洗，并用氢氧化钠进行中和，再用去离子水进行最后冲洗，经干燥和后处理就生产出了芳纶。

根据纺丝溶剂的不同，湿法纺丝工艺又分为一步法和二步法。由于硫酸有腐蚀性，对设备的要求很高,且残存的浓硫酸会在纺丝过程中导致聚合物的降解,为缩短流程、简化工艺,目前也采用聚合物原液直接纺丝一步法工艺。

1. 一步法纺丝工艺　一步法只能适用于改性芳纶1414,通过改性以增大其在聚合溶剂中的溶解度,如帝人公司的Technora工艺。但是由于该工艺成本高,而且改性芳纶1414性价比不如芳纶1414,所以发展缓慢,目前全球只有2000t/a的生产规模。帝人公司的生产工艺如图1-4所示。

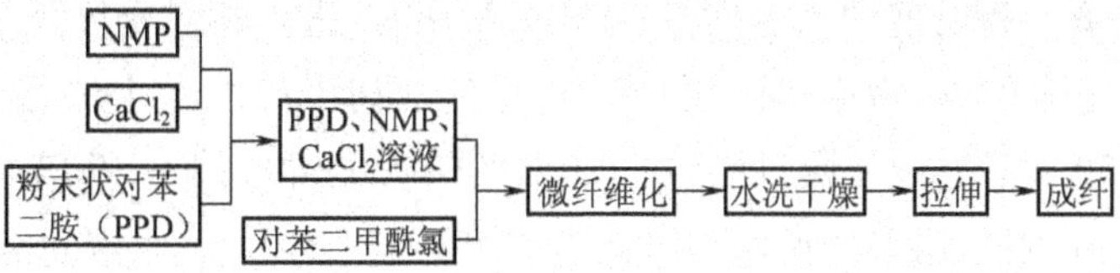

图1-4　帝人公司的生产工艺流程

2. 两步法纺丝工艺　杜邦公司的Kevlar和阿克佐公司的Twaron均采用两步法纺丝工艺,步骤如下。

(1)溶解。将合成好的聚合物与冷冻浓硫酸混合,含固量约为19.4%。

(2)熔融。将混合好的纺丝液加热到85℃的纺丝温度,此时形成液晶溶液。

(3)挤出。纺丝液经过滤后用齿轮泵从喷丝口挤出。

(4)拉伸。挤出液在一个被称为空气隙的约为8mm的空气层中,进行约为6倍的拉伸。

(5)凝固。液态丝条在温度为5~20℃,质量分数为5%~20%的硫酸凝固浴中凝固成形。

(6)水洗、中和、干燥。丝条从凝固浴出来后水洗,并用碱液中和至中性后在160~210℃加热干燥。

(7)卷绕。干燥后的Kevlar在卷筒上卷绕。

此工艺的纺丝速度大于200m/min。

3. 芳纶1414浆粕生产工艺　目前芳纶浆粕的产业化生产只采用"纺丝→短纤→打浆→造纸→开松→压缩→包装"的工艺路线。但是,已有专利提出把缩聚后的聚合溶液不经纺丝,直接处理得到短纤维。该法中聚合物溶液由NMP、氯化锂、吡啶和PPTA构成,其中聚合物的浓度必须要能形成液晶态,以保证后续沉析过程的顺利进行。该工艺受搅拌速度的影响很大,一般搅拌速度增加会造成短纤维长径比增加。由该法获得的短纤维长度为1~50mm,直径为2~100μm。其简化工艺流程如图1-5所示。

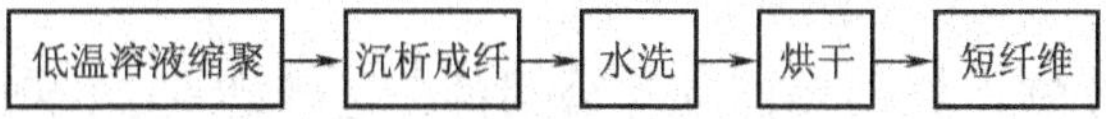

图1-5　芳纶1414浆粕生产简化工艺流程

二、芳纶1313的制备

芳纶1313可以采用干法、湿法或干喷湿纺等方法制备。杜邦公司采用低温溶液聚合,干法纺丝；帝人公司采用界面聚合，再溶解，用倒立式湿法纺丝装置进行纺丝；美国孟山都公司提出了干喷湿纺工艺。

1. 干法纺丝法 将界面缩聚产物重新溶解在二甲基甲酰胺（DMF）或二甲基乙酰胺（DMAC）中，经过滤后进入喷丝孔纺丝，初生纤维因带有大量无机盐，需经多次水洗后在300℃左右进行4～5倍的拉伸，或经卷绕后先进入沸水浴拉伸、干燥，再于300℃下拉伸1.1倍。干法纺丝产品有长丝和短纤维两种。

2. 湿法纺丝法 将纺前原液温度控制在22℃左右，进入相对密度为1.366的含二甲基乙酰胺和$CaCl_2$的凝固浴中，浴温保持在60℃，得到的初生纤维经水洗后，在热水浴中拉伸2.73倍，接着在130℃下进行干燥，最后在320℃的热板上再拉伸1.45倍而制得成品。

烟台氨纶股份有限公司采用湿法纺丝工艺，原液经过滤后喷丝，经过含有机溶剂和盐的凝固浴，初生纤维经过水洗、牵伸、干燥后切断，制得成品。

3. 干喷湿纺法 采用这种工艺，纺丝拉伸倍数大，定型效果好，耐热性好。如湿纺纤维在400℃下热收缩率为80%，而干喷湿纺纤维热收缩率小于10%，湿纺的零强温度为440℃，干纺为470℃，而干喷湿纺可提高到515℃。

日本帝人公司和德国Hoechst公司也发表了相关专利。他们提出的干湿法纺丝工艺使用了两个凝固浴，纺丝液喷出后经过空气隙进入含有机溶剂的水溶液凝固，然后再进入含有$CaCl_2$水溶液的第二个凝固浴，经过水洗、热水拉伸、干燥和干热拉伸可得到强度大于4cN/dtex的纤维。

4. 其他方法 台湾工业技术研究所的专利提出，将未经中和的聚合产物溶液制成冻胶，然后萃取掉其中的溶剂以沉淀聚合物，同时对其进行拉伸，即可制得连续的纤维、薄膜或不连续的浆粕。

日本帝人公司提出了比较适合纺制粗旦棕丝的熔融成形方法。一种方法是采用界面聚合得到的较疏松的多孔聚合物颗粒，在温度为320℃，98.2×10^7kPa的压力下挤出得到68tex（610旦）的纤维，纤维截面很圆整，避免了溶液纺粗旦纤维时截面不规则的缺点，而且可得到高取向度但不结晶的纤维；另一种方法实际是一种增塑熔融，它是将分散了氯化锂粉末的芳纶1313聚合物粉末和氯化锂的DMAC溶液混合，在低温下捏合成一种胶状物，常温下放置10h后得到固态聚合物浓溶液。其中聚合物含量为40%，氯化锂含量为50%～80%（物质的量分数）。这种固体聚合物可以在140℃以熔融纺丝的方法挤出，挤出速度为40m/min，在空气中行进2m后进入水中以80m/min速度卷绕，可纺性良好，随后经过在120℃下拉伸2.3倍、水洗、干燥和在340℃下拉伸1.4倍，可得强度大于3.5cN/dtex有光泽的线密度为12tex（110旦）的棕丝。

另外也可以采用静电纺丝方法制备纤维。

5. 典型纺丝工艺的比较 美国杜邦公司的工艺流程是：溶液聚合→中和→干法纺丝→水洗→拉伸→热处理。

日本帝人公司的工艺流程是：界面聚合→聚合物分离→聚合物溶解→湿法纺丝→水洗→拉伸→热处理。

两个公司选择完全不同的工艺路线，是因为不同的纺丝工艺需要和不同的聚合工艺相结合。湿法纺丝的纺丝原液局限于含盐低(通常是小于3%)的聚合物溶液。而由低温溶液聚合制备的纺丝原液的盐含量在7%~9%,从已有的文献中可看出由高含盐聚合物溶液湿法纺丝制取的纤维普遍存在大空洞,这些空洞影响到纤维的拉伸能力,含空洞的纤维拉伸后不仅容易发生较大程度的断裂,而且即使那些顺利完成拉伸的纤维,机械强度仍然显著低于干法纺制的纤维或无盐聚合物溶液湿纺纤维。干法纺丝及低含盐聚合物溶液的湿法纺丝是迄今为止工业化生产不含大空洞纤维的方法。

第四节 芳纶制品及其应用

一、芳纶1414制品及其应用

芳纶纤维及其复合增强材料因具有强力高、伸长小、重量轻、柔软、耐温湿、寿命长等特点,在美国、日本和西欧发达国家得到了广泛的应用。1995年我国对位芳纶的年用量是50t,到了2005年以后已经达到了3000t,10年之间增长了60倍。在芳纶系列产品中,最具有代表性的还是芳纶1414。高功能芳纶1414及其增强复合材料已广泛应用于航天、航海、通信、体育、防护服、缆绳、传送带、软管等领域,成为橡胶制品的理想骨架材料。

1. 航空航天工业 芳纶1414以其密度低,耐烧蚀性能好,用于制造导弹的固体火箭发动机壳体,又可用于制造先进的飞机和航天器的机身、主翼、尾翼等。以芳纶1414、环氧树脂、非织造布和薄铝板交叠铺层,经热压而成的复合层板,其比强度,比模量都较优等铝合金板高,疲劳寿命是铝的100~1000倍;阻压和耐噪声性能比铝好,是一种极有用途的航空材料。

2. IT(信息技术)产业 由于IT产业的发展,光纤铺设量猛增。芳纶1414可用作光纤中的张力构件,有了这种具有高模量性能的张力构件,可保护细小而脆弱的光纤在受到拉力时不至于伸长,从而不使光传输性能受到损害。目前用于此张力构件的芳纶1414约3000~4000t,据预测,约短缺4000~5000t。

3. 国防工业 芳纶可用于制作防弹制品,如芳纶与金属复合装甲板,芳纶与陶瓷复合装甲板已广泛用于防弹装甲车、防弹运钞车、防弹头盔等。高档防弹芳纶的非织造布与高性能的聚乙烯薄膜制成的软质防弹背心,比超高分子量聚乙烯纤维的防弹性能和耐热性能更好。

4. 汽车工业 由于芳纶1414的相对密度小,对橡胶有良好的黏附性,可供制造高速行驶或超重负载的汽车和飞机的轮胎帘子线。这种轮胎质量较轻,轮胎胎层薄,热量容易发散,可以延长使用寿命。它还可制作汽车上的挡泥板、保险杠、刹车片、离合器、减震缓冲器和各类软管,可大大降低车身自重,减少油料消耗。目前杜邦生产的Kevlar在西欧市场上,用于轮胎方面的约1000t/a。

5. 耐热及防护服装 芳纶1414都可用于制作宇航服,原子能工业防护服,防火和消防工作服,具有各种高能见度色彩的阻燃防护工作服,以满足巡路人员和营救人员的特殊需要。宇航员舱外服装要经受巨大温差(受阳光照射时为120℃,不受阳光照射时为-273℃)的考验和宇宙尘埃的袭击,芳纶1414是选作宇航服的材料之一。

6. 耐热制品 利用芳纶耐热性好的特点,可用芳纶1414增强的橡胶传送带传输热玻璃器皿坯料，如显像管泡和烘干食品等，还可用于高温下化工产品（或中间产品）的过滤，用作气体滤袋，机电高温绝缘和密封用的盘根等。

芳纶盘根是由芳纶1414经浸渍四氟乙烯乳液和润滑剂处理后编织而成（图1－6），具有超高强度、高模量、耐磨性好的特点，适用介质的pH值为2～13。通常用在含有泥沙、颗粒介质的密封，与其他各类的盘根分隔安装，效果会更佳。使用温度为－100～300℃；使用压力为0～35.0MPa；常用规格为（3mm×3mm）～（50mm×50mm）。

图1－6　芳纶盘根

7. 制作缆绳　芳纶1414可用于制作高档的缆绳，如航空、航天降落伞绳，海上油田用的支撑绳等。用芳纶1414制作的绳在海洋上使用时，不仅经得起海水的冲刷，藻类、贝类等海洋生物也难以在缆绳上寄生。

8. 代替石棉　可将芳纶1414长丝切断、磨碎，制成浆粕，即可制成汽车上制动器的衬垫和垫圈，以代替对环境有严重影响的石棉制品。

9. 运动器材　充分利用芳纶1414高强、耐热、耐疲劳等特性，以制作运动条件苛刻的拳击手套、登山鞋靴、赛车车体、赛马头盔等。还可用于制作网球拍、滑雪板、滑雪杆、雪橇、弓箭、钓鱼竿、风筝骨架和高尔夫球杆等。

10. 混凝土结构增强材料　芳纶1414的复合材料能承受高强拉力，可用它增强桥墩构件、大型浮体构件和石油钻井平台等，在土木工程建设、加固等领域得到越来越广泛的应用。芳纶布有单向布和双向布之分，如图1－7所示，国内应用较多的是单向布。表1－3和表

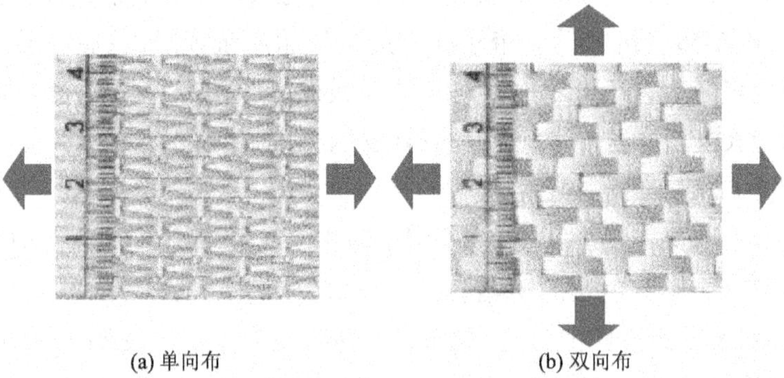

(a) 单向布　(b) 双向布

图1－7　芳纶布结构示意图

1－4 为某企业单向布和双向布部分产品。幅宽有 10cm、30cm、50cm 几种，常用的幅宽为 30cm。芳纶布增强混凝土结构施工工艺，见表 1－5。

表 1－3　单向布规格

规　格	质量(g/m^2)	抗拉强度(MPa)	弹性模量(GPa)	保证强度(kN/m)	设计厚度(mm)
AFS－40	280	2060	118	400	0.193
AFS－60	415	2060	118	600	0.286
AFS－90	623	2060	118	900	0.430
AFS－120	830	2060	118	1200	0.572

表 1－4　双向布规格

规　格	质量(g/m^2)	幅宽(cm)	保证强度(kN/m)	设计厚度(mm)
AFS－5/5	117	100	50	0.06
AFS－10/10	176	100	100	0.121
AFS－40/40	560	100	400	0.386
AFS－60/60	862	145	600	0.593

表 1－5　芳纶布增强混凝土结构施工工艺

	1. 混凝土表面处理 ·混凝土表面劣化层去除、磨平 ·裂缝处灌注填补 ·混凝土破裂、缺角补平	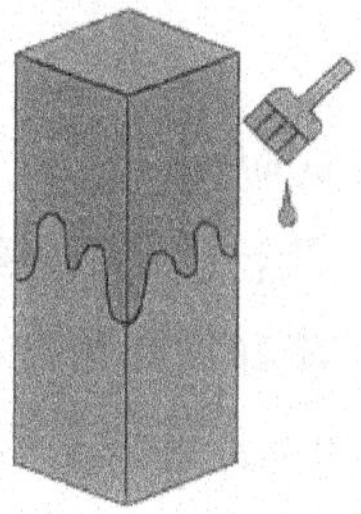	2. 涂刷底胶 ·底胶须确保渗入接触混凝土 ·厚度涂刷须均匀 ·必要时做防尘处理
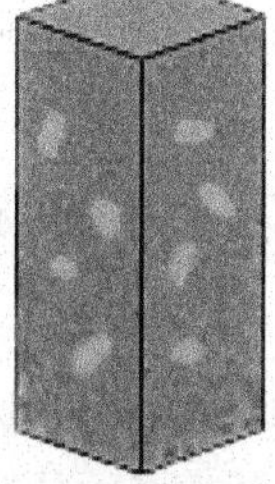	3. 表面破损修补 ·修补前须确认底胶指触干燥，不粘手 ·补平后须确认混凝土表面平整		4. 涂浸渍树脂 ·树脂搅拌充分混合 ·树脂涂布须均匀，不垂流 ·树脂硬化时效须掌握

续表

 5. 粘贴芳纶布 ·芳纶布应该按设计方向顺序粘贴 ·顺着芳纶布粘贴方向，将气泡完全赶出 ·脱泡作业后，须确认芳纶布无皱折，无歪斜	 6. 涂刷外层浸渍树脂 ·芳纶布表面再次均匀涂刷树脂 ·确认补强芳纶布与树脂完全渗透 ·多层补强时，重复4、5、6步骤
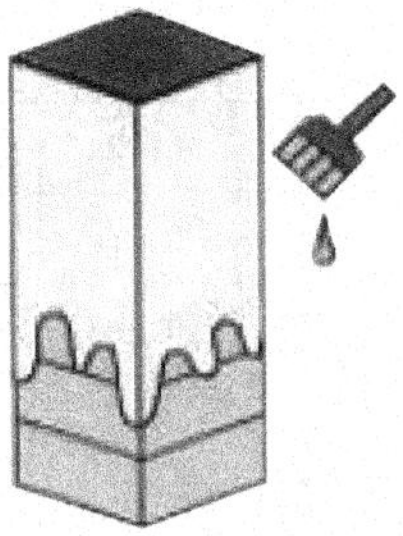 7. 外层涂装处理 ·用砂浆或涂料表面涂装处理	

二、芳纶1313制品及其应用

芳纶1313纸是目前世界上耐高温绝缘纸中发展最快的特种化学纤维纸，它不但具有优良的物理机械性能，还具有较好的热稳定性、阻燃性、电绝缘性和耐辐射性，是航空航天、国防、电子、通信、环保、化工和海洋开发等领域中的重要基础材料，主要用于高温、腐蚀等特殊环境的过滤材料、电器绝缘材料和阻燃材料等。

高性能芳纶1313纸基复合材料大量应用在航空航天、船舶、电子等领域内雷达罩、次受力结构部件、绝缘隔热等零部件。目前，欧美等发达国家大量采用蜂窝复合材料技术制造隐身结构复合材料，其中蜂窝芯材主要是高性能芳纶纸基复合材料。如美国目前的主战隐身飞机以及正在开发的新一代主战飞机，均以高性能芳纶纸基复合材料制造飞机襟翼、副翼、阻尼板、机身壁板、发动机进气舱、水平尾翼、机翼前缘、直升机旋翼等相关零部件。

芳纶1313可用于高温过滤毡和过滤袋（图1－8），耐高温防护服、消防服和军服面料，阻燃纺织装饰材料，阻燃睡衣和床上用品等；还可以制成浆粕纤维，制造强度高、耐高温的工业用纸；还可用于工业上耐高温产品的零部件等。

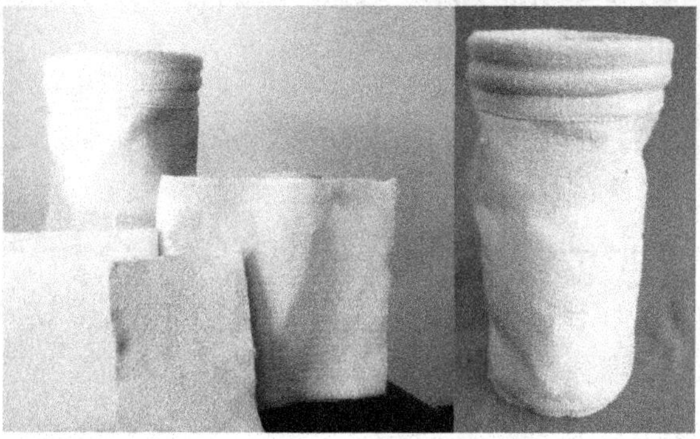

图 1-8 芳纶 1313 过滤毡和过滤袋

思考题

1. 试述芳纶 1313 和芳纶 1414 的结构特征。
2. 简要论述芳纶 1414 和芳纶 1313 的加工方法。
3. 简述芳纶 1414 和芳纶 1313 的应用。

第二章　碳纤维制品

本章知识点

1. 碳纤维的结构和性能。
2. 碳纤维的加工方法和工艺。
3. 碳纤维在复合材料中的应用。

第一节　碳纤维的发展现状

碳纤维是一种比人发细、比铝轻、比铁刚、比钢强的新型无机材料。它是将有机纤维经烧结后得到的一种含碳量在90%以上的无机纤维。碳纤维是先进复合材料中最重要的增强材料，由于具有高比强度、高比模量、耐高温、耐腐蚀、耐疲劳、抗蠕变、导电性好、传热系数高、热膨胀系数小和阻尼减震降噪等优良性能，世界各国对发展碳纤维都给予了高度重视。

碳纤维及其复合材料已广泛用于航天航空、体育休闲和工业领域。自19世纪爱迪生用预处理过的棉丝制成白炽灯丝起，到五十年代美国的阿伯特（Abboit）首先研制成人造丝碳纤维以来，已经历了百余年的历史，但碳纤维真正作为工程材料使用仅有四十多年的历史。目前，先进复合材料正向高性能化、多功能化和实用化方向发展，对复合材料制品也提出了轻质、耐磨损、耐腐蚀、耐低温、耐高温、抗氧化等要求。碳纤维增强复合材料以其轻质高强、耐高温、抗腐蚀、热力学性能优良等特点，是其他纤维增强复合材料所无法比拟的。

1880年，爱迪生用硫酸浸渍过的棉丝烧成碳丝封在灯泡内作灯丝，给人们带来了光明。由于这种碳丝的强度小，除作灯丝外，谁都没有注意开发它的新用途。直到1950年，美国空军为了解决火箭喷嘴的烧蚀问题，才首次使用黏胶丝碳化制成强度较高的碳纤维，并和酚醛树脂复合做成了耐高温、耐烧蚀的火箭喷嘴，从此，碳纤维引起了各国的极大关注。

20世纪90年代中期以后，大丝束碳纤维技术取得重大突破，不但抗拉强度达到并超过3600MPa，成本也进一步降低，大丝束碳纤维制备预浸料技术也取得很大进展，因此，大丝束已经成为碳纤维家族中最有发展潜力和活力的品种。

现在大丝束碳纤维完全可以和宇航级小丝束碳纤维相抗衡，日益排挤并取代原来属于小丝束碳纤维的一些应用领域，大丝束碳纤维的产量也将很快超过小丝束碳纤维。表2-1比较了几种纤维的性能。

表 2-1　几种纤维性能比较

性　能	拉伸强度(MPa)	拉伸模量(GPa)	密度(g/cm^3)	比模量($\times 10^9 cm$)	比强度($\times 10^7 cm$)	产　地
30CrMnSi	1100	205	7.8	0.26	0.14	—
D406A	1560	205	7.8	0.26	0.20	—
S-Ⅱ玻璃纤维	3200	85	2.5	0.34	1.28	—
F12 有机纤维	4300	145	1.44	1.00	2.99	俄罗斯
IM6 碳纤维	5200	276	1.7	1.62	3.06	美国
IM7 碳纤维	5379	276	1.8	1.53	3.00	美国
IM8 碳纤维	5447	303	1.7	1.78	3.20	美国
IM9 碳纤维	6343	290	2.0	1.45	3.17	美国
P30 碳纤维	4000	210	1.76	1.19	2.27	美国
T700 碳纤维	4800	230	1.80	1.28	2.67	日本
T800 碳纤维	5490	294	1.80	1.62	3.03	日本
T1000 碳纤维	7060	294	—	—	—	日本

第二节　碳纤维的结构和性能

一、碳纤维的结构

碳的结晶分为金刚石、石墨和过渡态碳三种形式。碳纤维中主要是石墨和过渡态碳两种形式，而过渡态碳包括无定形碳、乱层石墨结构和一些三维石墨结构。

微观地看，碳纤维的主要结构是碳原子组成的六边形环，其边与边连接形成层状结构。各种碳纤维每层含有的六边形数量从几十个到几千个不等。一些研究人员认为这种结构与石墨结晶相似，差别在于六边形的石墨层是三维的。

宏观地看，碳纤维的形态结构与原丝和热处理条件有关，在原丝加热碳化过程中，原丝中原纤取向及单丝横截面形状等都将保留在碳纤维中。

碳纤维的结构决定于原丝结构和碳化工艺。对有机纤维进行预氧化、碳化等工艺处理，可除去有机纤维中碳以外的元素，形成聚合多环芳香族平面结构。无论用哪种原料，高模量碳纤维中的碳分子平面总是沿纤维轴平行取向。现在普遍认为碳纤维是由平行于纤维轴的二维乱层石墨微晶所组成(图 2-1)，并具有晶相结构、非晶相结构和针状微孔。在乱层石墨结构中，石墨层片(碳原子的平面六边形网络结构)仍是最基本的结构单元，一般由数张到数十张层片组成石墨微晶。由石墨微晶再组成

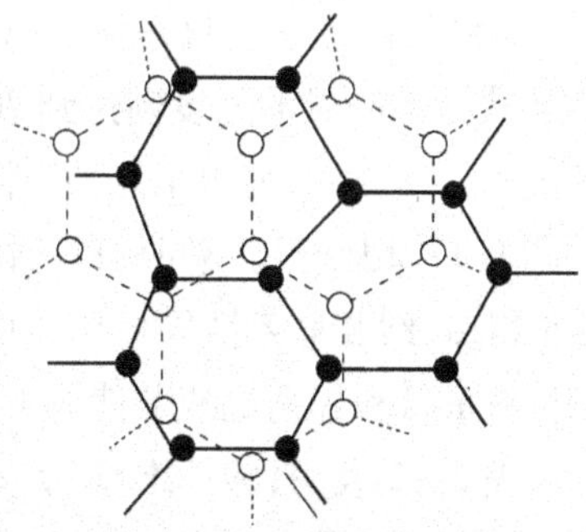

图 2-1　乱层结构示意

原纤维，其直径为50nm左右，长度为数百纳米。最后由原纤维组成碳纤维的单丝，直径一般为6～8μm。原纤维通常呈现弯曲、皱折、彼此交叉的许多条带组成的结构。而在这些条带结构中，存在着针形孔隙，其宽度为1.6～1.8nm，长度可达几十纳米，它们大体沿纤维轴平行排列。

可以采用离子刻蚀的方法，将碳纤维表面及横截面上的无定形碳和少量乱层石墨结构刻蚀掉，用扫描电镜（SEM）观察碳纤维中的微结构。研究结果表明：

（1）碳纤维的纵向表面有许多与纤维轴平行的深浅、粗细、长短不一的沟纹，这是纤维原纤在表面上的结构反映。

（2）在碳纤维的横截面上可以观察到皮芯结构及纤维表层圆周取向结构。

形成皮芯结构的原因是：在预氧化时，皮层首先进行氧化，导致皮层结构稳定，而芯部因受到氧的扩散影响反应较慢，预氧化不充分，因而在碳化和石墨化后，表层和芯部的取向结构有所差异，于是就形成了皮芯结构。

碳纤维除了具有上述的结构特点外，经过特殊方法制造的活性碳纤维（ACF），其最显著的特点是具有发达的比表面积（1000～3000m^2/g）和丰富的微孔，微孔的体积占总孔体积的90%以上，微孔直径小（约1nm），且直接开口于纤维表面。ACF与粒状和粉状活性碳相比，它比表面积大、微孔结构发达、孔径小且分布窄、吸附容量大、吸脱速度快、再生容易。这赋予活性碳纤维很强的吸附性能，是一种高效的吸附剂材料。

二、碳纤维的性能

碳纤维具有良好的力学性能，如高比强度、高比模量和较好的热、电性能，是一种性能优良的功能性纤维，因而作为增强纤维被广泛应用。

1. 碳纤维的力学性能　试验表明，碳纤维的强度为钢的4倍，而重量仅为它的1/3。碳纤维之所以具有如此大的强力，目前普遍认为是由于碳原子排列很整齐所致。而且，纤维越细其相对强度也越大，这是因为细纤维上的缺陷少。增大层状结构的面积，并把它们像电话簿一样一层层地叠加起来，可以提高纤维的硬度模数。硬度模数高的纤维就像非常硬的弹簧，当加上很大载荷时，它的伸长量也很小。坚硬再加上强度大，使碳纤维有很广泛的用途，如制造需要经得住巨浪拍打而不变形的赛艇船壳。

碳纤维的发展趋势是强度越来越高，如20世纪80年代主要以3000MPa的碳纤维为主，90年代末碳纤维的强度则达到7000MPa，并开始应用于工程，据测算碳纤维的理论强度可达150GPa。表2－2列出了几种不同材料的性能。

表2－2比较了不同材料的性能，从中可以看出，碳纤维/环氧复合材料的密度比传统金属小得多，线膨胀系数同样比金属小，因此碳纤维复合材料对热的敏感性比金属差。这对减轻材料重量和提高抗疲劳性能大有益处。

表2－2表明，碳纤维/环氧复合材料的比强度、比模量比金属，如钢、铝、钛都要高，也就是说对于承受一定的力，碳纤维复合材料的重量比金属都要小，相当于可以减轻受力件的重量。碳纤维复合材料还有一个显著特点即各向异性和可设计性强。通过改变纤维的铺叠方

向和方式，局部增强或增强某一方向的受力状况，可最大限度地增强产品的使用效果。碳纤维复合材料的质量可以采用无损检测，不必破坏材料结构。

表 2-2　不同材料的性能数据

材料名称 \ 性能	密度 (g/cm^3)	抗拉强度 ($\times 10^4 kg/cm^2$)	比强度 ($\times 10^6 cm$)	抗拉模量 ($\times 10^6 kg/cm^2$)	比模量 ($\times 10^8 cm$)	热导率 [W/(m·K)]	线膨胀系数 ($\times 10^{-6}$/℃)	比热容 [J/(kg·K)]	体积电阻率 (μΩ·cm)
碳纤维/环氧复合材料	1.5	1.6	10.7	1.35	9.0	4.19	0.2	669.89	5000
高强度钢	7.8	2.0	2.6	2.1	2.7	46.51	14	460.55	17
铝(99.0%)	2.7	0.17	0.6	0.7	2.6	209.30	24	962.96	3
玻璃纤维/环氧复合材料	2.0	1.1	5.5	0.42	2.1	0.58	20	1046.7	10
钛(99.4%)	4.5	0.35	0.8	1.1	2.4	20.93	8	544.28	55

2. 碳纤维的热学和电学性能　碳纤维具有优良的热学和电学性能，它耐高温，可以取代石棉做消防服。但碳纤维易高温氧化，在高温下与大多数金属反应，从而限制了其在陶瓷基和金属基复合材料中的广泛应用。在碳纤维表面施加 SiC 涂层是改善碳纤维应用性能的途径之一。由于碳纤维具有良好的导电性能，可广泛应用于电力系统中。

3. 活性碳纤维的吸附性能　活性碳纤维因其独特的形态结构而成为一种高效吸附剂，吸附剂的吸附性能由吸附剂的比表面积、吸附剂的孔隙直径来决定，吸附剂的比表面积越大吸附能力越强，吸附剂的孔隙直径越小具有的吸附能力越强。

第三节　碳纤维的加工

原丝不同，加工碳纤维的方法和工艺也不同。原丝束通常有 1000～12000 根单纤维，它们的结构和品质直接影响最终碳纤维的品质和性能。

一、聚丙烯腈（PAN）基碳纤维的制造

工艺流程为：PAN 聚合物原料→加热到 200～300℃并拉伸纤维→生成新纤维→预氧化处理→稳定的层状结构→加热到 1000～2300℃→生成碳纤维→加热到 2300℃以上→形成石墨纤维。

将 PAN 聚合物丝束在二氧化碳气氛中加热到 200～300℃，同时拉伸纤维，以使聚合物

的分子链与纤维轴平行。分子链在这个最初的阶段中互相结合形成层状结构。这时还存在大量的氮、氧、氢原子。氧化处理可使新生成的纤维结构稳定，以保证在以后的热处理中保持其结构。热处理是为了层状结构的形成、扩大并按一定秩序排列，同时还能去除杂质。然后，再在惰性气体中加热到1000～2300℃，使层状结构的聚合物发生碳化，生成碳纤维。如果继续加热到2300℃以上，碳纤维便石墨化，形成石墨碳纤维。石墨碳纤维在结构上类似石墨，有金属光泽、导电性好、杂质极少、含碳量超过98%。

二、沥青系碳纤维的制造

以煤焦油和炼油副产品——沥青为原料制备碳纤维有两种方法。它们的区别主要在于利用了沥青中不同的有机物质。

1. 高性能沥青系碳纤维的制造 工艺流程为：去除缺陷物质→加热至370℃→形成中间态沥青(MP)→喷丝→拉伸纤维→合股→氧化→再加热到2500℃或更高的温度→沥青系碳纤维或沥青系石墨纤维。

生产高性能碳纤维是利用富含芳香族化合物的沥青。去除缺陷物质是指去除沥青中可能会给纤维带来缺陷的固体物质。MP是呈层状结构的液晶体，具备纺丝性能。MP从喷丝头挤出，其直径约为0.3mm，然后趁热拉伸纤维，使其直径减小到约10μm，再将几百或几千根这样的纤维合为一股，在干燥的空气中氧化，这样纤维在2500℃甚至更高的热处理温度中也不会再软化。

2. 廉价沥青系碳纤维的制造 利用含芳香族化合物分子少的沥青可以生产价廉的碳纤维。它们缺少MP纤维中的特殊结构，性能较差，所以只适用于要求较低的场合，如增强水泥等。

3. 黏胶基碳纤维的制造 耐燃烧纤维束基碳纤维常用黏胶纤维为原丝，黏胶纤维是一种再生纤维素纤维，它不经熔融可分解成碳的残渣，是工业上最早被用作碳纤维原丝的化学纤维。再生纤维素是由碳、氢和氧三种元素组成，其中碳的含量较低，比腈纶要低1/3。100kg的黏胶丝，碳化后只能得到15～20kg的碳纤维，比用腈纶纤维制造的要少一半。

碳纤维所具有的三高一低(高强度、高模量、耐高温、低密度)的特性，使得碳纤维的制取对原丝质量要求很高。研究表明，碳纤维质量好坏的关键取决于原丝质量。优质黏胶基原丝通常要求具备单丝线密度小、截面圆整、机械强度高、物理结构均匀等特点。

原丝的工艺大体可分为：黏胶制备、原丝成形和原丝的后整理。

(1)制备过程中，采用高聚合度、高纯净度的棉浆粕；选用合理的浸渍工艺条件，降低碱纤维素中游离碱的含量；采用干湿法黄化工艺，并加入不同组分的变性剂，以提高黄化反应效率，改善黏胶的质量。

(2)成形过程中，采用低酸、低盐、高锌凝固浴，并在凝固浴中添加表面活性剂；采取分步牵伸的工艺措施，在凝固浴中采用负牵伸有利于成形过程中物理化学反应的均匀进行，在空气浴中给予适当牵伸使纤维素大分子初步取向，在塑化浴中给予高倍牵伸以提高纤维素大分子沿纤维轴的取向度。

(3)后整理的过程中,用一定温度的清洁软水洗涤,可以增加原丝的清洁度,以防杂质在碳化过程中灭失产生空洞,从而影响碳纤维的强度;上油能增加纤维的润滑性及抱合力;烘干工艺,可以使纤维大分子松弛,减小因牵伸产生的内应力。

碳纤维的一般制备过程如下:黏胶纤维经洗涤、干燥、化学处理、干燥后,在300℃以下的低温热处理后再进行洗涤、干燥,然后再经过800℃以上的高温热处理(惰性气体保护)即得黏胶基碳纤维。

另一种近来被采用的方法,是由经过化学改性的黏胶纤维制备碳纤维。一般未经高温石墨化的黏胶碳纤维强度低于1.0GPa,且工艺过程长达几十小时。采用以多元胺为主体的化学改性剂和烧结工艺,可大大缩短时间,提高纤维性能。制备工艺如图2-2所示。

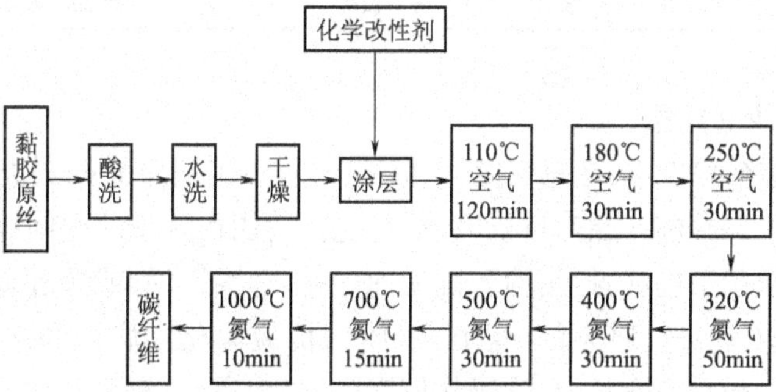

图2-2　黏胶基连续碳纤维的快速制备工艺流程

再生纤维系纤维必须先经过洗涤和干燥,把其中的杂质和水分去除干净。然后把它直接放在惰性气体中加热到800℃以上,即可得到强度和弹性模量较低的碳纤维。若想得到高模量、高强度的碳纤维,就必须在加热过程中对纤维施加张力。但由于纤维素纤维的大分子结构中含有氧原子,在加热过程中氧进行了重排反应,所以就使得原料纤维中的分子从整齐排列趋于杂乱排列,造成了纤维在低温下强度降低,并难以施加张力。只有加热到2000℃以上,才能对纤维施加张力,使纤维内部结构沿着纤维长度方向整齐地取向。欲得高机械性能碳纤维,必须加热到3000℃左右进行拉伸石墨化。它使得碳纤维取向呈石墨微晶细带状,同时使纤维的孔隙率减少50%。

由于在高温下拉伸纤维需要昂贵的设备,所以用纤维素纤维制造碳纤维的成本很高,而且这样制出的碳纤维与树脂等复合的黏结力小,在使用过程中,层与层之间容易开裂。

第四节　碳纤维制品及其应用

碳纤维及其复合材料是伴随着军工事业的发展而成长起来的新型材料,它既可作为结构材料承载负荷,又可作为功能材料发挥作用。因此,碳纤维及其复合材料在航空航天、汽车、环境工程、化工、能源、交通、建筑、电子、运动器材等众多领域得到了广泛的应用。表2-3为碳纤维的重点开发应用领域。

表2-3 碳纤维的重点开发应用领域

应用领域	典型件	制造工艺
汽车	车身、传动轴、板形构件等	铺层、缠绕、模压、注射成型等
电子	外壳、支架、底板等	热塑性树脂注射成型
土木建筑	增强水泥、钢筋、桥墩、层压板等	拉挤、手工铺层等
能源	风力发电叶片、燃料电池等	纤维缠绕、铺层、模压等
航海	桅杆、缆索、甲板、船身、桁条等	手工铺层、纤维缠绕等
离岸石油	链绳、浮标、螺旋管、吸入杆、防火装置等	拉挤、纤维缠绕等
其他工业应用	压力气罐、辊子、轴类件、飞轮等	纤维缠绕
体育休闲用品	高尔夫球杆、网球拍、冰球拍、滑雪板等	纤维缠绕、拉挤、铺层等

一、碳纤维布及其应用

碳纤维布自重轻、厚度小;任意长度、免搭接;材料不用预加工;工序方便,不用加压和起重;极高的强度;突出的抗疲劳能力;抗碱、抗腐、抗酸;能在狭小的空间操作,施工时不影响正常使用;能灵活地用于抗弯、封闭箍和抗剪加固;具有柔韧性,能包裹复杂外形的构件;适用于各种构件表面(梁、柱、通风筒、管道、墙体);抗碱等化学腐蚀和恶劣环境(本身无公害);织物覆盖平整;储存寿命长、允许操作期限长;强度高、高模量黏结剂;基材可以是混凝土、砌体结构、木结构等许多结构建材;永久荷载作用下抗蠕变;抗腐蚀和抗震性能好。但是由于碳纤维的挠曲性不如芳纶,碳纤维在增强方面的许多应用正在被芳纶取代。图2-3为常见碳纤维布。

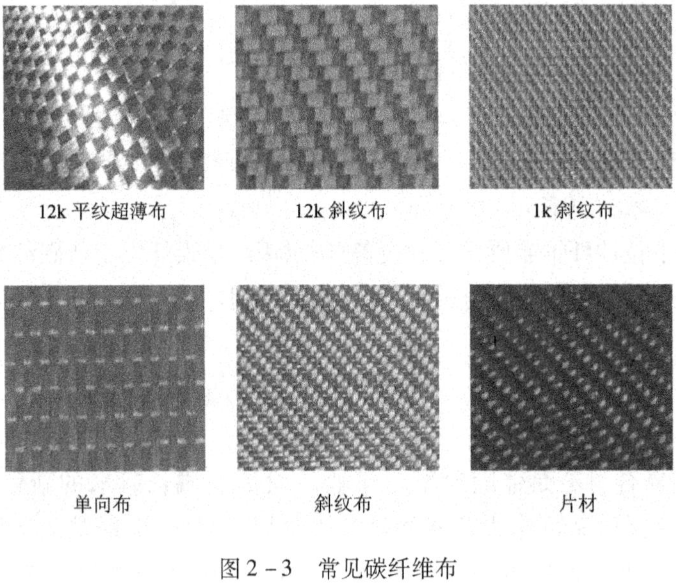

图2-3 常见碳纤维布

二、碳纤维纸及其应用

碳纤维纸具有优异的电热性能。碳纤维纸通电后，在适当的电阻和电压下，具有优异的发热性能，比传统材料节能15% ~30%，而且还有一种其他发热材料所不及的性能，它的电/热转换率大于70%，还能放射出适应人体血液循环、具有保健功能的远红外波。因此，碳纤维纸是一种很具有开发价值的面状发热材料。

碳纤维是一种电阻型吸波材料，对电磁波有一定的吸收和反射性能，因而用于屏蔽材料和吸波材料。短切碳纤维复合材料比连续长纤维复合材料对雷达波有比较好的吸波效果。碳纤维纸具有多孔性，再加上碳纤维(或活性碳纤维)自身的吸附性能，碳纤维纸是很好的吸附过滤材料。经过一定处理的碳纤维纸，具有耐高温和耐腐蚀性能。

1. 抗静电包装材料 碳纤维纸具有抗静电性能，用于有抗静电要求的电子器件的包装材料。

2. 面状发热材料 面状发热材料按使用的电压，可分常规电压(380V、220V 和 110V)和安全电压(36V、12V 和 6V)，按绝缘材料类型可分为刚性和柔性两类，刚性多采用玻璃钢，柔性多为纺织品。这些面状发热材料在工农业生产中应用愈来愈广，如低温工业容器加热保温，农用暖房的取暖，由于是低温绝缘耐腐蚀发热体，故可直接对植物根部土壤加热，比通过空气传热更节省能量。在俄罗斯和北欧，碳纤维纸发热材料广泛用于家庭取暖，它将面状发热材料与墙、地毯和工艺美术品相结合，具有辐射低、取暖方式舒适、省电的优点。而高性能碳纤维纸可以薄而柔软，电阻率低，为安全电压下的柔性面状发热材料开发提供了保证，而这种柔性面状发热材料在家庭取暖、人体保健等诸多领域都有相当大的市场。如我国已开发出电热毯、暖足器、关节热敷带、热敷护腰和电暖画等。

中国专利(200610032330)公开了一种碳纤维电热板及其制造方法，在绝缘材质的底板上铺放一层碳纤维纸，在碳纤维纸的两极性边缘压上连接外电路的导电带，在导电带和碳纤维纸之间均匀涂覆一层导电膏，压上盖板，施以大于491 kPa 的压力将上下板材通过紧固件连为一体，即制得碳纤维电热板。该产品通电后，碳纤维纸与导电带之间的接触均匀而紧密，不再产生电弧，导电效果好、安全可靠，升温快且导热均匀，同时在发热情况下也不变形，故障率低、使用寿命长。板材采用木质纤维板等材料，可大量使用于室内，作墙板、地板等的加热层，也可用于制作电暖器、恒温箱体等产品，满足市场的需要。

另外，将碳纤维直接螺旋缠绕在绝缘骨架上可制成电加热元件，如果将加热元件整体封闭在涂有红外辐射涂料的石英管内，并将石英管内充填高纯度惰性气体或抽真空则可制成具有电热转化效率高(达95%以上)，热辐射能力强，升温快(5 ~ 8s 表面温度可达 300 ~ 700℃)，使用寿命长(≥6000h)的低温高辐射碳纤维电热辐射管，特别适合用在低温烘烤加热设备中，如图2-4所示。

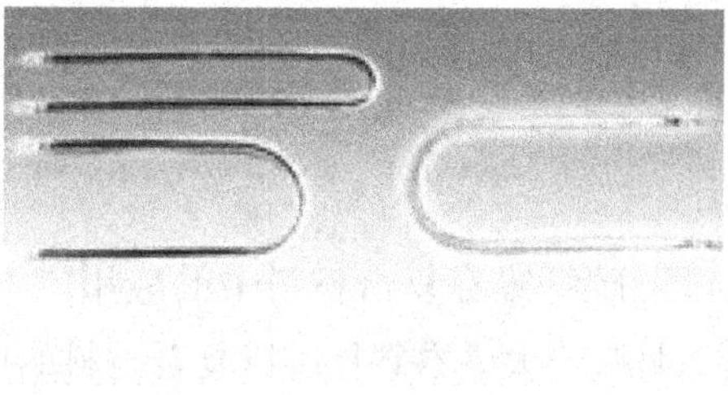

图2-4 碳纤维电热辐射管

3. 新能源和电化学领域用材料 电阻率在 $10^2 \sim 10^3 \Omega \cdot cm$ 的碳纤维纸属高性能碳纤维

纸，通常称之高电导率碳纤维纸，在新能源和电化学领域正在广泛推广应用。绿色能源——燃料电池愈来愈受到人们的关注。整个反应中要求电极材料具有如下性能：

(1)足够的化学稳定性，耐腐蚀；

(2)多孔性，即要有足够数量的孔隙，以保证燃料气体的供给和副产物水的排出，同时还应有相当数量的微孔，以保证化学反应充分进行，提高发电效率；

(3)导电性，具有低的电阻，降低电池内耗。科学家经过多种探索，确认高性能碳纤维纸能满足上述性能要求，而且和原碳材料电极相比，它还有体积小、质量轻、效率高等优点。现在，用高性能碳纤维纸制作质子交换膜——燃料电池的气体扩散层电极材料，已经得到快速发展。

4. 电磁波屏蔽材料 电磁波的危害愈来愈引起人们的关注。人们已经把碳纤维混于塑料中，制成具有电磁屏蔽功能的塑料罩壳。利用高性能碳纤维纸制作屏蔽功能的制品更具特色，有人提出把碳纤维纸贴在玻璃钢表面或塑料表面，用它做成具有电磁屏蔽功能的罩壳，将会更省材料，更能保持罩壳原有机械性能。或者将碳纤维纸浸渍树脂、成形，制成超薄多孔屏蔽罩壳。

5. 环保防护材料 具有吸附过滤功能的碳纤维纸在环保和化工行业中有广泛用途，如空气清新器、空调机、防毒口罩、防护服、化工过滤装置等。

三、碳纤维盘根及其应用

碳纤维盘根是由预浸聚四氟乙烯乳液的碳纤维编织而成的，如图2－5所示。用于除强氧化剂钋以外的所有腐蚀性介质，以及带有少量颗粒结晶的介质，主要用于离心泵、柱式泵、混合器、阀门等的密封。导热性良好，当用于高速转动的密封时，摩擦热都能很快地传递到填料箱外壳，避免过热现象，使用寿命长。使用温度为－100～350℃，使用压力为0～35.0MPa，可供规格(3mm×3mm)～(50mm×50mm)。

图2－5 碳纤维盘根

四、碳纤维在复合材料中的应用

目前，绝大多数碳纤维以复合材料的形式出现，如碳纤维增强塑料(CFRP)、碳纤维增强橡胶(CFRR)、碳纤维增强碳基复合材料(C/C)、碳纤维增强金属复合材料(CM)，碳纤维增强陶瓷(CFRC)、碳纤维增强纸等。

1. C/C 复合材料　C/C 复合材料是碳纤维增强碳基复合材料的简称,也是一种高级复合材料,它不仅具有石墨材料的本性,而且还具有碳纤维复合材料的优异性能。因此在尖端技术领域中得到广泛应用。C/C 复合材料在高温环境下具有高比强度、高比模量、耐高温、耐烧蚀、耐热、耐冲击和化学稳定性好等一系列优异性能。在常温下,C/C 复合材料的比强度没有某些耐热结构材料高;在高温下,它的比强度优于其他耐热材料。C/C 复合材料的使用温度大大高于其他材料。目前的高级 C/C 复合材料(ACC),经抗氧化涂层处理后的使用温度高达 1700℃。不同的 C/C 复合材料在力学方面的性能差异较大。以碳毡为坯体的 C/C 复合材料,虽然强度和模量低,但断裂应变大,韧性好,这是因为这种 C/C 复合材料中短纤维随机分布所致。C/C 复合材料的热导率与所用碳纤维的热导率密切相关。碳纤维的模量和热导率越高,所制的 C/C 复合材料的热导率也越高。用一种碳纤维制造三维 C/C 复合材料时,各向(x,y,z)热导率随该方向碳纤维含量的增加而提高。C/C 复合材料除热导率高以外,比热容也比较大,但热膨胀系数和摩擦系数较小。

2. 碳纤维增强金属基复合材料(CFRM)　CFRM 具有高比强度、高比模量、耐高温、热膨胀系数小、热导率高和抵抗热变形能力强等一系列优异性能。作为宇航结构材料颇有吸引力。碳纤维增强铝不仅比铝合金的强度高,而且使用温度也有了大幅度的提高,即使到了热力学温度 500K 左右仍可保持 90% 左右的拉伸强度。碳纤维增强铝具有优异的疲劳强度,即使疲劳循环 10 次,仍可保留 63% ~84% 的疲劳强度。

3. 碳纤维增强陶瓷基复合材料(CFRC)　陶瓷的致命弱点是脆性,用碳纤维增强陶瓷改变了陶瓷的脆性断裂形态,从而改善其韧性。纤维还阻止裂纹迅速扩展、传播。CFRC 具有较高的强度,机械冲击性能、热冲击性能得到了改善,断裂韧性有了大幅度提高。与普通陶瓷相比,抗弯强度提高了 5 倍左右,断裂功增加了数百倍。

4. 碳纤维增强橡胶复合材料(CFRR)　CFRR 在相同弯曲条件下,其使用寿命与普通橡胶相比得到了大大提高。橡胶的热传导率比碳纤维小两个数量级。用碳纤维增强橡胶后,碳纤维在碳纤维增强橡胶复合材料中形成传热网络,摩擦热可散逸,从而改善了热性能,特别是热疲劳。碳纤维的长径比对碳纤维增强橡胶复合材料的性能有显著影响,当碳纤维的长径比在 70 ~500 时,拉伸强度和撕裂强度都比较高;碳纤维的长径比小于 70 时,增强效果不显著;当它的长径比大于 500 时,增强效果趋于平衡。

5. 碳纤维增强树脂基复合材料　碳纤维增强树脂基复合材料不仅力学性能优良,而且耐疲劳、抗蠕变、材料尺寸稳定。由于摩擦因数小,故滑动性能好。与金属相比,振动衰减性好,此外它们还具有导电、耐蚀、屏蔽电波和 X 射线透过性好等优点。

五、碳纤维在土木建筑工程中的应用

在土木建材领域中,水泥的用量最大,但水泥具有脆性大、抗拉强度低等缺点。为了削弱这些弊端,人们利用碳纤维的力学特性,用混凝土或水泥做基体制成碳纤维增强复合材料。由于碳纤维和芳纶等具有强度高、模量大、密度小、耐碱腐蚀、对人畜无害等特点,在土木建筑应用中日益受到人们的青睐。目前,形成五大应用热点。

1. 碳纤维增强混凝土 碳纤维增强混凝土指的是短纤维或长纤维增强的混凝土材料。它主要用作高层建筑的外墙墙板。短切碳纤维增强水泥所用碳纤维的长度为3~6mm,细度或宽度范围在7~20μm,抗拉强度范围在0.5~0.8GPa。碳纤维增强混凝土具有普通增强型混凝土所不具备的优良机械性能、防水渗透性能、耐自然温差性能,在强碱环境下具有稳定的化学性能、持久的机械强度和尺寸稳定性。用碳纤维取代钢筋,可消除钢筋混凝土的盐水降解和裂化作用,使建筑构件重量减轻,安装施工方便,缩短建筑工期。碳纤维还具有阻尼振动特性,可吸收振动波,使防地震能力和抗弯强度提高十几倍。

2. 复合材料棒材 建材工业中最广泛使用的结构材料有钢材和中碳钢增强混凝土,钢材的腐蚀会导致建筑物的灾难性破坏。碳纤维树脂基复合材料棒材便成为替代建筑钢材的新型建筑材料。混凝土增强用碳纤维复合材料棒材已在美国商品化,尽管价格高,但它不腐蚀、不导电,重量是钢材的1/4,弯曲强度大大提高,热膨胀系数与钢材比较更接近混凝土,和水泥的黏结强度大幅度提高。因此它可以在海堤、造纸厂、化工厂、高速公路护栏、房屋地基和桥梁等易腐蚀场合使用。

3. 纤维增强胶接层板 纤维增强胶接层板是在木板的一面或双面胶黏一层或二层纤维的增强胶接层板,以承受拉伸或压缩载荷。纤维增强胶接层板制造技术的关键是纤维增强层板和木板之间的应变相匹配。纤维增强胶接层板表面的纤维增强复合材料层板具有良好的阻燃性能,一般采用拉挤工艺制备。所使用的增强组分为混杂的碳纤维和其他纤维(玻璃纤维),基体为环氧树脂体系。由于使用纤维增强胶接层板比使用钢桁架和传统木桁架的天花板系统价格低,并且可明显减轻重量和节省木材,所以纤维增强胶接层板目前发展很快,应用日趋广泛。

4. 碳纤维复合材料片 碳纤维复合材料片是采用常温固化的热固性树脂(通常是环氧树脂)将定向排列的碳纤维束黏结起来制成的薄片。把这种薄片按照设计要求,贴在结构物被加固的部位,充分发挥碳纤维的高拉伸模量和高拉伸强度的作用,可修补加固钢筋混凝土结构物。日本、美国、英国将该材料用于加固震后受损的钢筋混凝土桥板,增强石油平台壁及耐冲击性能的许多工程上,获得了突破性进展。碳纤维复合材料片可以手糊,工艺性好,在修补加固已劣化的钢筋混凝土结构物(约束裂纹发展、防止混凝土削落)和提高结构物耐力以及对用旧标准设计建成的钢筋混凝土结构物的补强、加固等方面应用将越来越多。

六、碳纤维在航空航天工业中的应用

碳纤维复合材料与钢材相比其质量可减轻75%,而强度却提高4倍,其最早最成熟的应用是在航空航天领域,如军用飞机、无人战斗机及导弹、火箭、人造卫星等。早在20世纪70年代初期,美国军用F-14战斗机就部分采用碳纤维复合材料作为主承力结构;70年代后期,碳纤维复合材料作为主承力结构材料在F-18的主翼、机身等部位使用,用量达结构材料总质量的10%;垂直起降的AV-8B战斗机主翼等部件的碳纤维复合材料用量达到总质量的20%。在民用航空领域，如波音767和空中客车A－310中，碳纤维复合材料也占到了结构质量的3%和5%左右。

近几年随着碳纤维工业技术和航空航天事业的不断发展，碳纤维在这一领域的应用更加广泛，如用于制造人造卫星支架、卫星天线、航天飞机的机翼、火箭固体燃料发动机喷管、战略导弹的末级助推器、飞机刹车片、载人飞行器、火箭导弹的鼻锥及头部的大面积烧蚀屏蔽材料、机器人的外壳等。特别是欧洲开发的空客A－380，其碳纤维的用量更是达40%左右，标志着未来的民航飞机采用高比例碳纤维的新纪元已经到来。另外，美伊战争后美国在军需品方面对碳纤维的需求量激增，在这些因素的共同作用下，致使前几年一度低迷的碳纤维工业出现供不应求的局面。

七、碳纤维在体育休闲用品中的应用

体育休闲用品是碳纤维复合材料应用的另一个重要领域，如高尔夫球杆、滑雪板、滑雪车、网球拍、钓鱼竿等。用碳纤维复合材料制成的球拍与传统的铝合金球拍相比，其质量更轻、手感和硬度更好、对振荡和振动的吸收也更好，且使用寿命大大延长。同时由于复合材料本身的可设计性，使得制造商在球拍的硬度、弹性、球感、击球性能的设计上，有了更大的想象空间。而碳纤维钓鱼竿由于其良好的韧性与耐用性，更是被广泛青睐。近年来，碳纤维复合材料在运动及休闲型自行车零组件方面的应用亦非常广泛。

八、碳纤维在风力发电中的应用

随着世界范围内环保意识的日益增强，绿色能源正日益得到重视，作为绿色能源之一的风力发电技术发展迅速。风力发电装置的关键部件——转子叶片的材料及工艺设计成为研究的重点 。叶片因为承受的是周期性的动态载荷，为避免叶片在较低应力水平下的疲劳破坏，因此对所用材料的疲劳可靠性有较高的要求。另外，随着风力发电功率的逐步增大，相应的叶片长度也在不断变大，为了保证结构的稳定和正常工作，同时也要求制造叶片的材料具有高的强度和刚度，而碳纤维复合材料优良的比强度、比刚度和抗疲劳性，正好可以满足这一要求。由于目前石油价格不断上涨，传统的燃煤火力发电污染环境，而核能发电厂的设立又遭反对，在这种背景下风力发电工业作为绿色洁净能源，被认为是最安全的、不会破坏地球生态的再生能源，碳纤维复合材料在这一领域的应用也必将日益广泛。

九、碳纤维在交通运输中的应用

碳纤维增强复合材料在交通运输方面主要是汽车骨架、汽车刹车片、螺旋桨芯轴、轮毂、缓冲器、弹簧片、引擎零件、船舶的增强材料等，尤其在汽车方面的应用更是潜力巨大。早在1979年，福特汽车公司就在实验车上做了试验，将其车身、框架等160个部件用碳纤维复合材料制造，结果整车减重33%，汽油的利用率提高了44%，同时大大降低了振动和噪声，如F1方程式赛车的整个外壳已全部采用碳纤维复合材料。

专利（CN 1562691）公开了一种碳纤维复合材料自行车架，包括管材和接头。管材的内层为碳纤维增强树脂基塑料管、中层为网状碳纤维布、外层为耐候型高强度工程塑料涂层；接头的内层为碳纤维增强树脂基塑料管、中层为网状碳纤维布、外层为耐候型高强度工程塑料涂层；管材和接头采用超声波焊接连接；该车架既有比较高的强度，重量又比较轻便，而且外层无需喷漆就能达到色彩鲜艳光亮的要求，也可直接印刷或贴膜进行表面装饰。

十、碳纤维在塑料齿轮材料改性中的应用

塑料齿轮噪声低、惯性小、抗腐蚀、成本低，可在无润滑条件下工作，塑料可以用模塑成型方法获得要求的形状和尺寸，节约工时和成本。因此，塑料齿轮不仅在许多领域可替代传统的金属齿轮，而且可应用在许多金属齿轮不宜使用的领域。但是，与金属齿轮相比，塑料齿轮在强度、刚度和耐磨性等方面明显不足。如何提高齿轮用塑料的力学和摩擦磨损性能，已成为当前高分子聚合物材料的研究热点。

用碳纤维和聚四氟乙烯(PTFE)填料对塑料齿轮材料进行改性，可提高塑料材料的抗拉强度和弯曲弹性模量，降低热膨胀系数，提高工作温度，耐摩擦磨损性能有显著改善，改善后性能可与铸铁、铝合金和铜合金制造的齿轮相媲美。

碳纤维填充增强塑料是依靠其复合作用达到增强目的的。其中，利用碳纤维的高强度承受应力，利用塑料的塑性流动及其与纤维的黏结性来传递应力。由于塑料基体具有抑制裂纹的作用，它可以通过切变作用使裂纹不沿垂直应力的方向发展，从而导致断裂功有很大一部分用于反抗塑料对碳纤维的黏着力，因此抵抗裂纹传播的能力、抗拉强度和弯曲弹性模量大大提高。碳纤维提高塑料耐磨性有两个方面的原因，一是由于适量的填料在塑料基体中充当了刚硬支撑点的作用，类似于物理交联，因而提高了材料的耐磨性；二是由于随着塑料的不断磨损，碳纤维在磨损表面富集，起到了支持负荷和降低有效磨损表面的作用，从而有效地提高了材料的耐磨性。同时，由于碳纤维的摩擦因数较低，并具有一定的自润滑作用，所以能降低塑料的摩擦因数。另外，塑料基体一般都具有很高的热膨胀系数，填充碳纤维后，可通过碳纤维散发出热量，使热膨胀系数降低。同时，由于碳纤维和塑料的黏着力大于塑料基体内部的结合力，经碳纤维填充后的塑料模量增加，工作温度有所提高。

思考题

1. 简述碳纤维的性能。
2. 论述碳纤维的几种加工方法。
3. 举例说明碳纤维在复合材料中的应用。

第三章　抗菌纺织品

本章知识点

1. 抗菌纤维及抗菌纺织品的加工。
2. 用于纺织品的抗菌剂及纺织品的抗菌机理。
3. 抗菌纺织品抗菌性的测试及评价。
4. 抗菌纺织品的安全性。

第一节　概　述

随着现代科学技术的发展，人类对自身的生活环境有了更加清楚的认识。人类生活的每一天都是与细菌相伴而生的，当人体免疫功能正常时，寄居在人体各个部位的正常菌群对构成生态平衡起着重要作用，如生物屏障与拮抗、营养、免疫、生长和发育、抗癌等，微生物（如细菌、真菌等）几乎无处不在。但在接近人体的纺织品上，由于纺织材料其多孔性和由高分子聚合而成的化学结构，成为适合微生物生存繁殖的良好载体，其温暖湿润的微气候使细菌以几分钟一次的几何级数分裂增殖，如果这些正常菌群的生长繁殖得不到较好的抑制，一旦生态平衡被打破，细菌的数量就会大大超过正常值，从而引发各种疾病（如皮肤病），危害人体的健康。

一、皮肤和纺织品上的常见细菌

微生物（microorganism）是存在于自然界的一群体形细小、结构简单、肉眼无法直接看到，必须借助显微镜等设备才能观察到的微小生物。细菌是一类细胞细而短（直径为0.5～5μm）、结构简单、细胞壁坚韧以二等分裂方式繁殖和水生性较强的原核微生物，分布广泛。在正常人的体表和同外界相通的口腔、鼻咽腔、肠道、泌尿生殖道等腔道中都存在着不同种类和数量的细菌，仅人体皮肤的常在菌数就有10万个/cm^2。人体皮肤上的常见细菌有金黄色葡萄球菌、链球菌属生脓菌、肠杆菌属、肺结核杆菌、结核杆菌、放线菌类等。

纺织品是多孔材料，成为适合微生物生存繁殖的良好载体。人们熟知的广谱细菌包括病原性微生物和非病原性微生物两种。这两种微生物一般在纺织品表面都可以繁殖，最终的累积将破坏纺织品的卫生性和清洁性。由于病原性微生物的增殖将对人体的健康产生影响，所以必须防止。表3－1列出了病原性微生物和非病原性微生物对人体的影响与作用。

表3-1 微生物对人体的影响与作用

微生物	致病性	影响与作用
枯草杆菌	一般不致病	腐败食物、偶然性的结膜炎
大肠杆菌	致病性低	腐败食物、偶然性的膀胱感染
肺炎克雷伯杆菌	致病	肺炎
绿脓杆菌	致病	多方面的感染
普通变形杆菌	致病性低	炎症
表皮葡萄球菌	致病性低	手术伤口感染
金黄色葡萄球菌	致病	中毒性休克、化脓脓肿、血纤维蛋白凝固、心内膜炎

据报道,即使将织物洗净,各类纤维还附着着大量细菌。纺织品带菌的危害主要有:汗水、皮屑滋养细菌,细菌腐败导致恶臭;致病菌引发各类皮肤病及其他疾患;公共场所用品(如理发美容毛巾、幼儿园玩具)传播疾病;医院内床单等导致病人交叉感染等。

二、抗菌纺织品的发展现状

随着全球工业的迅速发展和人民生活水平的不断提高,抗菌问题越来越引起世界各国的高度重视。在现实生活中,人们不可避免地要接触到各种各样的细菌、真菌等微生物。这些微生物在合适的环境条件下会迅速生长繁殖,并通过接触传播疾病,影响着人们的身心健康。在人们的日常生活中,各种各样的纺织品是这些微生物的良好生存地,也是疾病的重要传播源。具有抗菌功能的纺织面料对于防止病菌的侵害起着极其重要的作用,用抗菌功能性纺织面料制作的日用品已逐渐为人们所重视,并随着科技的发展,广泛而深入地辐射到生活的细节中。

美国的抗菌纺织品在20世纪50~60年代就已工业化生产,到70年代中期以后,日本的抗菌防臭纺织品也进入高速发展阶段。抗菌纺织品在国际市场上一出现便风靡全球,现已形成了每年几百亿美元的巨额销售。在日本,80%以上的袜子、内衣等都为抗菌纺织产品,其在抗菌加工产品领域中的市场占有率正在逐渐扩大。

我国这方面的研究还只是近10年的事。上海石化腈纶事业部和合成纤维研究所成功开发了一种新型防螨腈纶纤维。经测定,其抗菌力和螨虫的驱避力分别达80%和90%以上。台湾工业技术研究院材料所研发的中华绿纤维,在洗过30次后,抗菌力仍高达99%,除臭力高达90%,产生的静电抗菌磁场,可抑制有害细胞分裂繁殖,甚至以抗菌、抑菌的手段来达到消灭有害细菌的目的。

据 Textiles Intelligence 发布的一份最新功能服装市场调研报告称,纤维或纺织品经抗菌防霉处理后可以发挥两方面的作用:一是保护使用纺织品的人,如果抗菌纺织品能杀灭金黄色葡萄球菌、指间白癣菌、大肠杆菌、尿素分解菌等细菌和真菌,则能预防传染性疾病的传播,防止内衣裤和袜子产生恶臭,防止袜子上脚癣菌繁殖,防止婴儿因使用尿布而产生红斑,提高老人和病人的免疫能力,而且可以在医院内预防交叉感染[即耐甲氧西林的金黄色葡萄球菌(MRSA)感染];二是防止纤维受损,由于具有杀灭黑曲霉菌、球毛壳菌、结核杆菌和柠檬色青霉菌等各种霉菌,可以防止纤维材料变色、脆损以及在纺织品储藏时发生霉变。

对抗菌纺织品的要求包括:具有高效广谱抗菌能力;抗菌效果持久,耐洗涤、耐磨损、使用寿命长;耐热、耐日照、不宜分解失效;轻薄、透湿、舒适性佳;使用安全,对健康无害,不会对环境造成污染。

抗菌纺织品目前已广泛应用于人们生活和医疗保健的各个方面。

(1)除臭功能的应用。主要用抗菌纤维混纺交织来制作鞋里衬、袜子以及内衣裤,直接和人体皮肤接触,可有理想的除臭抗菌作用。

(2)用抗菌纺织品制成卫生巾、婴儿尿裤、老人尿垫等,可防止妇女、婴儿、老人的有关疾病。

(3)用其制成医用敷料、手术包、产妇包等产品,具有抗菌、消炎、除臭、止痒功能。

(4)用它制成创可贴、医用外伤绷带等产品用于烫伤、擦伤、割伤等轻伤浅表新伤口,清创后在不用任何药物情况下伤口会很快干燥、愈合。

(5)用抗菌纺织品可做成无菌室滤布、抗菌防尘口罩。

(6)用抗菌纺织品复合材料可以制成高档服装衣套,真皮包内衬、摄像机盒袋、照相机盒套、书本盒袋、皮鞋袋套等,可以起到抗菌防霉等功能。

(7)用抗菌纺织品制手术衣、帽、手术器械包、手术台布、手术床垫等,不但可以抗菌,而且可以防止交叉感染。

(8)抗菌纺织品及复合材料可以用于食品行业、医药行业的包装用材。

抗菌纺织品未来的发展趋势是进入家庭及公共场合的用品中,应用领域也随之不断扩大,如妇女卫生用品、过滤织物、袜子、内裤等,特别是公共场所的纺织用品,如医疗卫生用品,病房、手术室的床上用品和敷料,火车上的桌布、卧铺垫单、盖单,宾馆、旅店的床上用品等都应采用抗菌织物。

三、抗菌整理方法

纺织品抗菌整理是指将抗菌溶液或树脂通过浸渍或涂覆处理,使之固定在纺织品上,从而赋予纺织品抗菌功能。常用的方法有表面涂层法、树脂整理法、微胶囊法等。

1. *表面涂层法* 表面涂层法是将抗菌剂与涂层剂配成溶液对织物进行涂层处理,使抗菌剂固着在织物表面。常用的抗菌剂有磺胺药类、呋喃药类及有机硅季铵盐类药剂等。前两类多用于处理棉麻等纤维,而季铵盐类药剂可适用于化纤织物及各种天然纤维。目前,用得最多的整理剂是有机硅—季铵盐。这种阳离子表面活性剂具有良好的抗菌作用,以有机硅为媒介,在纤维表面与纤维形成化学键,从而产生持久的抗菌功能。它的主要成分是3-(三甲氧基甲硅烷基)丙基二甲基十八烷基氯化铵,一般为含42%有效成分的甲醇溶液,外观呈琥珀色,pH值为7.5,可以溶解在水中。实验证明,它不仅使纤维素纤维具有优良、持久的抗菌功能,也可用于涤纶、锦纶等合纤纯纺、混纺或交织产品,使之具有较好的抗菌效果。

季铵盐具有水溶性，耐洗涤性不好，与有机硅结合后即可改善这一缺陷。常用的有机硅—季铵盐抗菌整理方法有浸渍法和浸轧法，配制工作液时要边加边搅拌，否则产生凝聚；还应加入渗透剂，处理后在120℃下烘干，不需高温定形处理，工艺非常简单，易操作。但皮肤过敏者使用经有机硅—季铵盐整理后的织物会出现轻度浮肿，故慎用。

2. 树脂整理法 树脂整理法主要是将抗菌剂溶解在树脂中然后配成乳化液，将织物放在乳化液中充分浸渍，再通过轧、烘使含有抗菌剂的树脂能够附着于织物表面，从而使其具有抗菌功效。在处理时工作液需加入合适的催化剂。如用二苯醚类作抗菌整理剂，它容易分散在水中，工作液浓度为2%，pH值为7左右，与纤维间的固定依靠树脂完成，因此对树脂过敏者慎用，且不能与含羟甲基官能团的树脂并用，否则易产生游离甲醛。

3. 微胶囊法 微胶囊法是将抗菌剂制成微胶囊，再用高分子黏合剂或涂层剂对织物进行处理。抗菌剂要求能适合黏合剂的加工条件，且最好能渗透到纤维的无定形区，以增强其耐洗性。如将一种涤/棉织物浸入一种含有密胺树脂微胶囊（含 *N*,*N* －二乙基间甲苯甲酰胺）和TK黏合剂（聚氨基甲酸酯）的分散剂内，挤压烘干得耐洗抗菌织物。此织物的表层和背层均含有包封杀菌剂的微胶囊，在使用过程中，摩擦微胶囊破裂释放出抗菌剂，并在纤维表面扩散因而有一定的抗菌效果。

上述的表面涂层法、树脂整理法和微胶囊法有一个共同的特点，就是抗菌剂与织物之间很难形成牢固结合，往往为物理吸附或黏合，这种方法得到的抗菌织物，其持久性较差，随着洗涤次数的增加，抗菌能力将迅速下降或消失。

4. 化学交联法 化学交联法是指通过化学反应将抗菌剂与纤维上的某些基团反应而使抗菌剂结合到纤维上。此法所得的织物，抗菌效果好、耐洗涤、抗菌性持久，但其技术难度较大。不过，已有人能够将可逆性结合氯（或溴）的氮杂环类衍生物经过简单的处理结合在纺织品上（USP 6,077,319），制成了新型抗菌织物。这种新型的抗菌纺织品具有可再生的、广谱的、强大而持久的抗菌功能。制备这种抗菌纺织品的关键是在原料成本足够低、操作方便的情况下，使氮杂环类衍生物能够按照一定的、预期的量结合在纺织品上。而要达到上述目的，反应液的弱酸性pH值能否维持恒定及反应液可否重复使用是关键。为了使反应液能够重复使用，每次都必须重新调节pH值，同时补加氮杂环类衍生物，导致不同批次处理反应条件难以做到完全相同，且增加了操作的复杂程度。后来有人针对上述问题对工艺进行了改进，使纺织品在进入反应液之前，先经过酸性缓冲溶液或稀盐酸预洗处理，这样在它进入反应液之后，反应液的pH值就不会变化很大。为了更好地维持反应液的pH值，反应液（整理液）也可以采用缓冲体系。制备步骤如下所述。

（1）预洗处理。将纺织品在预洗液中浸泡，在浸泡处理过程中可加以搅动、翻动或用纺织机械挤压后再浸泡以使浸泡充分彻底，然后通过离心机甩干或沥干脱去大部分水；如果采用邻苯二甲酸氢钾缓冲液，其参考配方为：取0.2mol/L的邻苯二甲酸氢钾25mL，加0.1mol/L的盐酸33mL，加0.2g非离子性表面活性剂聚乙二醇辛基苯基醚（Triton X－100），然后加水稀释至200mL，此溶液的pH值为2.5。

（2）整理液中浸、轧处理。将经预洗处理的纺织品投入整理液（反应液）中浸泡，使液体充分彻底地浸透纺织品，然后再脱去大部分水。整理液的参考配方为：称取1，3－二羟甲基－5，5－二甲基海因12 g，将 $MgCl_2 \cdot 6H_2O$ 1.92 g放入烧杯中；预处理25min，加水74mL后，用0.1mol的稀盐酸调pH值至2.5。

（3）干燥脱水处理。将经整理液处理的纺织品通过烘烤处理或鼓热风处理至完全干燥，烘烤处理或用热风处理时的温度为80℃，烘烤处理7min，再于160℃烘烤处理5min。经过上述处理，氮杂环类衍生物便以化学键的形式与纤维相结合。

（4）充氯（或溴）活化。将经过上述处理的纺织品先经洗涤，以去除表面吸附的整理液中所含的物质，再于含活性氯（或活性溴）的液体中浸泡6min，氯（或溴）便结合到了纤维上的氮杂环类衍生物上，然后用水清洗去未结合的物质，即得抗菌纺织品。

如果取少量样品做红外光谱测试来进行定性鉴别实验，从光谱图上可看出与未经处理的纯棉纤维相比，在 $1720cm^{-1}$ 处明显多了一个强的羰基吸收峰，这说明海因已经结合到了纤维上。纤维上海因的含量，可由凯氏定氮法测得纤维上氮的含量，从而间接测得。经抗菌实验，抑菌率可达99.9%以上。

为了降低甲醛含量，整理液中的1，3－二羟甲基－5，5－二甲基海因，也可以采用4－羟甲基－4－乙基－2－恶唑烷酮代替。

四、抗菌机理和作用

细菌是在自然界分布最广、个体数量最多的有机体，是大自然物质循环的主要参与者。

细菌的分类方法很多。按有无细胞壁，可分为正常菌种和细菌L型；按细胞壁特征，可分为革兰氏阳性菌和革兰氏阴性菌；按细菌形态，可分为球菌、杆菌、螺旋菌（包括弧形菌）；按致病性，可分为有条件性致病菌、致病菌和正常菌。

用于抗菌纺织品检测的代表性菌种一般都是常见致病菌，主要有白色念珠菌、金黄色葡萄球菌和大肠杆菌。

由于抗菌剂的种类繁多，而且抗菌加工的方法又多种多样，所以各种抗菌纺织品的抗菌机理也不尽相同。从纺织品的抗菌方式来讲，可分为溶出型和非溶出型。溶出型抗菌剂能够从纺织品溶出，扩散到纺织品表面，做抗菌实验时，有可见的抑菌环形成，处于抑菌环内的细菌将被消灭。非溶出型抗菌纺织品，抗菌剂不能扩散，但与该纺织品接触的细菌均被消灭，从而起到抗菌的效果，这种方式亦称吸附灭菌。

从对菌类的作用来讲，抗菌剂的抗菌机理可归纳为：

（1）使细菌细胞内的各种代谢酶失活，从而杀灭细菌。

（2）与细胞内的蛋白酶发生化学反应，破坏其机能。

（3）抑制孢子生成，阻断DNA的合成，从而抑制细胞生长。

（4）极大地加快磷酸氧化还原体系，打乱细胞正常的生长体系。

（5）破坏细胞内的能量释放体系。

（6）阻碍电子转移系统及氨基酸转酯的生成。

（7）其他。

常用抗菌剂的作用机理见表3－2。

表3－2　常用抗菌剂的作用机理

抗菌剂	作用机理
季铵盐类	细胞膜、细胞壁的损伤
卤素类	酶蛋白、核蛋白中巯基的氧化、破坏
银	阻碍电子传递系统、损伤细胞膜，并与DNA反应
两性表面活性剂	损伤细胞膜
甲醛	酶蛋白其他活性基的还原反应、凝固变性作用
环氧衍生物类	与核酸成分反应
醇类	蛋白质的变性、溶菌、阻碍代谢机能

第二节　抗菌纤维

一、纤维改性法制备抗菌纤维

对化纤而言，可通过纤维改性制备抗菌纤维，加工方法主要有以下几种。

1. 接枝法　此法是用化学的方法在大分子上接枝具有抗菌性的基团，使纤维获得抗菌性能。用这种方法制造的纤维用作抗菌保健服装的材料，可以具有永久性的抗菌效果。

2. 离子交换法　此法是采用离子交换基团的纤维，通过离子交换反应而使纤维表面置换上一层具有抗菌性的离子（如银离子、银离子与铜离子或锌离子的混合物）。用这种方法制造的纤维，由于金属离子与纤维的离子交换基团形成离子键，也可以具有持久的抗菌效果。

3. 湿纺方法　此法是将合适的抗菌剂在有机溶剂中溶解后加入到纺丝原液中，经过湿纺制得具有抗菌性能的纤维。该种纤维属于溶出型抗菌方式。目前此法多用于抗菌聚丙烯腈纤维的生产制造。

4. 复合纺丝法　此法是将由抗菌剂制得的抗菌母粒和原料通过复合纺丝的方法制成皮芯结构的纤维。以抗菌母粒为皮层，原料为芯层。此法所得的抗菌纤维，抗菌剂只分布于纤维的皮层，因此与共混法相比，所需的抗菌剂少，从而可以减少因抗菌剂的引入对原料物理力学性能和服用性能的影响。如具有海岛结构、镶嵌结构的复合抗菌防臭纤维。

二、原料共混纺丝法

该法是将抗菌剂与原料进行共混，然后通过熔融纺丝制得具有抗菌效果的纤维，也属于改性纤维的一种。由于抗菌剂可均匀分布在纤维中，制得的抗菌纤维及其产品具有优良的耐洗涤性能，抗菌效力也更持久，因此目前应用较为广泛。但此法要求所采用的抗菌剂能耐高温且聚合物有良好的相容性及分散性。常用的抗菌剂以沸石之类无机物居多。

目前,抗菌防臭纤维以日本品种最多(表3-3)、性能最佳,其次为欧美国家的产品,我国近十年来也进行了这方面的研究开发,已有多种产品推向市场。

表3-3 日本市场上的抗菌防臭纤维

商品名称	生产厂家	主 要 成 分
萨尼达—30	可乐丽	涤纶内掺入抗菌沸石微粉
开米达克 a	帝人	涤纶内掺入含银粉末
巴尔泰基拉	钟纺	涤纶含抗菌沸石
利普弗莱休 A	钟纺	腈纶含抗菌沸石
利普弗莱休 N	钟纺	锦纶短纤维含抗菌沸石
拜科特科拉	日本合纤	涤纶含抗菌沸石
拉尔佛瑞西 N	日本合纤	锦纶短纤维含抗菌剂
巴依克纶	日本医疗	锦纶短纤维含氮抗菌物
泰利卡纳	东丽	锦纶长丝中掺入无机抗菌剂
基特波利	富士纺	纤维素纤维含脱乙酰甲壳素
萨恩克罗奈	东邦人造丝	纤维素纤维含季铵盐改性物
利帕乐泰	帝人	复合纤维的聚丙烯组分内掺入铜粉
桑达纶 SS-N	蚕毛染色	腈纶配位结合硫化铜
BCY	旭化成	铜氨纤维表面析出铜化合物
纤维-K	旭化成	纤维素短纤内掺入硫黄单体

近年来,人们在加工抗菌纺织品中,还将抗菌纤维法与后整理法结合起来使用。即先制得具有抗菌作用的纤维,做成织物后,再用抗菌整理剂对其进行后整理,以期进一步改善其抗菌性能和耐洗涤性能。

三、天然抗菌纤维

近几年来,天然抗菌纤维普遍受到了人们的重视,这类纤维主要有甲壳胺纤维、亚麻、苎麻等。其中,因甲壳胺分子内有氨基,导致了甲壳胺具有许多不同于纤维素的生物特性,如具有良好的生物相容性、无毒、无刺激、无致敏反应,能促进上皮细胞和内皮细胞生长,具有止血、收敛创伤面和抑制细菌生长等作用。甲壳胺对大肠杆菌、金黄色葡萄球菌、绿脓菌、灰色霉菌、溃疡病菌、斑点病菌等菌具有良好的抗菌作用,是一种有发展前途的抗菌纤维。

1. 甲壳胺的结构和性质 甲壳胺是甲壳质大分子脱去乙酰基的产物,化学名称为(1,4)-2-氨基-2-脱氧-β-D-葡聚糖。

甲壳质和甲壳胺与纤维素具有相似的结构(图3-1),可以看做是纤维素C—2位上的羟基(—OH)分别被乙酰氨基($—NHCOCH_3$)或氨基($—NH_2$)所取代而形成的。在甲壳质中,纤维素C—2位上的羟基被相对惰性的乙酰氨基取代,因此化学性质非常稳定,应用也受限。而甲壳胺中则由于乙酰氨基脱除存在大量自由氨基，性质较为活泼，应用领域比甲壳质要大得多。

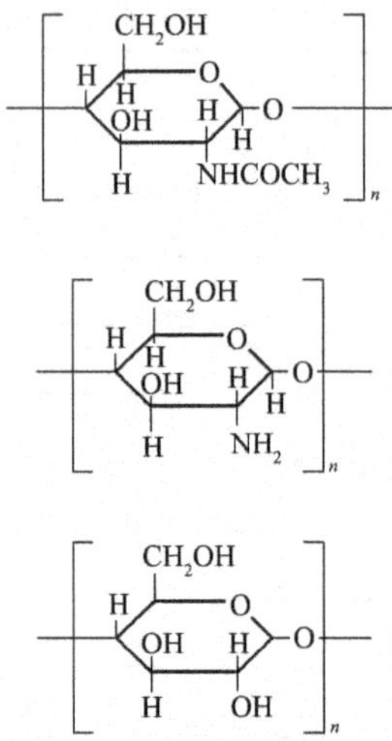

图 3－1　甲壳质、甲壳胺和纤维素的分子结构

纯甲壳胺是一种白色或灰白色半透明片状或粉状固体，略带珍珠光泽，无味、无臭、无毒性。由于甲壳质分子中存在—OH…O—型及—NH…O—型强氢键作用，分子间作用力极强，又具有稳定的环状结构，因此物理化学性质非常稳定。几乎不溶于常用的一般有机溶剂、水、稀酸、稀或浓碱，只溶于浓盐酸、硫酸、78%～97%的磷酸、无水甲酸和少量混合型有机溶剂，如氯化锂与二甲基乙酰胺（或 *N*－甲基吡咯烷酮）混合液。

2. 甲壳质/甲壳胺纤维的制备方法　实际上，用甲壳质或甲壳胺纺制纤维的工艺很多，但大多数原理、操作过程是相似的，只是在溶剂、凝固浴的选择、纺丝及后处理工艺等方面加以调整。一般工艺流程为：甲壳质/甲壳胺→（改性处理）→纺丝原液→过滤→脱泡→计量→纺丝→凝固浴→牵伸→定型→洗涤→干燥→纤维。

图 3－2 为纺丝装置示意图。

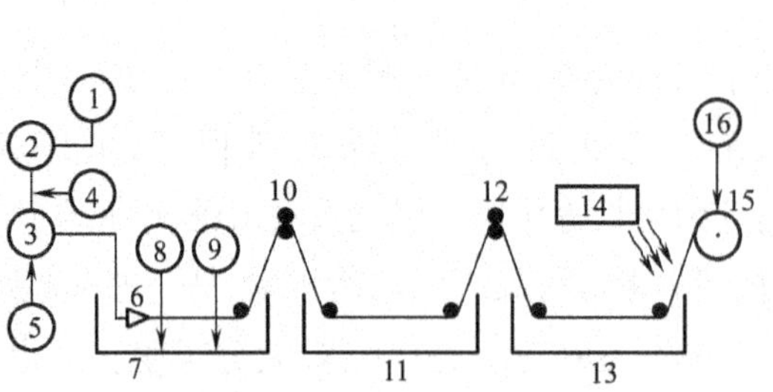

图 3－2　纺丝装置示意图

1—溶解釜　2—过滤器　3—储液罐　4—恒压控制　5—温度控制　6—喷丝头　7—凝固浴　8—凝固浴液循环泵　9—温度控制　10，12—张力调节辊　11—拉伸浴　13—洗涤浴　14—低温风干　15—卷曲辊　16—丝络装置

(1)日本公开特许公报昭60—59123(1985年)介绍了制备甲壳胺纤维的方法。将甲壳胺在搅拌下溶解在5%醋酸水溶液和1%尿素的混合液中,经过滤、脱气,配制成浓度为3.5%、黏度为1.52Pa·s的纺丝浆液。通过孔径为0.14mm、180孔的喷丝头,喷入到室温凝固浴中,凝固浴为不同浓度的氢氧化钠和乙醇混合液,成形的纤维用温水洗涤,按1.25倍的牵伸倍数卷绕,在张力状态下于80℃干燥半小时即得到甲壳胺纤维。

工艺条件的选择对纺丝有很大的影响。尿素的加入可以降低纺丝原液的黏度,但超过1%会造成纺丝状态恶化,对纤维的性能也有影响。凝固液的组成对纺丝状态和纤维性能也有显著影响,当氢氧化钠含量为10%时,氢氧化钠溶液与乙醇的混合比在(90:10)~(50:50)的范围内影响不大。溶解甲壳胺的乙酸浓度增加,会造成凝固浴中氢氧化钠溶液浓度不足,同时也会发生甲壳胺的部分降解而影响纤维的性能,过多的乙酸使甲壳胺中糖苷键水解。

进一步的试验表明,甲壳胺喷丝液的浓度和甲壳胺的脱乙酰度对丝的性能有重要的影响。甲壳胺溶液浓度增大,丝的干强度也随之增大。脱乙酰度越高,相对分子质量越小,干强度却有显著的提高,对纤维的线密度和伸长率的影响不太大。喷丝液的浓度增大,喷丝阻力增加,浓度太大,操作困难。如果凝固浴中氢氧化钠溶液的浓度低于10%,则不能很好地中和喷丝液中的酸,需要延长凝固时间,而且丝在拉伸的时候容易断裂。热拉伸、定型的温度以50~55℃为宜。

(2)中国专利95119358.9介绍了一种由甲壳胺和乙酸水溶液为溶剂组成的甲壳胺浆液,采用湿法纺丝,制取甲壳胺纤维的方法。它是将甲壳胺经过常规方法粉碎、水洗和干燥,得到比浓对数黏度为4.5~5.5的甲壳胺,然后与浓度为2%~10%的乙酸混合,加入质量为甲壳胺1%~8%的硼酸(H_3BO_3)中,配制成甲壳胺浓度为2%~14%(质量分数)的纺丝浆液。纺丝浆液经过滤和真空脱泡处理后,用计量泵输送到纺丝帽,挤出丝束,纺丝帽的孔径为0.06~0.12mm,孔数为60~1000个;挤出的丝束进入5~40℃的凝固浴边凝固边牵伸,凝固浴的组成为氢氧化钠与乙醇的混合液,其中氢氧化钠占5%~20%(质量分数),其余为浓度98%的乙醇,纤维的牵伸倍数为1~2倍;凝固后的纤维通过40~90℃的热水处理,然后经无水乙醇浸洗,再经水洗涤和干燥,即可制得甲壳胺纤维。由该法制得的甲壳胺纤维单丝线密度为0.8~6.0dtex,强度为1.8cN/dtex或更高。

(3)美国专利5897827提供的纺丝方法是将甲壳胺(聚合度为350~400)分散于硫氰酸钠水溶液中,加热至100℃并保温2h,同时搅拌溶解。制成的纺丝液经凝固浴凝固,温度为4℃。然后经水洗,于80℃下干燥制成甲壳胺纤维。该方法要求甲壳胺的脱乙酰度不小于60%,硫氰酸钠的浓度不小于44%,否则不能形成纤维。可使用的凝固剂包括水,醇类如甲醇、乙醇、异丙醇,水溶性有机溶剂如丙酮、乙腈以及与水的混合液,上述液体与硫氰酸钠的混合液等。工业化生产时多采用水、水溶性有机溶剂、硫氰酸钠的混合液作凝固剂。该方法的特点是生产中使用的溶剂安全、无毒,解决了日本公开特许公报昭60—59123(1985年)中试剂的强烈臭味以及使用醋酸时的腐蚀问题,但制得的甲壳胺纤维强度较低,只有4.41cN/tex左右。

（4）宁阳华兴海慈新材料有限公司独辟蹊径，开发了纯甲壳胺纤维。它是以2%的冰醋酸作溶剂，以5%左右的氢氧化钠水溶液做凝固剂，然后经水洗、活化和干燥处理制成。生产中不用硼酸、尿素和硫氰酸钠等，具有更好的卫生安全性。而且具有高抗菌性，抑菌率可稳定在85%以上。另外，该方法在凝固浴中不采用乙醇，使乙醇的用量减少80%以上。

3. 甲壳胺纤维的形态结构和性能　甲壳胺纤维的结构和性能与纺丝液的配置和纺丝工艺有关。

图3－3为一种甲壳胺纤维结构形状的扫描电镜照片。制备甲壳胺纤维采用湿法成形，在湿纺过程中，如果甲壳胺大分子的凝固和聚集比较剧烈，纤维截面就会出现不规则的形状。改善纺丝工艺，使甲壳胺纤维的皮层与芯层一起均匀收缩，可使纤维截面达到近似圆形。

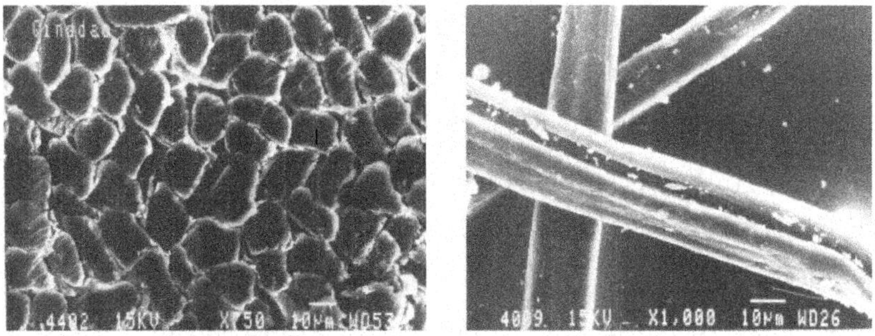

(a) 横截面　　(b) 纵向表面

图3－3　甲壳胺纤维的形态结构

甲壳胺纤维的断裂强力一般在11.5～19.4cN/tex，断裂伸长率在10%～16%；密度为1.42～1.46g/cm^3；回潮率一般在15.1%～16.3%；保水值约为140%（浸渍20h，滤水后以4000r/min的速度离心脱水10min）。

甲壳胺纤维对金黄色葡萄球菌的作用显著，抑菌率可达90%，对白色念珠菌的抑菌率也可达到80%以上，但对大肠杆菌的抑菌率较低，只有30%左右。由此可见，甲壳胺纤维对革兰氏阳性菌（如金黄色葡萄球菌）的敏感性要高于革兰氏阴性菌（如大肠杆菌）。

第三节　纺织品常用抗菌剂

目前，国内外已开发出多种系列的抗菌防霉剂，根据化合物结构不同，主要可分为以下几类。

一、无机系

传统有代表性的无机系抗菌剂是抗菌性沸石，它利用离子交换功能，将银离子固定在沸石的结构中。将这种沸石按约1%的比例混合在能熔融纺丝的涤纶和锦纶等原液中，赋予纤维抗菌性能。随着纳米技术的开发，近年来科学工作者在研究中发现，将含有 TiO_2、ZnO 和 SiO_2 等的微粉掺入天然或合成纤维中，可纺制出各种抗菌和除臭纤维。这种纤维具有优良的保健功能，特别适用于制备医疗用品，如手术服、护士服、手术巾及病人和医院消毒敷料、绷带等，目前日本及一些西欧国家已广泛采用纳米 TiO_2 用于织物整理。

二、金属系

金属系抗菌剂的一个主要品种是金银抗菌纤维，它是将含有磺酸基的可染合成纤维在一定温度下浸入 0.002% 的硝酸银溶液中处理后，使银离子固定在织物纤维中，从而产生抗菌效果。

银离子抗菌技术有如下特点。

1. 广谱抗菌功效　银离子抗菌技术给予棉、毛和合成纤维纺织品对革兰氏阳性和阴性细菌以及广泛的真菌有机体的杀菌性能。

2. 耐久性　银离子抗菌效果非常持久，可以持续至纺织材料的使用寿命。

3. 独特的作用机制　银离子抗菌剂中起关键作用的成分是银离子，银离子抑制细胞壁的传输作用（呼吸作用），抑制细胞分裂（繁殖）和扰乱细胞能量的产生（新陈代谢）。这三种形式的共同效果抑制了细菌生存。

4. 多功能性　银离子抗菌剂具有应用多功能性，是名副其实的多功能产品。它可以用来制备抗菌长丝和抗菌短纤维，可混入本体聚合物、纤维、各种覆盖物颜料、涂料和清漆中，可中和体味，可处理有霉味的毛巾等。

银离子抗菌剂已得到广泛的认同，并列入美国国家科学基金会（NSF）和美国食品与药品安全管理局（FDA）的目录，以及在美国环保署（EPA）注册。银离子抗菌剂也作为化妆品防腐剂被列入化妆品和香料协会的目录，在欧洲已获得《杀菌产品指南》（BPD）的标准临时批文。

目前使用的还有铁酞菁、金属氧化物配位的氨基硅系聚合物、硫酸锌配位的丙烯酸聚合物等。

另外，部分铜系化合物也是良好的纺织品抗菌防霉剂，其代表性品种是含硫化铜的再生纤维素、聚丙烯腈硫化铜复合物、酚系铜螯合树脂等。主要是将腈纶浸渍在 2% ~3% 的硫酸铜溶液（含氨及羟胺硫酸盐）中，加热、还原，氰基与硫化铜以配位键螯合，将复杂的配位高分子成形并有效固定在纤维上，从而起到杀菌抗菌效果。

三、季铵盐类

季铵盐类最具代表性的是三甲氧基丙基硅烷十八烷基二甲基氯化铵。采取浸渍的处理办法将其固定在合成纤维的表面，赋予纤维抗菌性能，它既能与纤维中的阴离子结合，又能自身缩聚成膜，在起到杀菌作用的同时，可使织物具有良好的耐洗性。还有一些大烷基三烷基氯化铵，可用反应树脂将其固定在纤维表面。其他的主要品种还有烷基二甲基苄基氯化铵、十六烷基二甲基苄基氯化铵、聚氧化乙烯三甲基氯化铵、聚烷基三烷基氯化铵、十八烷基二甲基氯化铵、3 - 氯 - 2 - 羟丙基三甲基氯化铵等。

四、酚类

国外使用的酚类织物抗菌剂主要是2,4,4′-三氯-2′-羟基二苯醚,俗称三氯新(也称三氯生),它是目前国际市场上最流行的广谱高效环保型抗菌剂之一,可通过整理加工附着在纤维上,产生抗菌性。

五、胍类

胍类抗菌剂的品种有1,1-六亚甲基-双[5-(4-氯苯基)双胍]二葡糖酸酯、聚六亚甲基双胍盐酸盐等。该类抗菌剂对纤维的附着力很强,耐洗性和杀菌效果都很好,但防霉效果、耐热和耐光性较差。

多数有机抗菌、防臭剂存在耐热性差、易挥发、易分解产生有害物质、安全性较差等缺点,今后的抗菌剂的发展重点在于无机系列,其中的银离子系列尤为引人注目。

六、天然抗菌剂

由于天然抗菌防霉剂安全环保性能好,开发与应用越来越受到重视,主要有以下几种。

1. 甲壳胺 甲壳胺因含游离氨基,能结合酸分子,是天然多糖中唯一的碱性多糖,具有许多特殊的物理和化学性质及生理功能。其抗菌作用主要源于甲壳胺带正电荷,能与细菌蛋白质中带负电荷相结合,使细菌或真菌失去活性。小分子量的甲壳胺可渗透到微生物内部,阻止核糖核酸(RNA)转化,从而抑制细菌的生长。

2. 天然提取物 这类提取物通常是液体,常使用微胶囊技术整理纺织品。首先将提取物封入微胶囊,再以树脂固着在织物上。目前使用较多的是桧柏油,其主要组分是4-异丙基-2-羟基-环庚基-2,4,6-三烯-1-酮,这是一种七个原子的环状结构化合物。其抗菌机理是分子结构上有两个可供配位络合的氧原子,它与微生物体内蛋白质作用使之变性,达到抗菌目的。

3. 生物发酵产物 氨基葡萄糖苷ST-7是用一种放线菌发酵获得的抗生物质,对细菌的繁殖有明显的抑制作用,安全性高,对皮肤无刺激。其抗菌机理为:作用于细菌细胞核蛋白质的子单位上,阻碍间核糖核酸的密码因子和特核糖核酸反密码因子的相互作用,使其合成异常蛋白质而致死。

4. 昆虫抗菌性蛋白质 利用昆虫抗菌性蛋白质是纺织工业利用生物技术的一个方面。昆虫适应环境能力很强,对细菌、霉菌和病毒等微生物的侵袭有很强的抵抗能力。从它们体内分离出抗菌性蛋白质并设法用于纺织品上是抗菌防臭加工今后努力的方向。

第四节　抗菌纺织品抗菌性的测试及评价

抗菌纺织品的最重要的性能指标是抗菌性。测试抗菌性时,要求培养基浓度、温湿度、pH值及实验时间与穿衣条件相一致,实验仪器应为微生物实验常用仪器,且对任何形状的纺织材料都能进行测试。

一、测试菌种的选择

绝大多数的微生物对人类和动植物是无害的，甚至是有益和必须的。但是也有小部分的微生物可以引起人类和动植物的病害。因而人们在进行抗菌性能的评价中，菌种的选择必须具有科学性和代表性。抗菌纺织品应考虑长期穿着后对人体皮肤正常菌群的微生态平衡影响，抗菌产品的考核菌种宜以公认的代表菌种为宜。

测试的菌种包括细菌和真菌。在细菌中主要用革兰氏阳性菌（金黄色葡萄球菌、巨大芽孢杆菌、枯草杆菌）和革兰氏阴性菌（大肠杆菌、荧光假单胞杆菌）；在真菌中主要用霉菌（黑曲霉、黄曲霉、变色曲霉、橘青霉、绿色木霉、球毛壳霉、宛氏拟青霉、腊叶芽枝霉）和癣菌（石膏样毛癣菌、红色癣菌、紫色癣菌、铁锈色小孢子菌、袍子丝菌、白色念珠菌）。金黄色葡萄球菌是无芽孢细菌中抵抗力最强的致病菌，可作为革兰氏阳性菌的代表。大肠杆菌分布相当广泛，已作为通常的革兰氏阴性菌的代表性菌种用于各种实验。黄曲霉、球毛壳霉作为规定的防霉实验用菌种，已列入我国国家标准（GB 2423.16—1981《电工电子产品基本环境试验规程　试验1：长霉试验方法》），其他一些所选择的霉菌，则是侵蚀纺织品或高分子材料的常见霉菌。白色念珠菌是人体皮肤黏膜常见的条件致病性真菌，对药物具有敏感性，具真菌的特性，菌落酷似细菌而不是细菌又不同于霉菌，因具有酷似真菌的菌落，易于计数观察，常作为真菌的代表。

日本的纤维制品卫生加工协会（SEK 于 1983 年 2 月成立，现已改名为日本纤维制品新功能评价协会，JAFET）按用途及目的，将抗菌纺织品分为两大类，用三种标志标识。一类是防臭加工纺织产品，一般为普通的日用防汗臭纺织品，用蓝色标志；另一类分为一般用途及特殊用途两种，一般用途保健用纺织品，用橙色标志，特殊用途为医疗用纺织品，用红色标志。蓝色标志的纺织品，考核菌种为金黄色葡萄球菌；用橙色标志的保健用纺织品，考核菌种为金黄色葡萄球菌及肺炎杆菌两种，大肠杆菌、绿脓杆菌及真菌仅在客户提出需要时选择性检测；用红色标志的医用纺织品，考核菌种为金黄色葡萄球菌、肺炎杆菌及耐青霉素的金黄色葡萄球菌（MRSA）三种，大肠杆菌、绿脓杆菌及真菌，同样依客户的需要进行检测。

抗菌纺织品对革兰氏阳性菌、革兰氏阴性菌及真菌的抗菌效果同时检测，考核菌种革兰氏阳性菌应为金黄色葡萄球菌 ATCC 6538，革兰氏阴性菌为大肠杆菌 8099（或大肠杆菌 ATCC 25922、肺炎杆菌 ATCC 4352），真菌为白色念珠菌 ATCC 10231，可为判断抗菌谱提供依据。特殊用途可根据产品的特殊需要适当增减菌种（如绿脓杆菌、MRSA 等）。

我国的抗菌针织品标准将抗菌级别分为三级：A 级，考核菌种为金黄色葡萄球菌；AA 级，考核菌种为金黄色葡萄球菌、大肠杆菌、白色念珠菌；AAA 级，考核菌种也为金黄色葡萄球菌、大肠杆菌、白色念珠菌。

二、抗菌性的检测方法

抗菌性的测试方法中，发展较早的是日本和美国，最有代表性且应用较广的是美国的 AATCC 试验法 100 和日本的工业标准。国内使用较多的评价方法一般都是参照美国纺织染色家和化学家协会（American Association of Textile Chemists and Colorists，简称 AATCC）标准和日本纤维制品新功能评价协会(JAFET)批准的“SEK”标志认证标准的方法。我国于1992年颁布了纺织行业标准FZ/T 701021—1992《织物抗菌性能试验方法》,2002年颁布了国家标准GB 15979—2002《一次性使用卫生用品卫生标准》。2006年颁布了行业标准FZ/T 73023—2006《抗菌针织品》,于2007年颁布了GB/T 20944—2007《纺织品　抗菌性能的评价》,国际化标准组织发布了ISO20743:2007《纺织品抗菌试验方法》。

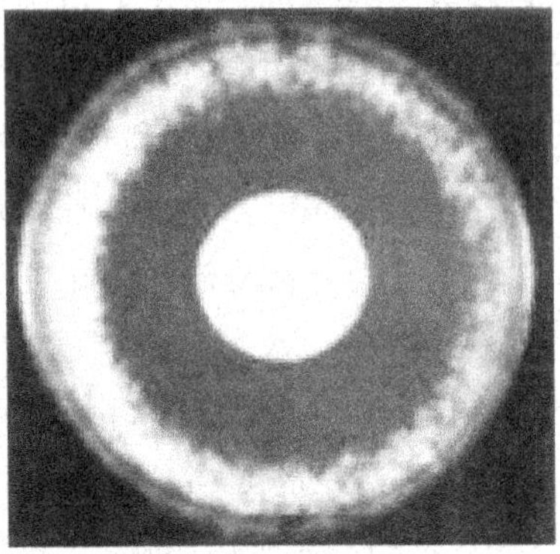

图3-4　晕圈法测试结果

常用的检测抗菌织物抗菌性能的方法有晕圈法(抑菌环法)、奎因法、浸渍法(吸收法)、振荡法。

1. 晕圈法　利用溶出性抗菌整理剂能经琼脂扩散显示其抑菌作用,通过抑菌圈的大小以判断其抗菌整理剂的溶出性与有无抑菌性。优点是费用低、速度快,缺点是不能定量测定抗菌活性,结果不准确。国家标准GB 15979—2002《一次性使用卫生用品卫生标准》,行业标准FZ/T 73023—2006《抗菌针织品》对抗菌纺织品的晕圈法做了详细的规定。图3-4是采用晕圈法测试的结果。

2. 奎因法　将菌悬液直接滴于待检织物上,覆盖半固体培养基,使细菌充分在织物上培养,以显示其抑菌作用,依据抑菌率判断是否具有抗菌能力。抑菌率计算公式为:

$$\text{抑菌率}=\frac{\dfrac{\text{未做抗菌处理}}{\text{对照布样菌落数}}-\dfrac{\text{抗菌处理}}{\text{样菌落数}}}{\text{未做抗菌处理对照布样菌落数}}\times 100\%$$

未做抗菌处理对照布样上菌落数与标准本白布对照样上的菌落数对照,以判断未做抗菌处理对照布样是否有抗菌性能。

3. 浸渍法(吸收法)　在待测试样和对照试样上接种测试菌,培养后加入缓冲液振荡将菌洗出,以稀释平板法测洗脱液中的细菌数量,与对照样相比计算织物上细菌减少的百分率。该种方法无论对于溶出型试样,还是非溶出型试样,都能进行抗菌测试。抗菌前后细菌数量的变化,如图3-5所示。

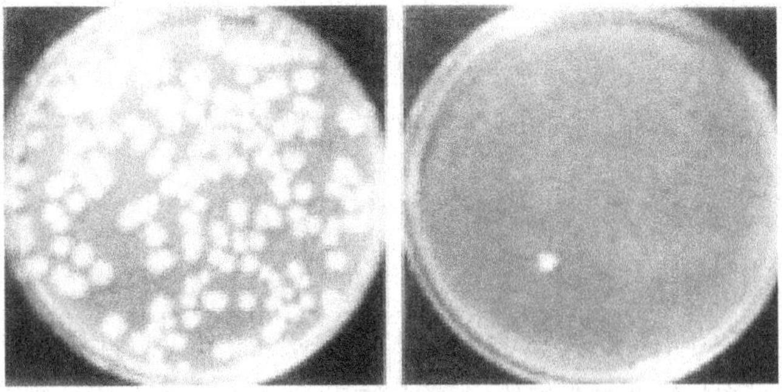

图3-5　抗菌前后细菌数量的变化

4. 振荡法 振荡法是美国道康宁公司开发的可评价非溶出型纤维制品抗菌性能的一种方法。我国国家标准 GB 15979—2002《一次性使用卫生用品卫生标准》,行业标准 FZ/T 73023—2006《抗菌针织品》对实验方法也作了详细的规定。此法为增强试样与菌的接触,将样品投入盛有磷酸盐缓冲液的有塞三角瓶中,移入菌液后在一定条件下强烈振荡 1h 后(国标),取 1mL 振荡液,置于培养基上使细菌繁殖一定时间,检查菌落数与空白样品并进行比较,计算细菌减少率。

该方法的优点是可以适用于大多数试样,像粉末状、有毛或羽的衣服、凸凹不平的织物等都能使用。缺点是稀释液缺少微生物增殖所需用的养分,不符合穿着条件;培养时间短,试验菌几乎不能增殖,与日常穿衣时间相差太大;另外振荡温度为25℃,并非最佳培养温度。在行业标准 FZ/T 73023—2006《抗菌针织品》中将振荡时间改为 18h。

对于不同类型的抗菌织物,应采用不同的抗菌方法测试,期望采用一种抗菌方法来完成所有抗菌织物的测试是困难的,所以在我国的标准中指出用户可以根据抗菌织物的类型,选择一种合适的抗菌测试方法。另外,在行业标准 FZ/T 73023—2006《抗菌针织品》中规定 A 级产品仲裁检验方法按吸收法执行;AA 级和 AAA 级产品仲裁检验方法按振荡法执行。

思考题

1. 论述抗菌化学纤维和抗菌纺织品的制备方法。
2. 简述各类抗菌剂的特点。
3. 甲壳胺及甲壳胺纤维的结构性能及制备方法。
4. 如何用浸渍法和振荡法测试抗菌纺织品的抗菌性?

第四章 医用纺织品及纺织人工器官

本章知识点

1. 医用纺织品的分类及应用。
2. 医用纺织品的性能和要求。
3. 人工肾透析器的结构与材料及主要技术指标。
4. 中空纤维氧交换膜人工肺的结构原理与设计特点。
5. 人造血管的加工、表征与性能要求。
6. 人造皮肤的作用机理。

第一节 概 述

医用纺织品是以纤维和织物为基础,以医学应用为特色的纺织品。从字面上讲,“医用纺织品”是指用于医学目的的纺织品。尽管该术语在20世纪末期才被创造出来,不过,在很久以前,纺织品就被用于医学领域。纺织品具有一系列特性,如柔软性、弹性、强度等,特别是用于医疗方面要不过敏、不致癌、无毒、抗静电、耐疲劳、生物兼容、防火、颜色不能具有刺激性。近年来,世界各地的研究工作均基于上述特性,迅速地将纺织品推广应用到医学领域。医学、纺织、化学等各方面的专家也投身于医用纺织品研究开发之中。

一、医用纺织品的发展

纺织材料应用于医疗领域起步很早。在4000年以前,古埃及人就懂得用天然胶黏合的亚麻纱来缝合伤口,以使伤口能及时愈合,用药用植物处理的织物包裹木乃伊,以防止其腐烂。中国古代的史书中也有用麻纤维做缝合线,用棉布包扎伤口和止血的记录。医用纺织材料最早用棉、毛、麻等天然纤维,随着科技的发展,又大量的使用合成纤维。特别是近年来对可降解纤维的研究取得了可喜的进步,可降解的化学纤维和甲壳素纤维开始引起人们的关注。

与此同时,医用非织造布的推广,使化学纤维的应用范围进一步扩大,医用纺织品材料的发展也愈来愈显示出巨大的活力。

美国的强生公司、杜邦公司、金佰利公司、Polymer集团等都能够生产出目前最优质的医用材料。

二、医用纺织品的分类

根据用途和性能可以将医用纺织品分为普通医用纺织品和高性能医用纺织品。普通医用纺织品包括外科手术缝合线、消毒湿巾、伤口敷料、止血贴、纱布球、吸液垫、纱布片、手术巾等。高性能医用纺织品一般是指采用高技术纤维材料制成的。

根据不同功能，大体可以分为如下四类。

1. 保健类　该类包括医疗保健用的绷带、口罩、头罩、可溶性止血纱布、医疗服装、医疗用的床单及相关寝具等产品，以及杀菌防臭服装、鞋帽等。

2. 治疗类　该类包括舒适功能纺织品，消痒、止血纺织品，除螨用纺织品等。

3. 仿器类　该类包括人工肺、人工血管、人工心脏瓣膜、人工气管、人工食管、人工肾等。

4. 防护类　该类包括防毒服装以及各种防辐射服装(防 X 射线、防静电、防磁辐射等)。

根据其耐用性可分为如下三类。

1. 耐用型产品　主要由棉纤维和亚麻纤维制成的可重复使用的机织物和针织物。

2. 无隔层的用可弃产品　主要由聚乙烯、聚酯纺黏法和热黏合法制成非织造布。

3. 有隔层的用可弃产品　主要由水刺法、湿法成网、纺黏—熔喷—纺黏法制成的复合型非织造布。这种纺织品的市场占有率在迅速提高。

第二节　医用纺织品的性能和要求

由于医疗纺织品在使用过程中常常会与生物肌体、体液、血液等接触，甚至被长期留置体内，因此医疗纺织品较其他产业用纺织品有着不同的性能要求。按照与生物体不直接接触、直接接触和进入生物体内的几种情况，医用纺织品对材料的性能分别有不同的要求。

一、不直接接触类

该类用品并不直接与生物体接触，在性能上除了要满足一般纺织品的性能外，主要要求能够经受各种消毒处理和清洗处理。如大于100℃的干热或高温蒸汽消毒；碘化合物、甲醛、戊二醛、环氧乙烷等化学试剂、药液的消毒；γ 射线的消毒；各种漂白剂的漂洗等。

二、直接接触类

该类医疗用纺织品与生物体会发生直接接触，除了要满足一般纺织品和不直接接触类医疗纺织品的性能外，还应具备几种性能：无毒、无菌性；不变质性；无致敏、致癌、致畸形性；不引起局部组织反应、全身毒性反应和不适应性；与体液、血液接触时，不破坏其中的有形成分。

三、进入生物体内类

该类医疗纺织品对材料的性能要求最为严格。它除满足上述两类性能要求外，还必须具备以下基本性能。

1. 生物相容性 生物相容性是指进入生物体内的医用材料能被生物体接受的性能。通常进入生物体内的医用材料与生物肌体或血液、体液接触时，会发生不相容性：一是生物体对材料的反应，称为宿主反应，即可能引起的各种炎症、排斥性反应及各种急性和慢性反应，如感染、炎症、粘连、溃疡、溶血、凝血、坏死、发热、慢性中毒、循环障碍、脏器功能紊乱等；二是医用材料对生物体生理环境的适应性，称为材料反应，包括生理腐蚀、吸收、降解、变形、失效等。

2. 化学稳定性 由于生物体的生理环境极其复杂，既有酸性又有碱性，血液和体液中还含有大量的钾、钠、镁离子和多种生物酶、蛋白质，可引起进入生物体内的医用材料出现溶胀、腐蚀、吸收、添加剂析出、强力下降、变形、破坏或发生降解、解聚、氧化、交联等反应而失去作用。因此，医疗纺织品对产品的化学稳定性能要求非常高。

3. 可降解性和可吸收性 对于某些因各种需要而暂时植入或留置在生物体内的医用材料，如手术缝合线、人造皮肤、止血纤维、骨钉、纤维性骨板、黏结与连接材料、药物缓释载体、修补性材料等，要求随着时间的推移而能够逐步的发生降解，并能够被肌体吸收或通过体液、肾脏排出体外。

除上述所列基本的共同性能外，医疗纺织品在不同的实际应用场合下，还有各种特定的性能要求。如压缩性绷带必须具有同等持久的压缩力，以便用于处置和预防不同情况的静脉凝血和静脉曲张，其产品也因压缩力的不同而具有多种类型；缝合线要求具有适当的结晶度和一定的机械强度，同时满足降解吸收和缝合手术的张力要求；人造皮肤必须具有良好的透过性以便满足水蒸气、蛋白质、电解质的渗透与分泌等。

第三节　医用纺织品的应用

一、非移植材料

非移植材料的主要用途、选用的纤维及织物类型，见表 4-1。

医疗外科上使用的伤口护理材料的作用是防止伤口感染、吸收血液及防止血液渗出、促进康复，多应用于对伤口的药敷。通常的伤口包扎材料是一种复合材料，其中一层是吸收层，夹在伤口接触层及柔软的基础材料之间。吸收层的衬层可以吸收血液及体液，使伤口得到柔软的防护。伤口接触层可阻止伤口与包扎布的粘连并可随意去掉而不会影响伤口上新组织的生长，基础材料通常是以丙烯酸黏合剂黏合敷料，并使敷料包敷在伤口上。骨胶原纤维、海藻纤维及壳质纤维都已成功地应用在伤口护理材料中，因为它们都明显有助于康复。如用海藻纤维作为与伤口的接触层时，海藻纤维与伤口流出物产生一种钠钙海藻凝胶，这种凝胶呈亲水性，可渗透氧而不能透过细菌，并有助于新的组织形成。

其他用于伤口包扎的纺织材料还有纱布、棉绒及衬垫。纱布是一种稀薄的吸水织物，上面覆以石蜡，可作为烧伤、烫伤的处理材料，在外科应用时，纱布以衬垫层作为吸收材料用。棉绒是一种平纹织物，主要用于对一度烧伤及中度烧伤的防护包扎。纤维填料是一种高吸收能力的材料，主要以非织造材料出现，以阻止伤口黏着纤维造成的损伤。绷带有机织、针织或非织造布等种类，大多用于包扎伤口，属于轻薄针织布或稀薄机织布，以棉或黏胶为原料加工而成，经过水洗、漂白及消毒等处理。轻薄型绷带主要用于扭伤劳损的处理，弹性绷带用高捻度的棉纱织成，绷带有一定的伸长及覆盖性能，对人体扭伤处给予支撑。压缩绷带用于肢体的溃烂、静脉血管曲张等，分为特别高压、中压、普通压及轻压四类。矫形垫、绷带用于石膏模铸件。压力绷带可作为填塞材料，可防止不舒适。非织造重型外矫形垫状绷带是由聚氨酯泡沫塑料、聚酯纤维或聚丙烯纤维与天然纤维复合而成，具有一定的弹性。新近研究开发的垫状绷带材料是应用现代材料针刺结构加工成的优质包扎用垫。

表 4－1　主要非移植材料的应用

产品用途	纤　维　种　类	织物类型
吸收衬垫层	棉纤维、黏胶纤维	非织造布
伤口接触层	丝、聚乙酰亚胺纤维、黏胶纤维、聚乙烯纤维	针织物、机织物、非织造布
普通非弹性/弹性材料	棉纤维、黏胶纤维、聚酰胺纤维、弹性纤维纱	非织造布、针织物、机织物
轻型支撑体	棉纤维、黏胶纤维、弹性纤维纱	机织物、针织物、非织造布
压缩材料	棉纤维、聚酰胺纤维	机织物、针织物
外科矫正畸形材料	棉纤维、黏胶纤维、涤纶纤维	机织物、针织物
绷带	聚丙烯纤维、黏胶纤维、丝、棉纤维、涤纶、玻璃纤维	针织物、机织物、非织造布
纱布	棉纤维、黏胶纤维	机织物
软绷带布	棉纤维	机织物
衬垫、填料	黏胶纤维、棉绒	非织造布

非移植材料在体外使用，可与皮肤接触或不接触，如绷带、纱布等。理想的绷带和纱布具有以下性能：防感染；能吸收血液和体液，防止渗出；在伤口处保持一个湿环境以加速伤口愈合；无毒，不黏伤口，以便拆掉纱布或绷带时不损伤新生组织；可药物处理。某些蛋白质类（如丝素、骨胶原）、多糖类（如海藻酸盐、甲壳质）等物质已证明有利于伤口愈合，不过敏，而且可减少伤口感染，国际上一些医药公司已将其应用到医用纱布和绷带等材料上。

二、移植材料

移植材料主要用途、选用的纤维和产品种类，见表 4－2。

移植材料专门用来修复人体，如人造血管、人造韧带等，生物相容性是移植材料的一个重要因素，纺织材料要能为人体所接受，可以下述 4 项内容来检测人体对移植器官的反应：

（1）移植器官要有多孔性，检测人体薄膜的生长速度以及对移植器官的封闭情况。

表4-2 主要移植材料

产品用途	纤维种类	纺织材料种类
可降解缝合线	骨胶原纤维、聚乙交酯纤维、聚交酯纤维	单丝、编织线
不可降解缝合线	聚酰胺纤维、聚酯纤维、PTFE纤维、聚丙烯纤维、钢纤维、聚乙烯纤维	单丝编织物
人造腱	PTFE纤维、聚酯纤维、聚丙烯纤维、丝	编织物、机织物
人造韧带	聚酯纤维、碳纤维	编织物
人造软骨	低密度聚丙烯纤维	非织造布
眼球晶体及人造角膜	聚甲基丙烯酸酯纤维、骨胶原纤维	
外形矫正畸形移植人造关节/骨骼	聚丙烯纤维	
人造血管	聚酯纤维、PTFE纤维	针织物、机织物
心脏瓣膜	聚酯纤维	机织物、针织物

(2)细小局部圆形的纤维比大而截面不匀的纤维更易被人体薄膜封闭。

(3)纤维聚合物必须不释放有毒物质,纤维表面不被污染,如润滑剂及浆料等。

(4)纤维聚合物的性能影响移植器官与人体的生物相容性,如聚酰胺纤维是一种十分活化的材料,由于生物共容的作用,将使其强力全部丧失,而PTFE纤维与聚丙烯纤维、聚酯纤维中间体的活化性较小。

1. 医用缝合线 医用缝合线是手术中十分重要的缝合材料,种类繁多。按缝合线的可吸收性,可分为可降解缝合线和不可降解缝合线;按缝合线的成分,可分为化学合成线、真丝编织线、锦纶线、丙纶线、涤纶线、不锈钢丝线、亚麻线、羊肠线等。其中,化学合成线又可分为聚乙醇酸(PGA,又称聚乙交酯)线、聚乳酸(PLA)线、聚对二氧环己酮(PDS)线和聚乙丙交酯(PGLA)线等;羊肠线也有铬制羊肠线、平制羊肠线之分。按合股情况,缝合线又有单丝和合股编织线之分。国家行业标准YY 1116—2002《可吸收性外科缝线》规定了可吸收性外科缝线技术要求。

长期以来,外科用可吸收手术缝合线主要是羊肠线和近期发展起来的聚乙醇酸缝合线,尽管这两种缝合线广泛应用于外科手术,但羊肠线易产生抗体反应,在被人体吸收过程中强度下降过快,另外羊肠线的性质是由羊肠决定的,其吸收时间、张力强度、人体组织反应等指标和因素都难以控制。聚乙醇酸线对细菌抵抗能力差,在空气中易分解。

聚乳酸及其共聚物缝合线柔软性好、易染色,缝合和打结比较方便。另外,该类聚合物还具有生物相容性好、改变共聚物组成、可控制吸收周期的特点。

聚对二氧环己酮单丝缝合线物理机械性能、化学稳定性好,高强度低模量,相容性好,组织反应轻微,伤口组织和缝合线紧密对合,不存在细胞反应,通过降解吸收作用,术后180天内被机体完全吸收,分解成二氧化碳和水,排出体外,安全可靠。

胶原蛋白缝合线由纯天然胶原蛋白精制加工而成,加酶处理,酶解吸收,具有良好的抗张强度;属纯生物制品,组织相容性好,在人体内无排异性和不良反应;其结构细致精密,线体周围形成抑制细菌生长的环境,有利于伤口愈合;随体液变软,不损伤人体组织;吸收完全,与伤口的愈合期同步吸收,不留疤痕,适合整形美容;表面光滑,无毒、无刺激、无抗体反应,可防止炎症、硬结等病变;在人体内遇盐类物质不形成结石,有益于胆管和尿路等手术缝合;可根据不同手术愈合期来选择吸收时间不同的缝线,与化学合成缝线的水解吸收不同,胶原蛋白线是酶解吸收,遇水不会分解,不必在真空中保存。

聚乙交酯作为一种聚酯类生物可降解高分子材料,是第一个用于可吸收缝合线的聚合物。具有强度高,生物相容性和可降解性好,可被肌体自行吸收和排泄,对人体无不良反应,无需拆线的优点,在临床上得到了广泛的应用。但是,聚乙交酯具有较高的熔点,给熔融纺丝带来一定困难,而且聚乙交酯纤维柔性差,在手术过程中可能会损伤人体组织,因此一般采用共聚的方法,在高分子链中引入丙交酯链段,以增加其柔性,降低其熔融温度。目前,聚乙丙交酯的手术缝合线已成功地应用于临床治疗。聚乙丙交酯手术缝合线分为单股线和多股编织缝合线,手感柔软,组织反应极低,伤口愈合好,表面光滑、阻力小、抗张强度大、打结强度高,缝线涂层经特殊处理,光滑适中、打结平稳,14 天时保留约 65%,21 天时保留约 50%,56 ~ 70 天基本完全吸收。

2. 外科矫正畸形移植材料　外科矫正畸形移植材料是硬组织结构材料,用来代替骨骼及关节。如固定板,用于移植后加固断裂的骨骼。纤维增强的复合材料可根据需要设计成高强度结构并具有生物相容性的移植材料,以取代金属移植材料,如人造关节及骨骼等,应用石墨及 PTFE 纤维作用在移植体及与之相邻的软硬组织接触面,从而加速移植体周围肌体组织的生长。外科矫形时,复合材料在 60℃时可成形。由直径为 13 ~ 130μm 的钢丝编织成外科用的金属绳索主要用于固定骨骼或保证外科矫形移植体与骨骼牢固结合。

此外还有很多人造器官如人工肾、人工肝等都用到纺织品,在后面的内容中会详细介绍。

三、卫生保健用品

1. 防护性卫生保健织物　包括手术室和急救室织物、屏蔽织物、护士医帽、口罩等。

2. 可吸湿的保健卫生高级薄片　由两层或多层相互重叠的天然或合成纤维构成的非织造布。此种纺织品吸水性、透气性好,使用舒适,如尿布、卫生巾、成人失禁垫。

3. 芳香纺织品　运用复合纺丝技术将香精储存在 4 个花瓣状的空穴内,空穴呈放射状排列在纤维的中腔。香味通过纤维的截面和纤维内层的聚酯薄膜慢慢释放出来,这样就可长期维持香味效应。这种香精可以产生一种清新凉爽的感觉,促进睡眠。

4. 防护类保健品　一定强度的微波辐射对人体有明显的破坏。利用金属纤维和其他纤维混纺可以起到良好的防辐射效果。可适用于危险作业人员工作服或孕妇装等。

随着人们的生活水平的不断提高和医疗事业的迅速发展,在纺织和医学相互交叉的这一领域内,高性能医用纺织品获得了前所未有的发展,其品种不断创新,数量不断增长,应用不断拓展，概念不断延伸。高性能医用纺织品的研究与开发已经涉及纺织、生物医学、化学、电子及电工等学科的高技术领域，而不再只是生活纺织品在医疗卫生行业中的简单沿用。

第四节　纺织人工器官

一、人工肾

1. 人工肾的发展概况　自20世纪60年代Scribner引进常规透析疗法以来，血透患者人数已达50万人之多。据推测，全世界每天约有10.6万个新病人进入常规血透治疗，其中仅5%渴望进行肾移植。目前我国慢性肾功能衰竭发病率为每年50～100人/百万人，与欧洲相近。

自1913年Turner等人首先将人工肾应用于临床以来，经过科学家的反复研究和改进，无论结构和功能都有显著的提高。现使用的人工肾，大致分为：标准平板型人工肾（又称KILL型透析器），卷管型（又称COIL型）人工肾，空心纤维型人工肾。前两类现已淘汰，空心纤维型人工肾则得到广泛使用。近年又在研制吸附型人工肾、超滤型人工肾，使人工肾向多功能小型化的方向发展，能让患者背在身上进行透析，并同时能从事轻松体力的工作。

人工肾的主要生产商有：德国费森尤斯、贝朗，瑞典金宝、贝克尔，美国COBE、韦洛克，日本日机装、尼普洛等。日本从事开发生产透析装置的厂家有日机装、可乐丽、尼博尔、东丽、旭化成、川澄、JMS等近十家。其中日机装公司是日本最早研究开发透析装置的专业厂家，无论在产品的技术方面，功能的完善性方面，还是市场占有率（日本国内占50%）方面，都占绝对领先地位。

我国人工肾的研究也有二十余年的历史，已研制出多种人工肾，如上海TX型人工肾、天津80－Ⅱ型人工肾、安徽75－Ⅰ型人工肾等，但大多为已被淘汰的平板型人工肾。近年上海、江苏研制出中空纤维型人工肾透析器用于临床。天津开展了吸附型人工肾的研究，他们用固定化尿酶、氨吸附树脂及高效活性炭，对肌酐、尿酸及中分子量的代谢产物有较好的吸附效果，现已生产并投入临床使用。但我国目前使用的人工肾、人工肾透析器，多数仍是进口产品，国内生产的人工肾及透析器质量及数量皆满足不了需要。国外厂家为适应血液透析治疗法的要求，不断推出新产品，多功能组合式透析装置、通过一台多人用透析液供给装置同时启动数十台透析装置技术日趋完善，携带式透析装置问世又给透析患者回归社会带来了福音。

2. 人工肾的作用机理　人工肾实质上就是一台血液净化装置，可以代替肾脏功能以脱除代谢废物。根据其功能可分为透析型、过滤型和吸附型。其中透析型是目前应用最多的一类。

人工肾的关键部件是有透析过滤作用的分离膜，其类型有平板型、螺管型和中空纤维型。中空纤维型已占人工肾90%以上，这是因为这种形式的人工肾能够获得最大的表面积。

人工肾过滤除毒的机理是：当血液在中空纤维中流过时，处于纤维内部的透析液会透过具有半透膜性质的中空纤维壁，使有害物质（尿毒素等）从血液中透析到透析液中，从而带出体外,达到血液净化的目的,如图4-1所示。

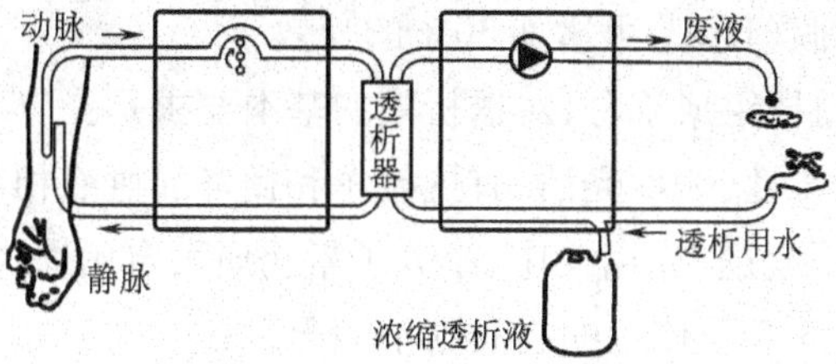

图4-1 血液透析原理图

3. 人工肾透析器的结构、材料及主要技术指标 一台中空纤维型血液透析器约有七千多根直径为 2×10^{-5}m 的中空纤维组成,目前开发中空纤维人工肾所需要的材料有再生纤维素、醋酯纤维素、聚丙烯腈、聚砜、聚甲基丙烯酸酯等多种聚合物。通过材质的选择和对工艺条件的控制可以调整透析器的性能,目前表征中空纤维膜性能和质量的主要指标有以下几个。

(1)超滤系数:表示透析器对水的清除能力,其大小决定脱水量,单位为 mL/(h · Pa),与跨膜压力的乘积即为每小时的脱水量——超滤率。

(2)清除率:表示透析器对某种物质的清除效率。常用尿素和血清维生素 B_{12} 作为小分子和中分子的代表,单位为 mL/min。在血流量 200mL/min 和透析液流量 500mL/min 的条件下,尿素清除率应在 150% 以上,血清维生素 B_{12} 清除率应在 30% 以上。

(3)透析膜面积:有 0.3 ~ 2.5m^2 等多种规格,应根据体表面积大小选用,通常使用1.0 ~ 1.2m^2 的较多。

(4)预充血量:一般为 60 ~ 120mL,预充量越少对心血管的影响越小。

(5)耐压强度:透析膜的厚度在 8 ~ 20μm,可承受 66.65kPa 的跨膜压力。

(6)残留血量:良好的透析器,在透析结束回血残留血不应超过 2mL。

理想的透析器可从下列几点衡量。

①清除率高:尿素氮 ≥ 150mL/min,肌酐 ≥ 120mL/min,血清维生素 B_{12} ≥30mL/min(血流量在 200mL/min)。

②血驱阻力小。

③生物相容性好。

④无毒性。

⑤超滤率高。

⑥残留血量少。

⑦不易凝血。

⑧可重复使用。

⑨价廉。

优质的透析器是完成不同血液净化治疗的必备条件,如血浆置换、血脂分离等,均需相应结构的透析器，Bellco 公司新研制的一种 Diapes 膜透析器，它是在常规中空纤维之间添加了隔离丝，优化了透析液的分配，使得透析液与血流充分接触，从而达到最好的净化性能。据报道，用这种膜做透析膜（HDF）可增加 30% 的疗效。

透析膜是透析器的重要组成部分，对透析膜的基本要求是：

①必须为半透膜、无毒性、表面光洁、有抗凝血和良好的血液相容性；

②透析膜的孔径应不超过 3μm，使中、小分子量物质可自由通过，而对血液中血细胞、血小板、血蛋白等分子量在 3.5 万以上的物质则不能通过；

③透析膜的厚度较薄（10 ~ 20μm），能耐受一定压力（66.65kPa 以上）以增强透析效果和防止透析过程中破膜引起溶血和失血。

二、人工肺

1. 人工肺的作用机理 急慢性肺衰竭在医学上是一种高死亡率疾病。虽然肺移植是挽救病人生命的成功率较高的治疗手段，但肺器官的供体却非常有限，故医学研究者只能将目光投向人工肺。人工肺是一种用于人体血气交换、调节血内氧气和二氧化碳含量，代替肺功能的人工装置，亦称氧合器或血气交换器。

人工肺的作用是部分（或短时间内）或全部取代人体肺的功能，主要用于胸腔外科手术以及呼吸功能不良者的辅助治疗。人工肺有静立重屏式、转碟式、鼓泡式和膜式之分。目前植入式人工肺也已进入实验阶段。由于体外循环或人工肺在气体交换的过程中会引起补体和白细胞激活，释放体内毒素和炎症介质。因此在体外循环式人工肺装置中，血液和人工材料表面接触时会产生一系列不明的灌注后并发症。解决这一问题的途径是采用肝素化涂层技术来改善循环系统的血液相容性。由于肝素化后的中空纤维在减少体液和细胞激活的同时，还可减轻灌注后的炎症症状，因此目前的人工肺大都采用肝素化后的中空纤维作为主要构件。此外，采用硅树脂超薄涂层处理及微孔盲端技术还可防止微孔中空纤维人工肺在长期使用过程中有可能出现的血浆渗漏的问题，从而进一步延长其使用寿命。

2. 中空纤维人工肺的结构原理与设计特点 肺在人体内担负着为血液提供氧气并排出血液中二氧化碳的作用，保证人体氧含量的充足。气体交换是在肺泡与其周围的毛细血管网之间进行的，在肺泡中气体内氧分压高于毛细血液中的氧分压，二氧化碳分压值恰恰相反，所以，在肺泡与毛细血管之间氧气和二氧化碳得以借助扩散作用而实现充分交换。因此，人工肺要实现肺的功能必须承担如下作用。

①通过氧气与血液的接触实现气体扩散而溶解于血液中，并将血液中的二氧化碳置换出来。

②气体交换的目的在于增加血液中的溶解氧的浓度（细胞含氧），而不是气态氧（气泡），所以人工肺还应具备将血液中的气泡滤除的作用。

（1）人工肺所用中空纤维的结构、原理及原料由聚合物纺丝液经特殊截面形状的喷丝板挤出而成形的中空形纤维，其设计生产的初衷是降低纤维的密度以提高纤维的膨松性、弹性和柔软性，但在电子显微镜下观测，可明显发现纤维壁上有许多微孔。这些微孔直径在

0.001～3μm 时，中空纤维的壁膜就具有超滤、透析及气体扩散交换的特性。用中空纤维做人工肺的气体交换“氧化”膜，可大大提高膜式氧交换人工肺的血液“氧化”速度，同时避免了气态氧（气泡）与血液的直接接触，实现了氧气的分子扩散溶解，并使氧分子扩散与滤泡两者作用合二为一，简化了人工肺装置的内部构造，可降低手术时血液的用量和溶血程度，以及血清蛋白变性程度。可用作人工肺氧化膜的纤维有黏胶、铜氨、醋酯等再生纤维和聚丙烯腈、聚甲基丙烯酸甲酯、聚乙烯醇、聚乙烯、聚丙烯等合成纤维。

（2）中空纤维人工肺的设计特点：目前开发研制较成熟的是聚丙烯中空纤维，其人工肺结构设计特点如图 4－2 所示。

(a) 一维结构：薄膜分布许多微孔的中空纤维

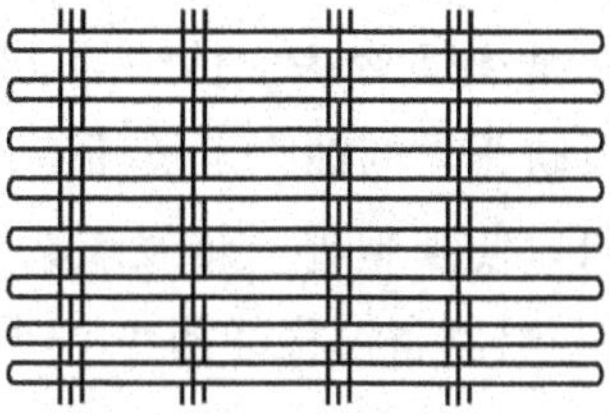

(b) 二维结构：中空纤维（纬纱）与锦纶丝织成帘状织物

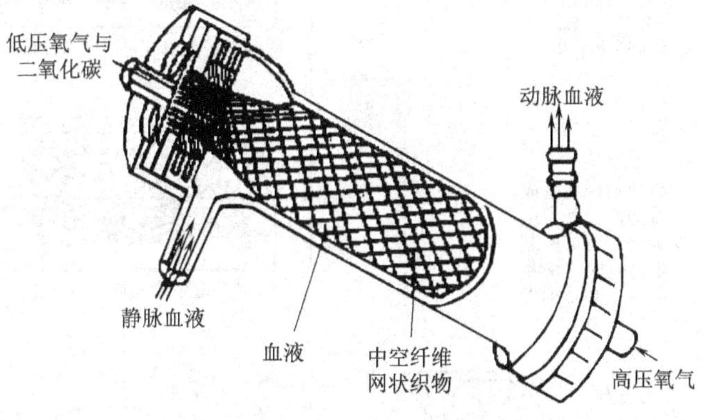

(c) 三维结构：纬向中空纤维帘状织物卷成柱立体氧交换膜

图 4－2　中空纤维人工肺的三维结构示意图

三、人造皮肤

皮肤是人体面积最大、具有高度组织结构的器官。它分为表皮和真皮两层，包含多种细胞，如表皮层中有可分化形成角质层的角质细胞，而成纤维细胞是真皮中主要的细胞成分，可以分泌多种大分子物质，如胶原、弹性蛋白、纤粘连蛋白、核心蛋白聚糖、肌腱蛋白、层粘连蛋白、蛋白聚糖等以形成结缔组织基底，使皮肤具有高度的拉张强度，成纤维细胞还可以分泌某些细胞因子以调节皮肤的生理功能。传统治疗严重烧伤或慢性皮肤溃疡的方法是自体或异体皮肤移植，或者用尸源性皮肤作为伤口的临时覆盖物。皮肤的移植治疗受到移植皮肤来源的限制，而且异体皮肤移植还会有移植排斥反应的发生。一般包含表皮和真皮的尸源性的皮肤具有免疫原性,在数天或数周内会被受者排斥,需要不断重复植皮以等待可获得足够的自体皮肤来覆盖伤口。因此开发与天然皮肤结构和功能相似的人造生物皮肤,对于救治重度烧伤病人具有非常重要的意义。

由活细胞和生物可吸收材料组成的人造生物皮肤具有以下特点:

①细胞背景明确,产品质量可控,可有效防止移植时的疾病传染;

②来源充足,可克服自(异)体移植物来源匮乏的缺点;

③免疫原性弱,无移植排斥反应发生;

④储存运输方便,可低温冷冻保存,使用简便;

⑤能为自体细胞修复伤口提供良好的生长环境和物质。

1. 人造皮肤的制备方法 传统的动物或人体二倍体非转化细胞的培养一般是单层贴壁培养,它不能反映正常的细胞生长环境,而组织工程的核心技术便是细胞的三维立体培养技术,这种培养可以使细胞进一步发展为与其在体内相对应的组织结构相似的人造组织。组织工程皮肤的一般制备过程如图 4-3 所示。

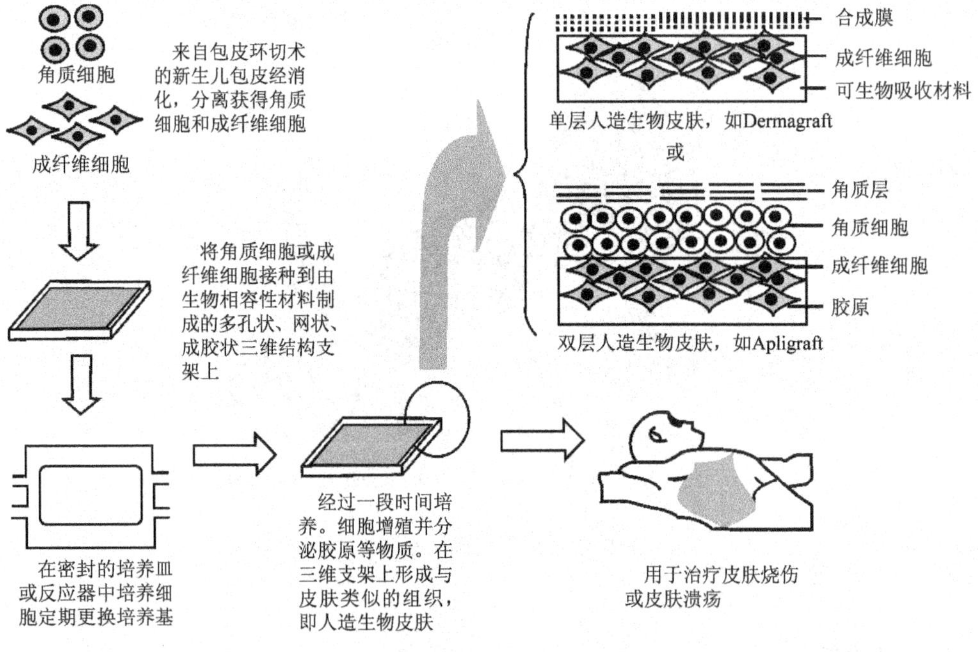

图 4-3 组织工程皮肤的一般制备过程

2. 人造皮肤的作用机理 当人体皮肤受到大面积损伤时,会引起体内的水分和体液大量流失,并很容易引起感染。常规方法是先进行贴敷,然后植皮。其中的贴敷物就是人造皮肤。它主要有三个作用:在保证具有一定透气性的条件下防止水分和体液从创面蒸发和流失;隔绝空气,防止伤口感染;使肉芽和上皮逐渐生长,加快伤口的愈合。其主要性能要求是:与皮肤要有一定的亲和性,不发生刺激反应;与伤口有较强的结合力;质地柔软,贴紧性好。

制造人造皮肤的材料有合成高聚物类,如由聚酰胺、聚酯、聚丙烯纤维织成的具有丝绒表面的织物或由聚乙烯醇、聚氨酯、硅橡胶、聚四氟乙烯制成的多孔薄膜和蛋白类、多糖类(如甲壳质和壳聚糖)等。其中最具应用前景的是壳聚糖。将壳聚糖以醋酸作溶剂制成纺丝液,再经湿法纺丝而成的纺黏型非织造布可用作人造皮肤,其透气性良好,能隔绝空气,控制体液流失,并能刺激皮肤细胞生长,加速伤口愈合,减少疼痛。壳聚糖对人体皮下脂肪的黏着性强,不易脱落。此外,硫酸醋化的甲壳质在结构上与肝素类似,所以还能止血。

正在研制的人造皮肤"播种技术",就是将具有生长能力的皮肤细胞涂覆于特殊的能保持细胞活性的基质上,然后再贴敷在伤口上,使伤口在愈合过程中自动进行植皮。但目前这种技术还不成熟。

四、人造血管

人造血管的开发和研制至今已有近六十年的历史。自 1952 年 Voorhees 首次研制成功维纶(Vinyon"N")人造血管,并于次年用于临床取得成功以来,人们陆续研究开发出了各种材料、多种成形和不同孔隙率的人造血管,并且对人造血管的生物力学性能表征有了深入的研究。目前用于人造血管制造的主要材料有涤纶、聚四氟乙烯、真丝等;成形方法也从传统的单一直管状发展成如今的直形、分叉形等;血管从原先的无通透性,发展成为符合移植要求的孔隙;加工方法也从原先单一的方法,发展为包括机织、针织等多种织制方法。可以说,人造血管的研制已取得了阶段性的进展。

1. 人造血管的性能要求 为制造具有实用性的人造血管,首先要明确人造血管的性能要求。它必须具有良好的生物相容性及一定的机械性能。生物相容性方面,要求其不引起异常的免疫、排异和过敏反应,对细胞的生长无不良影响,没有致畸、致变作用。机械性能方面,要求其具有较高的缝接强度;一定的弹性;其变形能力应和所替代的器官或组织相一致;具有长期使用的稳定性,无明显的生物降解现象;结构和几何形状无明显改变;其表面具有一定的粗糙度,以利于周围细胞的成长。

随着人们对于人造血管的质量要求日益严格,能成功地替换病变、老化和损伤的人体血管的人造血管必须满足下列各项要求:有多种形状和尺寸;可多次消毒;易于手术处理和缝合;切割边缘不脱散或抽丝;具有止血性;具有生物相容性(即血容性、无细胞毒性、无致癌性);细菌感染率低;有利于快速愈合;尺寸稳定;耐久性(即超过病人的预期寿命);无凝血性;柔顺性和弹性类似于人体动脉等。

2. 人造血管的加工与表征

(1)人造血管的加工。目前人造血管使用最多的原料是聚酯、聚四氟乙烯纤维,这是因为它们结构稳定性好,在体内可长期工作而不发生降解。内径大于 10mm 的人造血管一般用机织物或针织物制成,前者结构稳定,后者弹性较好。血管的管壁必须保持适当的紧密度,并具有一定的孔洞,这样周围组织就能附在血管外壁并通过管壁向内生长,使血管内壁覆盖一层薄薄的内皮细胞。同时为了保证具有一定的伸缩性和较好的密封性,人造血管一般都做成波纹状。接口处周围的组织会通过接口处内壁从而加强密封性,血液流经时不会发生凝血和渗漏现象。

①针织人造血管。针织的血管移植物具有多孔结构，使得它与新组织能相容，但也可能导致移植后血液从孔隙中渗透出来。为了减少出血的危险，人们用内外表面拉绒的针织移植物来填充这些孔隙。另一种方法是在移植的过程中，用病人的血封住或预先拥塞移植物，但这很费时，其有效性取决于病人血液的化学性质和外科医生的技能。

②机织人造血管。机织结构人造血管比针织人造血管孔隙要小，能减少血液从隙缝处渗漏，同时也会妨碍组织生长。机织物的典型渗水率为 50 ~ 500mL/(cm^2 · min)；而针织物为 1000 ~ 2000 mL/(cm^2 · min)。为了填充孔隙防止渗漏，开发了拉绒产品，即在机织或针织人造血管表面起绒。绝大多数人造血管在移植前先经过预凝血，即有意识地将血液浸渍到纺织材料管壁，使其形成血液凝块，一旦将其植入体内，预凝结措施使纺织材料管壁流逝的血量减少甚至消除。

机织方法可加工成直径 8 mm 以上的人造血管，孔隙度低于经编血管，但较硬挺，一般常用于心脏周围高压区域内的血管置换。针织的人造血管具有多孔结构，易于与人体组织相容，但也会引起移植时血液渗出，因而在编织中将其内外表面拉绒来填满孔隙。

③涂层整理的研究。近年来已用明胶、胶原和白蛋白作预衬物可以防止渗血并增加内皮细胞的黏附性。对密封型假体（复合移植体）先用胶原或明胶浸渍，预先将孔隙封住。植入人体后，明胶约经 2 周、胶原约经 3 个月，密封材料降解，便于组织生长。

内径小于 10mm 的血管，因上皮细胞在内壁的生长可能会影响到血液的正常流动，故上述机织或针织的织造方法不适用。内径为 6 ~ 10mm 的人造血管一般用具有微孔效应的聚四氟乙烯制成，因它本身具有很好的生物相容性和抗凝血性，不需要通过内皮细胞的覆盖来防止凝血现象。直径 6mm 以下的人造窄腔血管，由于阻力增大血流受到限制，因此，窄腔血管内壁必须设计成微结构表面，使内皮细胞在表皮上形成依附，非织造布的结构符合这一要求。Annis 利用静电作用，将聚氨酯和丁二醇的共聚物从其溶液中萃取出来，使纤维状沉积在一回转轴上，堆积成厚约 500μm 的管状物。动物实验表明，用该材料所制的人造血管在使用过程中内壁会形成一层极薄的内膜，厚度在 5μm 左右，不影响正常的血液流动。

纺织人造血管由于加工和后整理方面的原因造成的血管质量问题主要有渗血严重、抗脱散性能差、自我支持结构不良、易塌陷、纵向和径向的顺应性差等。最大孔径与抗渗透性是实现手术中不渗血和手术后细胞生长的基本要素。织物的渗透性与织物的密度、组织结构以及所用纱线的结构都有很大的关系。目前国内织造的人造血管中存在的重要问题是织物的抗渗透能力还比较差，虽然通过采用不同的方法后，织物的厚度有的已可以达到要求，但渗透性依然是今后研究的重要方面。

（2）人造血管的表征指标。表征人造血管的指标主要有渗透性、孔隙率和强度等。

①渗透性和孔隙率。人造血管在移植手术时，管壁的抗渗透性是首要条件。纺织人造血管，虽然在加工中经致密处理，但是对血液仍具有渗透性。可在手术前，用病人的血来浸渍、预凝人造血管以达到密封性。另一方面，人造血管的孔隙对人造血管手术的愈合有很大影响。因此，对纺织人造血管的抗渗透性和孔隙率的测定是必要的。

②人造血管强度。人造血管在体内的力学应力和化学应力作用下，其寿命应达到或超过其受体者的期望寿命。此外，人造血管与宿主血管的管道吻合通过手术线缝合而成，因此，应确保人造血管边缘组织在移植手术中能承受手术线的拉伸负荷，既不破裂也不散边。综合起来，人造血管的强度指标有径向和纵向拉伸强度、顶破强度、手术线固位强度、重复针刺强度等。

③人造血管的几何特征。人造血管通常是圆柱形的，几何特征由管道的壁厚和松弛内径来描述。体内真血管的几何特征，如血管的内径和壁厚通常随着年龄、身体上的部位而变化。大直径的血管具有较厚的管壁以承受较大的血管压力。当人造血管移植后，为了减少血流因流过截面的变化而引起的能量损失和减少涡流的产生，其内径应与宿主血管内径相接近，同时需考虑到移植后人造血管内腔壁上的假内膜层的厚度。

④人造血管对管道内部应力的形变响应性。人体动脉血管在舒张压下，管壁将膨胀，其膨胀性对稳定血流起着重要的作用。如果移植管缺乏膨胀性，这将限制血液动力学效果，同时会造成移植管道内腔狭小。因此有必要考察人造血管对管道内部应力的响应性指标，综合起来有：在模拟体内血管承压条件下，测试人造血管在一定压力下的承压内径、纵向和径向顺应性；另外为了使血液能顺畅流通，人造血管弯曲时应不易被压扁，该性能可用弯折直径、半径来表征。

3. 人造血管的新进展　近年来，人造血管的研制和开发又有了新的动态，大体表现在以下几个方面。

(1)几种特殊类型的人造血管。近年来许多研究者的研究正集中在半导体纤维的使用上，特别是在可吸收的双组分纤维、表面改性和三维支架的应用上，主要包括如下几类。

①腔面内衬内皮细胞的人造血管。血栓是人工移植材料植入体内后临床失败的主要原因。虽然常致力于通过改变材料表面的理化特性和刺激血管内皮细胞向材料表面生长，但这些努力均未达到理想的效果。在人造血管表面种植血管内皮细胞可以形成一个类似体内血管的抗栓表层，可提高材料的血液相容性，特别是提高了小口径人造血管的通畅率。

②自体组织片移植型人造血管。人造血管腔面经自体血管碎片移植，亦可得到快速新生内膜，在动物实验中已得到了良好的结果。将自体静脉组织碎片经注射器注水压力使其镶嵌于人造血管空隙，提供内皮细胞，在此基础上在体内形成内皮细胞层。此方法的优点是不需特殊设备和技术，但可以利用带负电荷的肝素中和带正电荷的胶原，克服血栓的形成，在小口径动脉移植领域已有长期存活者的报告。

③复合壁人造血管。1982 年 Wesolow 提出了一种可吸收纤维组分的人造血管。移植时，网孔小，可减少渗血，植入体内后，可吸收纤维被吸收，网孔变大，利于新生内膜的形成。

④表面具有抗血栓的人造血管。使用去聚、抗凝、溶血栓药物处理人造血管内壁，使人造血管具有一层抗血栓膜面，主要采用抗凝剂肝素固化，虽然肝素化表面能短期克服血液与人造血管的相互作用，但如何适应长期抗凝作用仍有待进一步研究。

(2)提高小口径人造血管通畅率。小口径人造血管存在的主要问题是人造血管完全没有抗血栓性，血液流经内腔时，由于血流量小、流速慢，在人造血管腔面易形成附壁血栓，随之血凝亢进，血流更缓慢，血栓层增厚，最终导致人造血管闭塞。晚期平滑肌的过度增生使内膜增厚，小口径血管腔变得更窄，也是造成血管重建失败的一个主要原因。为能防止血栓形成和内膜过度增生，目前国内外普遍采用下列技术，以求获得理想的通畅率。

①改进生物材料表面与血液的相容性。增加聚合物表面的亲水性，可降低聚合物表面与血液成分的相互作用。聚合物表面亲水性提高，可使其界面自由能降低，血浆蛋白量少且易解离，从而阻止血栓形成。聚合物表面的亲水性可通过多种方法来提高，其中在表面接枝聚环氧乙烷(PEO)侧链已证明是一种有广泛前途的方法。

②材料表面引入生物活性物质。在外源性材料表面固化某些干扰血液与材料表面相互作用的物质，可改善其与血液的相容性。虽然许多生物活性物质已被应用，但大多数工作集中在抗凝剂肝素的固化方法上。

③人造血管材料的表面伪饰。由于血液与正常血管腔面不发生相互作用，血管内皮细胞被认为是一种完美的血液相容性表面。因此，许多学者尝试在外源材料，尤其是人造血管表面覆盖内皮细胞以改善其与血液的相容性。虽然用生物材料表面伪饰是改善血液相容性的一种巧妙和有效的手段，但这种表面的稳定性还存在一定问题。实验证明，利用促进内皮细胞黏附性的物质，如纤维蛋白、纤维蛋白原或抗内皮细胞抗体是一种有效使内皮细胞和人工合成材料稳定结合的途径。

五、人工肝

肝脏可生成600种以上的酶，具有合成、造血、代谢、解毒等功能。急性肝衰竭会引起人体中毒，死亡率极高。过去器官移植一直是治疗突发性肝衰竭和慢性肝衰竭唯一有效的临床方法。然而被广泛应用的肝移植手术受到了器官供体缺乏、高花费、高相关发病率以及需要机体长期免疫抑制的限制。因此研究人员一直致力于开发可替代性治疗肝功能不全的方法，如进行血浆交换或应用具有解毒作用的过滤柱等，但都因缺乏新陈代谢功能而存在严重的不足。较好的解决方法是采用生物人工肝，即填有各种肝组织细胞的体外培养装置。这种系统主要有中空纤维培养管等装置和填充其内的哺乳动物肝细胞组成。它能提供肝的特殊功能，允许病人的肝自发恢复或作为肝移植的过渡桥梁而使病人存活。目前随着对肝细胞—基质的相互作用和穿过半透膜的传质、流动传递理解的加深以及预先分离肝细胞、细胞培养技术和中空纤维技术的提高，加上新型人工材料的出现，产生了新一代肝辅助装置。这是一种能提供各种肝功能的“替代肝”，它能给病人提供充足的解毒和新陈代谢功能，但目前这种人工肝还仅限于短期治疗。随着中空纤维肝细胞培养技术的发展，中空纤维生物人工肝将有可能长期支持肝衰竭患者，完成肝的基本功能。

人工肝的作用是暂时代替肝脏的功能。目前的人工肝只是一个具有解毒功能的辅助性急救装置，通常是采用涂有高分子合成材料的活性炭或高分子材料制造的透析膜，用血液的直接灌流法和透析法，对肝昏迷患者进行急救解毒。人工肝用中空纤维膜的制备与人工肾相似。国内于20世纪80年代开始研究人工肝，材料采用聚丙烯腈中空纤维膜。

思考题

1. 简述医用纺织品的分类。
2. 论述医用纺织品的性能要求。
3. 简述医用非移植材料的分类及性能要求。
4. 论述人工肾的作用机理、结构及主要问题。
5. 说明中空纤维人工肺的结构原理与设计特点。
6. 分析人造皮肤的作用机理。
7. 简述人造血管的加工、表征指标与性能要求。

第五章　远红外材料与远红外纺织品

本章知识点

1. 远红外织物的功能及其机理。
2. 远红外织物的加工方法。
3. 远红外纺织品的性能测试方法。
4. 远红外纺织品的应用。

第一节　概　述

一、远红外线的概念

红外线是著名科学家赫歇尔在一次科学实验中发现的，他发现在太阳的可见光线范围以外存在着一种神奇的光线，人的肉眼无法看见这种光线，但它的物理特性与可见光线极为相似，存在着明显的热辐射。由于它位于可见光中红光的外侧，故而称之为红外线，红外线的波长范围很宽，介于0.75～1000μm，在红外线中，波长较短的为近红外线，波长比较长的为远红外线，根据使用者要求的不同，划分的标准也不尽相同，通常将波长在2.5μm以上的红外线称为远红外线，如图5－1所示。

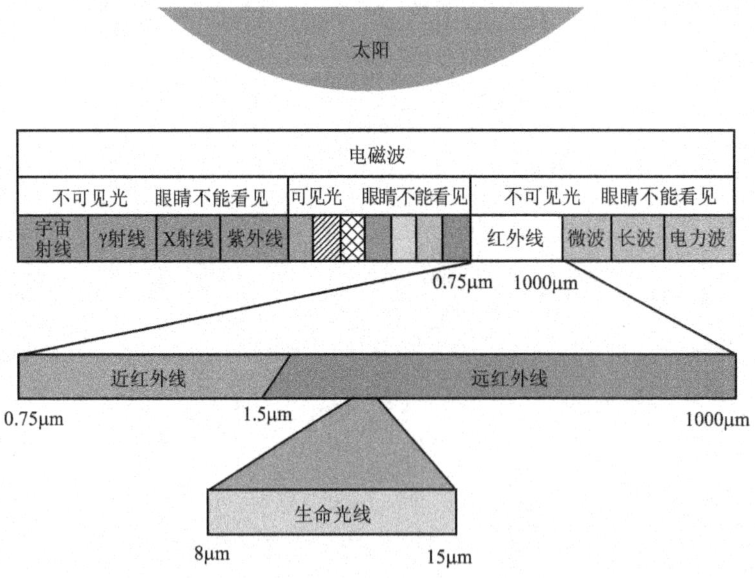

图5－1　光的构成

二、远红外线的生物学效应

红外线是一种电磁波，在电磁波谱中，红外线位于可见光和微波之间，而 8 ~ 15μm 的远红外线是人体细胞组织所需要的能量，被称为“生命之光”。远红外线有以下特征：具有光线的直进性、曲折性、反射性、穿透性，它的辐射能力很强，可对目标直接加热而不使空间的气体或其他物体升温；能被与其波长范围一致的各种物体吸收，产生共振效应与温热效应；能渗透到人体皮肤下，然后通过递质传导和血液循环使热量深入到细胞组织深处。

由于远红外线具有独特的物理特性，作用到人体后，被人体皮肤吸收，会产生一系列生物学效应：远红外线的温热效应；共振效应，活化水分子；激活体内大分子、降血脂、降胆固醇；改善微循环功能，增强人体新陈代谢；提高免疫功能。因此，远红外线对人体具有很好的保健作用。

1. 对中枢神经系统的作用　远红外线的温热效应加速血液循环，改善脑组织微循环状况，使脑细胞得到充分的氧气及养料供给，加强新陈代谢，使大脑皮层失衡状况得以改善，加深抑制过程，起到镇静、安眠作用。

2. 对循环系统的作用　远红外线对人体的大循环和微循环均具有较好的调节作用。人体吸收大量远红外线后的热效应一方面使皮肤温度升高，刺激了皮内热感应器，通过丘脑反射使血管平滑肌松弛，血管扩张，血流加快。另一方面引起血管活性物质的释放，血管张力降低，使小动脉、毛细动脉及毛细静脉扩张，促使血流加快，从而带动人体大循环的加快。由于血流加快，使大量远红外能量被带到全身各组织器官中，作用到微循环系统，调节了微循环血管的收缩功能。同时，可使纤细的管径变粗，血液流动加强，使瘀滞扩张的血管变滞流为线流，实现了对微循环血管的双向调节。

3. 延缓衰老，延年益寿　远红外加速循环，使代谢更加旺盛，提高机体组织器官功能，延缓器官衰退进程，使之经常处于良好的运行状态，达到延缓人体衰老、延年益寿的目的。

三、远红外纺织品的发展

远红外纺织品是一种将远红外陶瓷与纺织品有效结合，使其具备促进血液循环，调节新陈代谢，减小水分子缔合度和提高细胞活性的功能纺织品，近年来得到了国内外的高度重视，发展非常迅速。

1. 国外发展现状　自 20 世纪 80 年代中期以来，远红外织物相关专利在日本大量涌现，形成一股开发热潮。日本钟纺公司把这类陶瓷微粉掺入锦纶或腈纶聚合物中，分别纺出玛索尼克 N 和玛索尼克 A 远红外纤维。旭化成公司开发出新型锦纶保暖织物 SOLAR – v，该织物采用碳化锆陶瓷溶液涂层，主要用于滑雪衫。东丽公司与 ESN 公司共同开发出梅卡库伦聚酯涂层织物，该织物表面涂有热敏性涂料，可根据外界温度的高低改变颜色而自动调节对太阳能的吸收。龙尼吉卡公司在采用碳化锆陶瓷材料生产出 SOLAR – a 聚酯和聚酰胺两种织物的基础上，最近又开发出由其他白色陶瓷材料将黑色碳化锆陶瓷材料多层包覆的白色蓄热保温材料，进一步拓宽了该类纤维材料的服用范围。东洋纺公司推出的远红外聚酯织物 Louvro 和 Ohdus，具有优良的悬垂性、良好的触感以及优雅的色泽。

随着远红外织物开发技术的进步，远红外织物正向功能的复合化方向发展，已报道有远红外织物和蓄热保温织物、电热织物、磁化织物相结合的产品出现。如，日本东丽公司开发的远红外织物就是在薄膜与织物的层压黏合剂中加入了蓄热物质粉末和远红外陶瓷粉末，这类复合功能性产品预计将有很好的发展前景。

除日本外，德国、韩国、俄罗斯也先后开展了相关研究开发工作。

2. 国内开发状况 我国开发远红外织物始于 20 世纪 90 年代初，有代表性的产品有：江苏省纺织研究所开发的远红外涤纶短纤维；华东理工大学和上海第十化学纤维厂合作开发的 1.67dtex ×38mm 远红外涤纶短纤维，这种纤维既可以纯纺，也可以与天然纤维或其他化学纤维混纺成纱，加工成针织物或机织物，还能直接加工成非织造布；天津工业大学开发的远红外丙纶，其导湿性好、价格低廉、轻便、抗菌防蛀性好；东华大学和上海金山石化腈纶厂合作，开发出了远红外腈纶与细特涤纶或羊毛混纺的针织纱及针织产品；山东巨龙化工有限公司研制出 SL－970 远红外保健浆，并由此开发出了远红外涂层、印花织物；天津纺织工学院也研制出了 TFW－1 型远红外涂层整理剂。

3. 远红外纺织品的发展趋势

（1）功能高效化 不断寻求高效远红外放射性物质，用于远红外纺织品的开发。如日本森下仁丹等 5 家公司开发出海藻碳纤维，其织物在 35℃时的远红外发射率达 94%。

（2）功能新型化 目前的远红外纺织品的开发已突破了以远红外陶瓷粉为添加剂这一格局。如日本两家公司采用一种常温下具有远红外放射效果的液态物质，开发出一种称为 A2 弗莱休的超越陶瓷物质的新型远红外织物。

（3）功能复合化 在纺丝液或后整理剂中同时添加远红外粉末和其他功能助剂，使织物具有多种功能。如日本已开发出阻燃性远红外涤纶、高吸湿性保温纤维等。

四、远红外纺织品的应用

1. 保温用纺织品 远红外织物温热效果比一般同类织物高 3～5℃，适用于制作秋冬用滑雪衫、运动服、工作服、防寒服、风衣、各种轻薄型冬季服装及具有温热感的床单、被褥、窗帘、鞋垫、地毯、睡袋、袜类等。

2. 保健用纺织品 由于远红外织物有促进人体微循环、消炎镇痛、加速伤口愈合、活化机体、消除疲劳、调节自律神经等特殊功效，适用于制作保健绒毯；保健睡衣、睡裤、衬衣、内衣、内裤、袜；关节防护用品，如护膝、护肘、护腕、护肩、护腰；保健被、床垫、枕巾、床单；美容面罩等。

3. 卫生用纺织品 利用远红外织物的抗菌防臭功效，适宜于制作内衣、卫生用品，如医院病房用床单、医疗用衣、纱布；食品和包装行业用品等。

五、远红外织物的功能及其机理

远红外织物所利用的远红外线波长通常是 2.5～30μm。在热辐射理论中，根据维恩位移定律，在一定温度下单色辐射最大值所对应的波长只与温度有关，在 $-40\sim40$℃下，单色辐射最大值所对应的波长在 $9.25\sim12.40\mu m$。人体也在不断地辐射电磁波，以体温36.5℃计算，人体的单色辐射最大值所对应的波长为 $9.36\mu m$，处在远红外波段范围内。远红外织物正是利用所吸收的外界能量以及人体散发的热量，反射出人体最需要的远红外线，从而对人体产生有益的作用。

1. 保温　人体皮肤含有约70%～80%的水分，因此人体吸收的光谱与水相近，即 $8\sim12\mu m$。如果有某种物质能在常温下辐射出波长为 $8\sim12\mu m$ 的红外线，并有机会被人体共振吸收，就能使人体温度升高。陶瓷粉就是一种比较理想的常温高效远红外发射体，它能吸收大部分的辐射能（主要指太阳能），并辐射出 $8\sim12\mu m$ 的远红外线。远红外纺织品吸收大部分太阳能后，以红外线的形式辐射给人体，一方面通过对流和传导将本身的热量传递给人体；另一方面人体细胞受远红外线辐射产生共振吸收，从而加速本身分子的运动，达到从人体内部加热的目的。通常人体感觉热主要是指皮肤的感觉，所指温度也即皮肤的表面温度，而人体内部则基本维持在37℃左右，这就是远红外纺织品的保暖原理。

2. 保健　利用远红外线的热效应和非热效应治疗某些常见病、多发病和疑难病，常具有较好的疗效。红外医学专家认为，生命物质补充能量与远红外线有密切关系。水分子中氢键键能相当于 $2\sim7\mu m$ 的远红外光子所具有的能量。人体细胞生长繁殖以脱氧核糖核酸的合成与复制为基础，其双螺旋结构中含有大量氢键，这些氢键的断裂和结合需要相应的远红外光子能量。人体组织中的氢氧键、碳氢键、碳氧键也一样，其对应的谐振波长大部分落在远红外波段。在远红外光照射下，生物体的分子能级被激发而处在较高振动能态下，这便激活了这些引起生物大分子的活性，补充了生物能量，形成了调节机体代谢和免疫功能的能力。另一方面，远红外线作用于皮肤，被皮肤吸收转化为热能，引起温度升高，刺激皮肤内热感受器，通过丘脑反射使血管平滑肌松弛，血管扩张，血液循环特别是微循环加速，增加组织营养，改善供氧状态，增强了细胞再生能力，加速了有害物质的排出，减轻了神经末梢的化学刺激和机械刺激。

3. 抗菌　远红外织物能不断地发射出对细菌生长有抑制作用的远红外线，因而有一定的抗菌作用。某远红外涤纶的抑菌率为：白色念珠菌99.98%，金黄色葡萄球菌99.85%，大肠杆菌77.27%。

第二节　远红外织物的加工方法

一般常见的远红外织物可分为两类：将陶瓷粉末混合在纺丝液中制得含远红外陶瓷粉的合成纤维，目前在涤纶和丙纶中常采用这种方法，采用远红外纤维经纺纱、织造、加工成机织物或针织物，或直接加工成非织造布；采用后整理技术，把远红外陶瓷粉末和黏合剂、助剂按一定比例配制成整理剂对织物进行浸轧、涂层和喷雾。前者的优点是织物手感好、透气性好、耐洗涤性好，缺点是加工路线长、成本高。后者的优点是加工路线短、成本低，但织物手感、风格及耐洗涤性均不如前者。

一、远红外添加剂的制备

远红外添加剂主要采用远红外陶瓷粉制成,常用两种或两种以上的陶瓷粉末进行混配,使其远红外发射性能适合人体需要而达到最佳效果,制备步骤为:远红外陶瓷材料→(混合)→高温烘焙→超细粉碎→远红外超细粉末。常见的远红外辐射性物质见表5-1。

表5-1 远红外辐射性物质

名称	远红外辐射物质
氧化物	MgO、Al_2O_3、TiO_2、SiO_2、Cr_2O_3、Fe_2O_3、MnO_2、ZrO_2、BaO、莫来石、堇青石等
碳化物	B_4C、SiC、TiC、MoC、ZrC、TaC 等
氮化物	BN、AlN、Si_3N_4、TiN 等
硅化物	$TiSi_2$、$MoSi_2$、WSi_2 等
硼化物	TiB_2、ZrB_2、CrB_2 等

远红外添加剂应具备的条件:低温辐射率高;添加剂应具有较小的粒径,且能均匀分散,用于织物后整理的远红外粉粒径要求略低,平均粒径在5~10μm即可,粒径过大会影响产品的手感、使用效果和在加工过程中涂覆混合液的稳定性,用于纤维的远红外粉粒径要求则高一些,最好在0.1~1.0μm,纺丝时不易堵塞喷丝板;化学性能稳定且无毒,在纺丝过程中,添加剂在高温下不分解,不对纺丝设备造成腐蚀,不伤害人体,不污染环境。

远红外纤维中远红外粉的用量在1%~10%为宜,低于1%时显现不出纤维的远红外性能,而高于10%时,纤维的可纺性变差。采用涂层法加工的远红外织物,远红外粉用量可略大,一般在4%~15%。同时,要认真选择黏合剂和其他助剂,保证它们既不影响辐射率,又有较好的分散性能,使用时牢度和手感良好。

二、远红外纤维的加工方法

远红外纤维制备方法分为涂层法和熔融纺丝法两大类。

1. 涂层法 涂层法是将远红外吸收剂、分散剂和黏合剂配成涂层液,通过喷涂、浸渍和辊涂等方法,将涂层液均匀地涂在纤维或纤维制品上,经烘干而制得远红外纤维或制品的一种方法。其优点是工艺操作简便、成本较低,对远红外陶瓷粉的要求不高;缺点是制得纤维的手感及耐洗涤性能差,不适于后加工织造。目前本法多用于加工远红外非织造布和制品。涂层法一般有两种加工方法。

(1)先把远红外粉均匀分散在涂层剂中,再涂覆到织物上。显然,应对所用陶瓷粉的种类、粒径大小及分布宽度,与涂层剂的最佳配比以及涂层剂的种类等做出选择。所用黏合剂(涂层剂)大都为聚氨酯、丙烯酸酯系列树脂。涂覆到织物上前,还需在树脂中添加交联剂,以保证涂层有一定的强度。涂层法工艺流程:织物→涂层剂底涂→烘干→面涂→烘干→烘焙。

(2)将低温烘焙型金属氧化物与涂层剂混合,再涂覆到织物上,其反应如下:

$$M(OR)_n + nH_2O \longrightarrow M(OH)_n + nROH$$

$$M(OH)_n \xrightarrow[\triangle]{50℃,2min} MO_{n/2} + n/2H_2O$$

其中,M 代表金属钛、铝、硅等;R 代表甲基、乙基、丁基等。该方法是将具有远红外辐射性能的陶瓷物质涂覆于织物上,在焙烘过程中形成金属氧化物,且颗粒细而分布均匀,但对原料限制较严,成本较高。

2. 熔融纺丝法　将远红外粉分散于与成纤聚合物具有很好相容性的媒介物中,制成分散液,然后添加到纺丝原液或聚合物熔体中,采用熔融法纺丝。纺丝的流程为:

远红外粉的混合物聚合物助纺剂 $\xrightarrow[\text{加入双螺旋杆混炼机}]{\text{按比例均匀混合高速搅拌}}$ 熔融混合制成远红外母粒 → 纺丝 → 冷却固化 → 卷曲牵伸 → 远红外纤维

根据生产的工艺不同,熔融纺丝法又可分为母粒法、全造粒法、注射法和复合纺丝法。

(1)母粒法是目前应用较广的生产方法,是将远红外材料、分散剂和载体等相应的助剂一起混合造粒,制作成远红外功能母粒,然后与常规切片混合纺丝,其技术关键是制作功能性母粒。现在不断开发出高浓度、高分散性的母粒品种,其有效粉体的含量可达 40 %。母粒加入量越多,纤维的远红外发射率越高,但生产成本也相应增加,且母粒加入量增多对纺丝过程不利,因此母粒的加入量应适度,既要保证纤维的功能性,又要确保纺丝过程的顺利进行。通过改变喷丝板和纺丝组件的形状,可纺出中空、三角和三叶等异形丝。母粒法工艺路线简单,适于小批量生产。远红外聚酯纤维纺丝的工艺流程如图 5 - 2 所示。

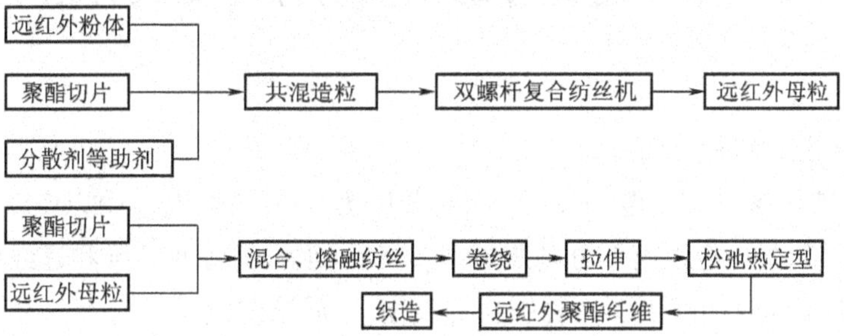

图 5 - 2　远红外聚酯纤维纺丝的工艺流程

(2)全造粒法是在聚合生产过程中加入远红外功能材料,制成远红外功能切片,然后用该切片纺丝的方法。这种方法功能介质分散均匀,功能效果持久。生产过程中如何防止颗粒聚结,确保颗粒在聚合物中分散均匀是技术关键。这种方法工艺流程复杂、不易控制,不适应小批量多品种生产,较难推广。

(3)注射法是在纺丝过程中利用注射器,将远红外添加剂直接注射到高聚物纺丝熔体或溶液中而制备远红外纤维。如在腈纶纺丝原液中添加远红外陶瓷微粒可开发出远红外腈纶。该工艺虽然简便,但需增加注射器,若粉末状无机粒子未经处理,与基体树脂间会存在明显的界面层,缺乏过渡层而影响纺丝熔体或溶液的过滤性、可纺性,最终会影响成品丝的物理机械性能。

(4)复合纺丝法是以含远红外添加剂的纤维为芯层或皮层,用复合纺丝机纺制皮芯结构的远红外纤维。该工艺纺制的纤维性能较好,但技术难度高、设备复杂、投资较大。

三、远红外后整理技术

最早和最简单的方法是用远红外陶瓷粉末对纺织品进行后整理,如浸轧法、涂层法和喷雾法等。用浸轧、涂层的方法开发远红外织物,在工艺上与传统浸轧、涂层工艺没有太大的差别。喷雾法常用于制作远红外絮片,对毛圈织物的毛尖部位开纤,然后喷涂远红外后整理剂,能有效地提高其保温性和舒适性。在远红外后整理中,远红外陶瓷粉的粒径决定后整理的质量,粒径一般在5μm以下,使用氯铂酸等触媒,可以提高陶瓷物质与纤维的结合力。日本中村研究所则用硅烷偶联剂对陶瓷粒子进行表面处理,然后再掺入整理剂中,结果使织物耐洗性大大提高。为制备远红外羊毛纤维或织物,日本尤尼奇卡公司在远红外陶瓷粉末分散液中加入阳离子成膜树脂,使陶瓷粒子带正电荷,与此同时,对毛纤维或织物进行预处理,使其表面带负电荷,由于正负电荷的吸引,可以提高毛纤维吸附陶瓷粒子的能力。对天然纤维织物进行远红外后整理,可将天然纤维浸入特定的有机溶剂中,使纤维膨润形成微细孔隙,并加热加压,使陶瓷粒子进入扩张后的孔隙,干燥后则留在纤维内。有资料介绍,在染色液中加入远红外陶瓷粉末可以同时获得染色和远红外效果,在印花染料中加入远红外陶瓷粉末可以使印花部位具有远红外功能。

第三节　远红外纺织品的性能测试方法

一、温升法

温升法包括以下两种方法。

1. 红外测温仪法　在温度为20℃、相对湿度为60%的恒温室中以100W(250W)的红外灯为光源,以45°在一定距离下分别照射同规格、同组织的普通纤维和远红外纤维的织物,用红外仪记录下不同时间间隔下两种织物的温度,然后求差值。

2. 不锈钢锅法　用薄不锈钢制成高30cm,容积为250mL的不锈钢圆筒,圆筒上下底采用泡沫塑料,温度计插在盖上,分别将织物包覆在不锈钢圆筒外,在红外灯照射下,分别测得两种织物的温度,然后求差值。

温升法强调的是在一定时间内织物温度的差别,由于织物吸收热量有快慢,造成温升亦有快慢。服装在使用过程中,一般是比较长时间内处在一定的环境中,基本上会达到热量动态平衡,因此,测试织物温升应该是在红外灯照射下,织物处于热量平衡状态时的温度,这样更加有比较意义。

二、发射率法

远红外织物之所以称之为远红外织物,就是因为它能辐射比普通织物更多的远红外线,所以在评价这种功能织物的性能时，就应该把它当作一个重要的指标。目前，用来描述物质远红外线辐射能量强弱的指标有辐射功率、辐射度等，但在实际应用中常采用发射率来表征，即在某一温度下实际物体的辐射功率（或辐射度）与黑体的辐射功率（或辐射度）之比。织物发射率的测试方法有直接和间接测试两种，直接法可分为量热法和辐射法两类；间接法是利用织物的红外反射率 ρ、吸收率 α 和通过率 γ 三者之间存在一定的关系 $\rho+\alpha+\gamma=1$，通过测定发射率和通过率而得到吸收率，在一定的条件下，织物的吸收率和发射率存在着定量转化关系。

三、人体试验法

虽然人体试验法带有很大的主观性，但是我们不能忽视它的作用，它是对这种功能织物能引起生理效应，从而改善微循环、活化水分子、活化组织细胞最好的诠释；同时能让人们实实在在感受到这种功能织物对人体所产生的作用，现在保健产品就缺少这方面的验证。

人体试验法包括以下三种方法。

1. 血液流速测定法　既然远红外织物有改善微循环、促进血液循环的作用，那么就可以通过人体试用远红外织物，测试其对人体的血液流速是否有加快的作用。

2. 皮肤温度测定法　分别用普通织物和远红外织物制成护腕，套在健康者的手腕上，在室温下，在一定的时间内，用测温仪分别测得皮肤表面的温度，求出温差。

3. 实用统计法　用普通纤维和远红外纤维制成棉絮类的制品，分别让一组使用者试用，根据使用者感受对比，统计出两种织物的保暖性能。

四、检测远红外织物功能方法的比较与分析

1. 温升法　远红外织物通常被理解为保暖织物，温升法就是来源于这一思想。因此，测试织物的温升应该是在红外灯照射下，织物处于热量平衡状态时的温度。用红外灯照射织物，织物所获得的能量远远大于织物在穿着时所获得的能量，有人在红外测温法实验中发现，在 10min 内经红外灯照射的织物温度都上升了 15～20℃；而用织物覆盖手掌 10min 后，织物的温度只上升了 0.3～0.5℃，而皮肤的温度只上升了 0.8～0.9℃，可见这之间的区别有多大，所以温升法所得的数据不能很好地反映织物对人体的温升性能。而温升法所表现出来的是织物吸收热量、温度升高的能力，这里包含了比热容的因素，在实验中我们无法得知样品吸收的能量是否相同，在使用过程中，服装的保温性体现在避免热量的散失，人体才是真正的散热体，人体皮肤的温度一般都高于衣服的温度，因此人体并不需要通过衣服的温度升高达到保温的目的，相反衣服吸收的热量越多，它向空气中散失的热量也越多。既然远红外织物具有保暖作用，就可以用散热系数来表征它的性能，这样也更直接和准确。

温升法实验简单，能直接反映织物的温升性能，但这是远红外织物吸收红外线产生的热效应，只是一个侧面，并不能真正反映出远红外织物的保健功能。

2. 发射率法　发射率能够很好地反映织物辐射红外线的能力，但是发射率的测试法都存在参照黑体选择的问题，现实中不存在真正的黑体，只是近似的，因此不同的实验仪器中

选用黑体的近似程度是不同的，造成发射率的测试结果有差异。每种测试方法都采用不同的原理模型和数学处理方法，从而也会引起发射率数据的差异。量热法测发射率误差与温度测量误差、样品与容器壁的温差、热电偶材料及真空室的真空度有关，样品的温度越高，容器壁温度越低，则所测得样品的发射率的误差越小；辐射等流法由于发射率与温度的四次方存在着比例关系，温度微小的变化会引起发射率巨大的改变，此法对实验仪器的精确度有较高的要求。同时应注意以下几个方面：一是物体的发射率与温度有关，因此在描述织物的发射率时一定要注明温度，实验表明，在 0～50℃ 时，织物的发射率有增加的趋势；二是红外光在电磁波谱中所占波长是在 0.75～1000μm，但真正对人体有保健作用的远红外波长大概在 2～15μm，既然远红外织物作为人体保健的产品，那么在评价织物的发射率时也应是该波长范围内的发射率；三是织物辐射的红外光谱的具体情况与人体吸收红外光谱也有密切的关系，最好对织物的红外光谱作一个具体的说明。

我国已制订远红外纺织品标准，标准 FZ/T 64010—2000《远红外纺织品》中要求远红外纺织品的远红外发射率比同种非远红外产品至少要高出 8%。因为大部分远红外纺织品在洗涤后发射率会有所下降，工艺不同下降的幅度也不同。所以标准规定在洗涤 10 次后，远红外产品发射率下降超过 1% 的，视为不合格。因为化学纤维中若加入过量远红外发射体纤维，其强度会受到影响，所以标准对这方面也做出了相应规定。

此外，因为远红外发射体的含量与发射率有一定关系，标准中因此规定远红外印花纺织品中含有远红外发射体的花形面积应不小于总面积的 40%。

思考题

1. 讨论远红外添加剂应具备的条件。
2. 简述远红外纤维的加工方法。
3. 论述远红外纺织品的几种测试方法并加以比较。

第六章 抗静电纺织品

本章知识点

1. 织物产生静电的原因。
2. 抗静电织物的加工与应用。
3. 织物抗静电性能的测试标准及方法。

抗静电纺织品是指人们在日常生活、工作等环境中，为使人体免受静电的影响而生产的纺织品。目前国内外对抗静电纺织品的研究普遍比较重视，其中涉及许多新原料、新工艺、新产品、新设备等技术的应用和相应的测试方法与手段等。

第一节 概 述

纺织材料在生产加工和穿着使用过程中，由于摩擦、接触分离或受其他因素的作用产生静电荷积聚的现象，回潮率普遍较低的合成纤维制品的电荷积聚现象更加明显。当电荷的积聚速度大于逸散速度时，会不断增加带电量，当电荷积聚到一定程度而不能散失，就会产生静电现象，给生产或使用带来困扰。

静电现象的危害很多，主要体现在以下几个方面。

1. 服装相互纠缠 不同质地的衣服，穿用时产生极性相同或相反的静电荷，因此，会产生服装之间及服装与人体之间相互吸引纠缠或相互排斥的现象，给人们的生活带来不便。

2. 易沾污 合成纤维织物在使用过程当中，因受各种因素影响而带静电，使织物易于吸附空气中带异性电荷的灰尘，灰尘吸附后不仅不易弹掉，而且越弹静电现象越严重、灰尘吸附越多。

3. 穿脱内衣时的针刺感 合成纤维制成的针织内衣贴身穿着时有针刺感，这也是静电现象的一种表现。随着内衣与人体之间的频繁接触、摩擦和分离，产生无数局部小火花放电现象，这是因为两者在接触摩擦过程中静电荷不断积聚的缘故。当内衣与人体脱离的一瞬间，电荷击穿空气小间隙，出现火花，由于电量极小，所以人体的感觉只是一种针刺感。

4. 使用带电织物有电击现象 使用合成纤维制成的床单、地毯或汽车坐垫时，人们经过摩擦后立即接触金属门把手，就会有一定程度的电击感。

5. 易引起意外事故 穿着合成纤维织物在周围存在易燃易爆气体的环境中活动时，静电放电产生小火花，能够使周围易燃易爆气体着火或爆炸，引起重大事故。

6. 危害人体健康 由于过于频繁的放电作用，会使皮肤产生一定的过敏反应，甚至产生皮疹。

7. 其他 在纺织加工的各种工序中也都会产生静电。如开松过程中纤维会缠罗拉、缠胶辊；梳理过程中的静电现象会使比较松散的纤维网发生破裂、断边，成条疏松，易于堵塞圈条斜管；带电纤维易缠绕在机件上，影响正常生产。此外，在织造和染整过程中产生的静电荷也同样降低了劳动生产率和产品合格率。表 6－1 列举了不同使用领域对抗静电的要求。

表 6－1 不同使用领域对抗静电的要求

电阻水平	制品	使用领域	主要用途
高	防尘工作服	精密仪器、电子工业、照相、食品、医药品、化妆品、医院、计算机房等	防尘、防止仪器损坏、计测不准、杂音等
	抗静电地毯	宾馆、大厦、医院、抗静电地板等	防止电击、污染、噪声
	抗静电过滤器材	化学、食品、医药工业等	防止孔眼堵塞、粉尘爆炸，提高过滤效率
	抗静电毛巾	医院、宾馆、运油运气的船舶及车辆等	防止电击、火灾及爆炸
	抗静电手套	塑料、纸、合纤、合成皮革、橡胶等的制造及加工	防止电击、火灾及爆炸
	抗静电缝纫线	一般外衣、内衣等	防止裹缠、脱衣时的电击
	抗静电复合材料	抗静电椅子、车辆用薄板	防止电击、噪声
中	防爆型工作服	石油提炼、油站、石油化工、煤炭工业、天然气等	防止火灾及爆炸
	导电工作服	发电厂、电气工程	防止静电感应引起的灾害
	抗静电绳索	石油提炼、油轮、油站	防止火灾及爆炸
	抗静电包装材料	集成电路(IC)、电子工业等	防止静电放电引起产品的损坏
	除电装置	塑料、胶片、纸、印刷、橡胶、食品等的制造及加工	去除工程中的静电干扰
低	电磁波屏蔽材料	广播电台、高频焊接、电子仪器、精密仪器、抗静电屏蔽、抗静电护板等	防止电磁波危害
	片状发热材料	负载加热、保温服等	发热保温、防止冻结

第二节 抗静电纺织品的加工与应用

纺织品的抗静电问题由来已久，但至今仍然没有获得突破性进展。近年来，有机导电纤维的研发和广泛应用似乎为开发高效、美观的抗静电面料找到理想方案。但目前的抗静电产品仍然不能令人满意，而且应用范围尚不够宽泛，抗静电纺织品研究仍然任务艰巨。

纺织品获得抗静电性的途径主要有三种。

一、用抗静电整理剂纺织品

1. 抗静电整理剂整理机理　抗静电整理剂整理是指对织物进行树脂整理或化学整理，所用抗静电整理剂在结构上大多数与被整理的纤维相似，经过浸轧、焙烘而黏贴在合成纤维或其织物上。这些高分子聚合物往往是亲水的，因此涂覆在纤维或织物的表面可通过吸湿而增强导电性，不至于积聚过多的静电荷而造成危害。

2. 抗静电整理剂的要求　抗静电整理剂一般属于表面活性剂，包括阳离子型、阴离子型和非离子型，其中阳离子表面活性剂的抗静电效果最好，非离子型表面活性剂的抗静电耐久性最好。生产中不管采用哪种抗静电整理剂，应具有以下物质和反应性交联基团，以提高织物的耐洗性。

(1)具有吸湿性强的有机物质。

(2)具有吸附性和定向的表面活性剂，易与织物发生交联的基团，以及改性树脂、复合树脂和反应性有机硅酮树脂等。

(3)能够形成良好的导电性连续膜。

(4)对染料的染色牢度无影响或影响很小，与其他整理剂混用性较好，无刺激气味，不损害人体、不污染环境。

3. 常用抗静电剂的种类　抗静电剂的种类很多，按应用行业不同，可以分为纺织用、塑料用和橡胶用抗静电剂，按纺织应用的工序不同，又可以分为纺丝用、纺纱用和后整理用抗静电剂；按使用方法不同，抗静电剂可以分为外部抗静电剂和内部抗静电剂；按抗静电剂的亲水基能否电离，可以分为阴离子型、阳离子型、两性离子型和非离子型；按化学结构不同，抗静电剂又可以分为硫酸衍生物、磷酸衍生物、胺类、季铵盐、咪唑啉以及环氧乙烷衍生物等。

有些抗静电剂与其他助剂可以混合使用，有些则不能，如有的抗静电剂与含氟防水、防油剂混合使用，将大大降低防水和防油性，同时也降低了抗静电性。因此，在整理过程中必须慎重选择抗静电整理剂，以获得理想的效果。表6-2列举了部分纺织上常用抗静电剂的特性。

表6-2　部分纺织常用抗静电剂的特性

名　称	特　　性
抗静电剂P	为磷酸酯和二乙醇胺的缩合物。这种抗静电整理剂是淡黄色到酒红色黏性液体，属阴离子型。易乳化、易清洗、耐酸、耐碱，其稳定性及抗静电效果均很好，可用于涤纶、腈纶、维纶、锦纶等纺丝油剂中，亦可作为塑料、油墨生产过程中的静电消除剂，但不耐水洗
抗静电剂PK	为烷基磷酸酯钾盐，属阴离子型。淡米色至淡黄色半固体状物，它的0.1%溶液pH值为7～9，广泛用于涤纶、维纶、氯纶等纤维的抗静电，作为锦纶纺丝卷绕油剂的组分，抗静电性能好，并有良好的可纺性。也可用于涤/棉织物印花前处理，减少毛头拖刀，使花型清晰，白底无沾色

续表

名称	特性
抗静电剂 TM	属季铵盐阳离子型,其外观为透明淡黄色黏性液体,游离三乙醇胺含量≤4%,易溶于水,具有吸湿性。生产中,可以与阳离子型表面活性剂、非离子型表面活性剂并用。可用于腈纶、涤纶、锦纶等的静电消除剂,有优良的抗静电效果
抗静电剂 SN	属阳离子型,其外观为棕红色油状黏性液体,pH 值为 6~8,季铵盐含量为(60±5)%。能溶于水、丙酮、苯、正丁醇、二甲基甲酰胺、乙二醇及醋酸等。对 5% 的稀酸、稀碱液均稳定,但 180℃时会分解。它可与阳离子或非离子型表面活性剂混用。适用于涤纶、锦纶、氯纶等合成纤维纺丝过程的静电消除,可用作聚丙烯腈纤维的匀染剂,还可用作真丝静电消除剂和涤纶仿真丝织物碱减量促进剂。可单独使用,也可与其他不含阴离子表面活性剂的油剂、乳化剂配成水溶液,使纤维丝束在上述乳液中通过即可消除静电,用量一般为纤维质量的 0.2%~0.5%。塑料工业中,可作为聚氯乙烯、聚乙烯薄膜及塑料制品的静电消除剂,还可用作丁腈橡胶制作纺丝胶辊的静电消除剂
抗静电剂 SEP8216	为聚氯乙烯类嵌段聚合物,用于涤纶、腈纶、锦纶等合成纤维及其混纺织物的抗静电整理,经其处理的纤维表面具有很好的吸湿导电性和防污、防尘性,还具有一定的抗起毛起球效果,也可用于化纤纺丝的抗静电处理

表 6-2 所列抗静电剂的抗静电效果都比较理想,但不耐水洗。如果要达到比较耐久的抗静电效果可以选用对苯二甲酸二甲酯、乙二醇和聚乙二醇嵌段共聚物处理。但对处理涤棉混纺织物效果不好,因为它的酯组分虽能与涤纶共容,醚组分在纤维表面亲水形成导电层,但在棉纤维上则相反,醚组分与棉纤维结合在一起,酯组分在棉纤维表面形成疏水层,即绝缘层,两者相互抵消,不能形成连续性导电层。

二、提高合成纤维的吸湿性能

提高纤维吸湿性有以下几种方法。

1. 共聚 在疏水性合成纤维大分子主链上引入亲水性、导电性成分。如在丙纶主链中嵌入 4.5%~5% 的高分子季铵盐,制取的改性丙纶具有高的亲水性、稳定的抗静电性和良好的染色性。在相对湿度为 65% 时,回潮率提高到 5.9%~7.1%,使抗静电性能得到改善。

2. 共混 在聚合和纺丝时,将高聚物或其切片与抗静电成分混合纺丝,可制得抗静电性合成纤维。如国内曾用抗静电剂与聚酯共混纺丝制成的抗静电涤纶长丝,其电阻率只有 $7.24\times10^{-8}\Omega\cdot cm$,大大提高了涤纶的抗静电能力。

3. 复合纺丝 复合纺丝方法在改善合成纤维其他性能的同时,也能改进合成纤维抗静电性。如以聚酯为芯、混有聚乙二醇的聚酰胺为皮制成涤锦复合纤维,不仅抗静电性好,而且手感、吸湿性、耐磨性、弹性、抱合力等都有所改善。

4. 接枝共聚 对纤维进行接枝改性也能改善合成纤维的抗静电性能。如涤纶接枝丙烯酸,其抗静电的耐久性比用一般方法要好很多。

三、开发和应用导电纤维

导电纤维最大用途是用来防止带电。导电纤维中导电成分有金属化合物、炭黑等。这里的导电性主要基于自由电子的移动,不依靠吸湿和离子的转移。所以导电纤维在相对湿度低的情况下仍能显示其优良的导电或抗静电性。并且洗涤的耐久性非常好,因此用途很广泛。

1. 导电纤维的导电机理 在合成织物中,嵌入导电纤维是一种有效的抗静电方法,这种方法的机理就是要使导电纤维之间产生电晕放电。电晕放电是一种很缓和的放电形式,当静电荷达到一定数值后,即产生无火花的电晕放电使静电消除。这种现象通常被认为是由于织物中的导电纤维在静电场的作用下使周围空气产生电离作用而形成正负离子,正负离子中的一种与织物所带静电荷相反而中和,另一种与环境或大地中和,从而达到消除静电的目的。

2. 导电纤维的发展 大约在20世纪90年代,日本、韩国就已经开始了导电纤维的研究开发工作 ,目前现有的品种类型有金属纤维(不锈钢纤维、铜纤维、铝纤维等)、碳纤维和有机导电纤维。

(1)金属纤维:是由金属棒拉伸而成的,其特点是导电性好(电阻率为 $10^{-4} \sim 10^{-5}$ $\Omega \cdot cm$),是近二十年来发展起来的高技术和高附加值产品,由于它既具有化纤及其制品的柔软性,又具有金属本身优异的导电、耐高温、耐腐蚀等特性,所以被广泛应用于航空航天、化工、纺织等领域。其缺点是抱合力、可纺性差,制成低线密度纤维时价格昂贵,成品色泽受限制。

使用最多的金属材料为不锈钢,也有铜、铝、镍等。通常制成短纤维,与普通纺织纤维混纺织造。为了使金属纤维尽可能均匀分布于纱线或织物中,一般其直径都很细,在 $8 \sim 20\mu m$。

(2)有机导电纤维:主要的生产方法大致可分为表面涂覆改性法、共混纺丝法、复合纺丝法、共聚法等。20世纪60年代末期,最早由日本帝人公司开发成功了表面涂覆炭黑的有机导电纤维,它是将炭黑添加黏合剂(白乳胶、丙烯酸树脂、环氧/聚酰胺树脂等)定量注射到隙缝上,聚酰胺纤维连续通过隙缝时涂覆于表面,固化后经防水处理制成,电阻率可达 $10^{-2} \sim 10^{-3}\Omega \cdot m$,导电性能较好,但是由于处于纤维表面的导电成分——炭黑容易脱落,所以其抗静电性能的耐久性较差,再加上纤维呈黑色或灰色,也限制了其应用。

为了改变这一状况,后来又出现了表面镀覆金属的导电纤维,如美国 Rohm and Haas 公司应用化学镀层法在锦纶表面镀银制成的导电纤维 X - Static,法国 Rhone - Poulenc 公司采用水相溶剂作为还原剂制成锦纶镀银导电纤维 No - Static;日本东洋纺公司用低温态金属浸渍制成的具有金属皮层的导电纤维。

此外,在纤维的后加工过程中利用表面处理法和树脂整理法也可生产此种类型的有机导电纤维,如美国将阳离子表面活性剂——季铵类化合物与芳香油、丙二醇配成抗静电剂,用于锦纶地毯纱的抗静电表面处理。日本将含有银离子和聚氧乙烯链段的聚合物,经树脂整理固着在纤维表面,也得到了抗静电耐久性较好的纤维。

复合型导电纤维可采用嵌炭法制备，它是以皮芯复合结构的合成纤维为基材，皮层有较低的熔点，纤维在与炭黑相接触的状态下加热，当皮层软化时炭黑嵌入纤维表面。英国ICI公司曾以聚酯、聚酰胺为基材用此法生产导电纤维。

3. 导电性纤维的应用 从20世纪60年代后期开始，工作服的静电引起了人们的重视，因为工作服与人体摩擦产生的静电放电，很有可能诱发可燃性物质的爆炸和火灾。我国在1985年制定了一系列国家标准，对抗静电工作服的必要性、性能要求、结构要求、使用上的注意点提出了相应的要求，要求在石油化工、发电、天然气、油轮等可能引发火灾、爆炸的环境下穿着，有效防止静电现象。

防止纺织品带电的方法很多，其中运用导电纤维是最常见、最有效的方法之一是制取导电纤维后，再以少量的导电纤维与常规纤维进行混纤、混纺及交织，利用导电纤维放电或电晕放电作用，有效地逸散电荷，通过导电纤维的电晕放电和泄漏作用消除服装上的静电。由于不锈钢纤维属金属纤维，所以，由它织成的防静电布料的导电性能稳定，不随洗涤次数而变化。

将导电性纤维加工成缝纫线，利用抗静电缝纫线也可有效减少静电的产生，防止运动服、裙子的吸附。

四、抗静电织物的应用

抗静电织物应用的领域很多，在普通穿着上，抗静电织物能减少因气候干燥、摩擦等产生的静电对身体造成的吸附，减少灰尘的吸附等；超净工作场合的无尘衣；在石油、电子、火箭发射、火药、地矿等易燃易爆环境中，防静电工作服、工作鞋、地毯、窗帘、揩布、拖把等可有效减少火灾的发生，如果用不锈钢纤维，混用比例在1%～5%就有很好的防静电效果。随着机械、电子等产业的进步和对超净室洁净度要求更加的严格，对防静电、防尘服的性能要求也更高，尤其是在电子工业，0.1μm左右的微粒就能造成一定的危害。因此，电子工业上有待于开发性能更高的防尘服。

第三节　织物抗静电性能的测试

一、抗静电性能测试的标准

目前用于纺织品、服装抗静电性能测试的标准很多，我国的国家标准和行业标准主要有GB 12014—1989《防静电工作服》、GB/T 12703—1991《纺织品静电测试方法》、FZ/T 01042—1996《纺织材料 静电性能静电压半衰期的测定》、FZ/T 01044—1996《纺织材料 静电性能纤维泄漏电阻的测定》、FZ/T 01059—1999《织物摩擦静电性吸附测定方法》、FZ/T 01060—1999《织物摩擦带电电荷密度测定方法》、FZ/T 01061—1999《织物摩擦起电电压测定方法》。

值得注意的是，不同测试方法标准的适用性是不同的。对于不同的标准，不仅测试的项目不同，技术条件不同，而且适用的产品、指标的意义也不同。

二、织物抗静电性能的测试方法

国内外常用的测试方法有半衰期法、摩擦带电电压法、点电荷面密度法、表面阻抗法、静电吸附性法、静电衰减时间测定法、行走(模拟步行)测试法、吸灰测试法等。

1. 半衰期法　如图6－1所示，试样在高压静电场(＋10kV)中带电至稳定后，断开高压电源，使试样电压通过接地金属台自然衰减。测定其电压衰减为初始值一半所需要的时间。

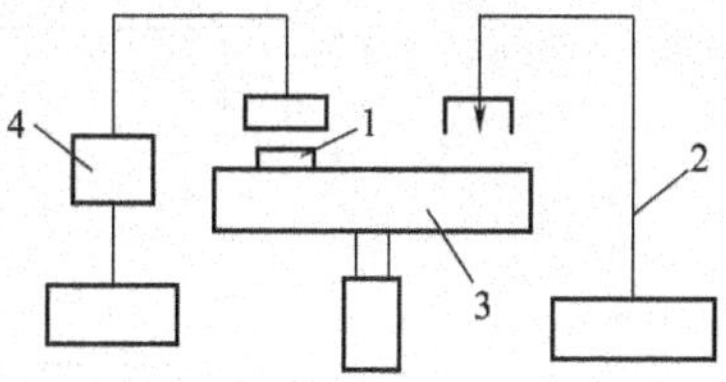

图6－1　半衰期测试仪器示意图
1—试样　2—高压电源　3—接地金属台
4—测量装置

该方法操作简便，数据重现性好，可对被测织物实现非破坏性测定。但一般情况下，织物电荷衰减不符合指数规律，测试电压和极性均可人为地进行控制。不同织物电荷衰减随电压的变化而不同，因此半衰期值与测试电压密切相关。

2. 摩擦带电电压法　如图6－2所示，在一定张力条件下，使样品与标准磨料(布)相互摩擦，根据摩擦时产生的最高电压及平均电压进行评价。该方法可模拟内衣与外衣摩擦带电关系，但所用试样小，接触压力不充分，误差较大。此法的标准磨料(布)常采用锦纶、丙纶织物。

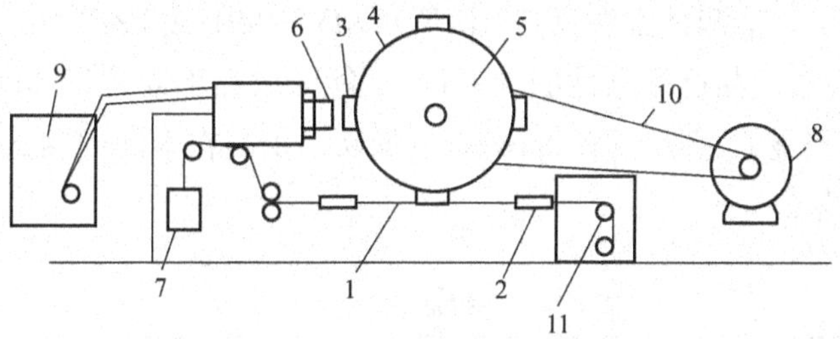

图6－2　摩擦带电电压示意图
1—标准磨料(布)　2—标准磨料(布)夹　3—样品箱　4—样品夹框　5—金属转鼓　6—测量电极
7—负载　8—电动机　9—放大器及记录仪　10—皮带　11—可调导轮

3. 电荷面密度法　如图6－3所示，将经过摩擦装置摩擦后的样品投入法拉第筒，以测量样品的电荷面密度。

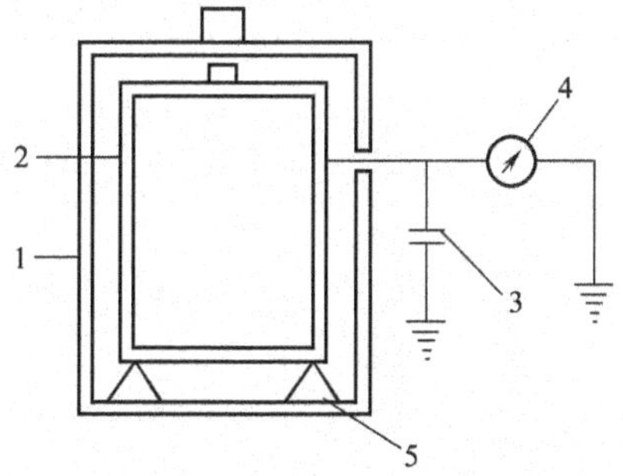

图6－3　电荷面密度法示意图
1—外筒　2—内筒　3—电容器
4—静电电压表　5—电源支架

该法的起电方式较好地反映了织物实际穿衣与脱衣过程时的摩擦起电情况，能较好地反映织物起电时的电晕放电能力，但测试结果会受人为因素及被测织物在静电电位序列中位置的影响。

4. 极间等效电阻法　如图6－4所示，织物试样铺放于接地导电胶板上，按规定间距和压力将专门的电极夹持于试样上，经短路放电后施加电压。采用伏安法，在定电压下测出流过样品的电流，从而求得电极间等效电阻。

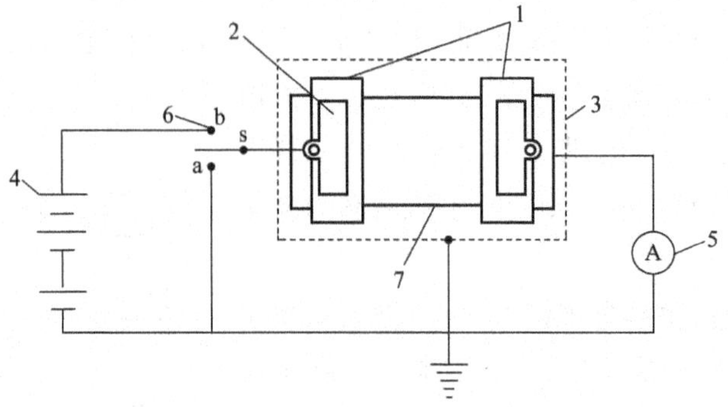

图6-4　极间等效电阻测试示意图

1—电极　2—金属夹　3—屏蔽箱　4—支流稳压电源(输出电压0~1000V)
5—直流微安表(1.0级)　6—单刀双掷开关　7—试样

该测试方法操作简便，适宜成衣、坯布和现场测试，对静电泄漏型织物测量效果较好。表6-3比较了几种抗静电测试方法的适用性。

纵观现有的纺织品静电性能测试国家标准和行业标准，真正具有实际意义的，可用于含导电纤维的织物静电性能测试方法只有GB/T 12703—1991或FZ/T 01060—1999中的电荷面密度法。因此，对纺织品抗静电性能的评价，不能强求在不同的指标间找到确定的关联，而应侧重建立一套完整的、多面的评价体系，以反映纺织品在不同的测试条件和状态下的抗静电性能及实用效果。

表6-3　抗静电测试方法比较

测试方法	参考标准	适用性
半衰期法	FZ/T 01042—1996	不适用于含导电纤维的织物
摩擦带电电压法	FZ/T 01061—1999	不适用于含导电纤维的织物
电荷面密度法	FZ/T 01060—1999	适用于各类织物
极间等效电阻法	FZ/T 01044—1996	不适用于含导电纤维的织物

思考题

1. 分析织物产生静电的原因及其危害。
2. 简述纺织品对抗静电整理剂的要求。
3. 试述纺织品提高抗静电性能的几种方法。
4. 论述织物抗静电性能的测试方法。

第七章 防电磁辐射纺织品

本章知识点

1. 防电磁辐射纺织品防辐射的基本原理。
2. 防电磁辐射纺织品的加工方法。
3. 防电磁辐射纺织品所用的材料。
4. 防电磁辐射纺织品的测试方法。

第一节 概述

一、电磁辐射的基本概念

电磁辐射是能量以电磁波的形式通过空间传播的现象，它具有波的一般特征，它的传播速度即为人们通常说的光速。电磁辐射可按其波长、频率排列成若干频率段，形成电磁波谱。电磁辐射的波谱很宽，依照频率从低到高（波长从长到短）按顺序排列，电磁波能够分为长波、中波、短波、超短波、微波、远红外线、红外线、可见光、紫外线、X 射线、Γ 射线。以可见光为界，频率低于（波长长于）可见光的电磁波对人体发生的主要是热效应，频率高于可见光的对人体主要发生生物学效应。波长愈短，频率愈高，辐射的能量愈大，生物学作用愈强，也就是说危害愈大。

1. 辐射的来源及分类 电磁辐射的来源主要有两类：

（1）天然电磁辐射，如雷电、火山喷发、地震和太阳黑子活动引起的磁暴等；

（2）人工电磁辐射，即人工制造的高压系统、电子设备、电器装置等，如空调、计算机、电视机、电冰箱、微波炉、卡拉 OK 机、电热毯、移动电话、微波发射站、高压电线、X 光放射线发生器、激光发射器等，在正常工作时所产生的各种不同波长和频率的电磁波。

常见的辐射主要有三类：一是核辐射；二是宇宙辐射；三是电磁辐射。在三类辐射中，核辐射危害最大，但一般情况下较少接触。电磁辐射虽然不是最厉害的杀手，但它无处不在，可以穿透包括人体在内的多种物质。人体如果长期暴露在超过安全的辐射剂量下，电磁辐射会对人体健康产生严重危害。

2. 电磁辐射的危害 首先，人体是个导电体。电磁辐射会使人体产生电磁感应，并有部分能量沉积在人体中。这种电场和能量的变化，可以干扰生物膜上酶的活性，导致细胞状态和功能出现异常。其次，电磁辐射影响人的电生理特性。电磁辐射可以改变生物膜电位，相应改变了神经细胞的电传导，扰乱了人的正常生理活动。

电磁辐射还可以导致内分泌紊乱，因腺体细胞功能状态的异常，将导致激素分泌异常。电磁辐射作用于肾上腺，则肾上腺素和去甲肾上腺素水平降低，抗损伤能力下降；作用于垂体，则使生长激素水平降低，儿童生长迟缓；作用于松果体，则松果体素水平下降，出现生物钟紊乱。

电磁辐射有可能诱导细胞变异。生物体是由细胞构成的，其遗传物质是DNA。母细胞复制子细胞的过程就是DNA的复制、传递及表达的过程，当这一过程受到电磁波及其他致癌因素干扰时，就会诱发癌基因产生癌细胞及其他变异细胞。

因此，电磁辐射对人体的危害不容置疑，其危害作用通常分为热效应、非热效应及累积效应三种表现形式。

(1)电磁辐射的热效应。电磁辐射对生物组织或系统加热而产生的效应叫热效应。热效应产生的方式主要包括：生物组织在高频电磁场中，由于极性分子反复快速取向转动而摩擦生热；传导电流生热；介质损耗生热。

热效应的产生一般需要较高强度的电磁辐射。由于人体70%以上是水，水分子受到电磁波辐射后相互摩擦，引起机体升温，从而影响到体内器官的正常工作。这种电磁辐射的热效应足以引发生物体组织细胞温度的上升，有可能导致机体功能的紊乱。

(2)电磁辐射的非热效应。非热效应是指生物体吸收能量后，组织或系统产生的与热没有直接关系的变化。目前人类对电磁辐射非热效应的影响很难加以确认，因此无法明确解释。不过，实验结果表明50~60 Hz的低频波能使钙离子从生物体内流出。人体的器官和组织都存在微弱的电磁场，它们是稳定、有序的，一旦受到外界电磁场的干扰，处于平衡状态的微弱电磁场即将遭到破坏，人体也会由于非热效应遭受损伤。

电磁波干扰生物电(如心电、脑电、肌电、神经传导电位、细胞活动膜电位等)的节律，会导致心脏、脑神经及内分泌活动等一系列障碍。在我国进行的职业人群微波电磁辐射健康影响调查结果表明，接触微波的职业人群神经系统症状(如头晕、记忆减退、乏力、多梦、失眠等)发生率，较不接触的人群明显增加；接触微波的职业人群心血管系统症状，如心慌、心悸及心电图改变等高于正常人群。微波辐射还可引起先天性缺陷和流产、阳痿、性欲减退等病症，这些都是电磁辐射的刺激作用导致的危害后果。

(3)电磁辐射的累积作用。如果在电磁辐射对人体的伤害尚未来得及自我修复之前(通常所说的人体承受力——内抗力)再次受到电磁波辐射的话，其伤害程度就会发生累积，久而久之会成为永久性病态，甚至危及生命。对于长期接触电磁波辐射的群体，即使功率很小、频率很低，也可能会诱发意想不到的病变，应提高警惕。

(4)电磁辐射的其他危害。电磁辐射除了对人体健康产生危害外，还能带来其他危害，如电磁辐射有可能泄露电脑机密，高频电磁辐射能够使导弹制导系统失灵，高频电磁辐射场强可使一些可燃性油类或者一些可燃性气体发生燃烧或爆炸等。

二、防电磁辐射纺织品的基本原理

防电磁辐射织物固然是新型的功能材料，但其防护原理与传统的屏蔽材料相似。就是限制电磁能量从防电磁辐射织物的一侧空间向另一侧空间传递。电磁波传播到防电磁辐射织物表面时,其衰减机理通常有三种:在入射表面的反射衰减;没有被反射的电磁波进入防电磁辐射织物的内部时被其吸收衰减;在防电磁辐射织物的内部多次反射衰减。

电磁防护织物电磁屏蔽的基本原理是:采用低电阻的导体材料,并利用电磁波在屏蔽导体表面的反射和在导体内部的吸收以及传输过程中的损耗而使电磁波能量的继续传递受到阻碍,以致削弱到不能干扰仪器工作和危害人体健康的程度,起到屏蔽作用。良好的屏蔽材料可将大部分入射波反射掉,利用内部吸收及多重反射损耗掉部分进入材料的电磁波,只允许极少量的电磁波透过材料继续传播。

三、防电磁辐射纺织品的发展

1. 国外防电磁辐射纺织品的发展现状 英国、美国等发达国家从20世纪三四十年代就开始进行特种防护服装与织物的研究。20世纪80年代,美国北美航空公司研制成功防止雷达探测的防护衣和头盔,这种防护衣与头盔是由微波吸收材料制作。日本等国研究开发了用不锈钢纤维与植物纤维混纺织成的屏蔽织物,制成屏蔽服装用在微波防护上,如雷达防护服等。20世纪80年代后期~90年代初期,英国、法国、德国、瑞典、美国等国家,为防止家用电器的辐射危害,如微波炉、电磁炉、计算机、电热毯、吸尘器等对人体特别是孕妇与少年儿童的影响,掀起了穿屏蔽围裙、屏蔽大褂以及屏蔽马甲、屏蔽西服的热潮。从此防电磁辐射屏蔽服装走进家庭,成为民用服装。

2. 国内防电磁辐射纺织品的发展现状 在我国,北京劳动保护科学研究所于20世纪60年代开始研究电磁辐射防护服,20世纪70年代正式生产铜丝与柞蚕丝混纺制成的屏蔽服。20世纪70~80年代该所研制成功并生产了微波吸收防护服,推向市场。20世纪80年代,北京劳动保护科学研究所、丹东丝绸工厂、河北省纺织科学研究所和保定色织厂等单位相继开展了金属化学纤维防护织物的研究,成功研制不锈钢纤维织物与服装、特殊工艺镀膜屏蔽织物与服装,并开始配备从事雷达、微波加热、微波理疗、卫星地面站、微波通讯等系统操作的人员。从20世纪90年代开始,随着多功能保护服的开发和应用以及人们对电磁辐射危害性认识的加强,环保服装开始走向民用市场,目前国内生产环保功能型服装的厂家已超过100家。

3. 防电磁辐射纺织品的发展前景 我国环保服装市场前景非常广阔,不仅金融、电信等这些长期处在高强度电磁辐射行业需要,而且一些电子产品生产线、学校的电教室、家庭等都需要环保服。特别是随着计算机的普及,那些长期置身于计算机旁的从业人员,必须采取防护措施,这些高素质的人员将是多功能服装的消费群体。

为减少和避免电磁辐射对人体造成的伤害,电磁屏蔽织物的需求将越来越大,对电磁屏蔽织物的性能要求也越来越高,而且除了具有抗电磁干扰和辐射、抗静电的功能以外,还希望同时具有防紫外线辐射、抗菌除臭或其他一些附加功能。与薄膜、板材等电磁屏蔽材料相比,电磁屏蔽织物因其独有的柔软性和加工方便的特性,使用越来越广,既可以加工成用于电子产品和器件的导电胶带和导电泡棉,又可以做成服装、包装袋、装饰材料等,用于满足人们日常生活中防止电磁辐射的需要。虽然电磁屏蔽织物的研究起步比较晚，但随着生产技术的发展和巨大的市场潜力的开发，电磁屏蔽织物将在近几年中得到迅猛的发展。

当电磁波辐射到防护织物上时，防护织物主要是通过反射、吸收和散射进行防护，防护的效果主要取决于透射量的大小。今后电磁辐射防护织物的发展方向将是：减少反射，尽可能避免二次污染；减少透射，最好为零，使用安全可靠；增大吸收值，这是电磁辐射防护的主要途径；防护的同时再赋予织物一定的保健功能。

第二节　防电磁辐射纺织品

世界卫生组织认为，在各种污染中。电磁辐射的威胁最大，它已成为了当今世界影响公众健康的严重问题。因此，防止电磁辐射污染，研究开发电磁防护织物，保护环境，保护大众的身体健康，具有重要的现实意义。对强辐射源进行近场屏蔽，用屏蔽室或屏蔽布、金属板或金属网把它们包围起来，使泄露出去的辐射能尽量减少。远场屏蔽通常采用人体穿防护服、戴防护帽。

一、防电磁辐射纺织品所用材料

电磁屏蔽纺织品可采用反射和吸收两种方式阻隔电磁波。电磁屏蔽纺织品采用的纤维材料包括以下几种。

1. 金属纤维　主要以反射方式实现屏蔽，包括不锈钢纤维或铜丝混纺织物，镀铜、镍、银、金等金属元素的合纤织物。当2.45GHz微波辐射到导体时，入射深度仅约1m，所以应对人体实现有效防护。但被反射的微波可能辐射到他人身上或被敌方感知，且含较多金属纤维的纺织品在受外力挤压后易产生褶皱且难消除，影响外观。合纤织物镀金属后形成的反射层有时防辐射性能不够耐久。

2. 耗能型吸波材料　主要以吸收方式实现屏蔽，包括电损耗型吸波材料和磁损耗型吸波材料。如将陶瓷粉、导电性石墨粉、烟煤粉、炭粒、碳化硅粉等共混纺丝得到的纤维，碳化硅纤维以及导电高聚物纺制的纤维或涂层，有较高磁损耗正切角，依靠磁滞损耗、畴壁共振和自然共振损耗、后效损耗等磁极化机制衰减和吸收电磁波的磁损耗型吸波材料，如铁氧体粉、羰基铁粉、超细金属粉以及纳米相材料共混纺丝得到的纤维或涂层。

二、防电磁辐射纺织品的分类与加工

1. 金属丝和服用纱线的混编织物　金属丝和服用纱线的混编织物是最早使用的电磁波屏蔽织物。金属丝主要有铜丝、镍丝和不锈钢丝及合金丝，特殊场合还采用银丝或铅丝。防护效果尚可，屏蔽效能：在0.15MHz～20GHz达60dB以上，但手感较硬，质地厚重，服用性能较差。为了改善服用性能，选用最细的金属丝，以提高柔性和弹性，并且在织物结构上进行改进，除了采用平纹、斜纹外，还采用缎纹。后来，还把金属丝轧成扁片状，同纱（线）并绕，以提高柔性和弹性，减少服装压迫感。虽然比以前有了较大的改进，但始终不能彻底完善它

的服用性能。这种屏蔽织物,主要用作带电作业服、电磁辐射防护服、保密室墙布和窗帘、精密仪器屏蔽罩和活动式屏蔽帐等。

2. 金属纤维混纺织物 为了进一步改善电磁屏蔽织物的服用性,把金属丝拉成纤维状,再同服用纤维混纺,织成混纺织物。所选用的金属纤维主要是镍纤维和不锈钢纤维,纤维直径可为2~10μm。金属纤维的主要特点为:屏蔽效果良好、耐高温、强度高、手感柔软、色谱较多,但加工浅色织物时,金属纤维会突现出来,影响色泽,且密度大、刚性强、弹性差、摩擦因数大、抱合力较小,不适合于低特纱的纺织,至今纺制的多为28.12tex(21英支)、19.86tex(30英支),屏蔽效能:在0.15MHz~3GHz内达15~30dB以上。在一般情况下,金属纤维的混合比例在15%~30%。如有特殊要求,还可以低于15%或高于30%,或用金属纤维纯纺。研究表明,随金属纤维含量的增加,混纺织物的微波屏蔽性能增加,屏蔽性能可达到15~40dB;根据电磁波屏蔽理论,表面反射损耗与电磁波频率成反比,而混纺织物的电磁屏蔽效果主要依靠对电磁波的反射作用,屏蔽性能随着电磁波频率的增加而有所下降;另外织物编织紧度和编织方法(如平纹、斜纹或缎纹)等也会对屏蔽性能有较大的影响。当织物中的缝隙多、孔洞大时,透过织物的那部分电磁波就多,其屏蔽性能就差。平纹织物的浮长最短,交织次数最多,结构也最紧密,屏蔽性能最好;缎纹织物的浮长最长,交织次数最少,结构最疏松,屏蔽效果最差;斜纹织物则介于二者之间。此类电磁屏蔽织物,主要用作带电作业服、高压静电防护服、抗静电服、电磁辐射防护服、防伪装置、隐形材料、保密室的墙布与窗帘、电缆屏蔽布等。

3. 共混纺丝法织物 将具有电磁屏蔽功能的无机粒子或粉末与普通纤维切片共混后进行纺丝,可制备具有良好导电性和铁电性的纤维,又使纤维不失去原有的强度、延伸性、耐洗性和耐磨性。共混法制得的材料具有成本低、寿命长、可靠性高等优点,但屏蔽性能不高,特别是高频时屏蔽性能会下降。而增加填料的用量将损失材料的机械性能。因而对于电磁屏蔽纤维的共混纺丝法的研究将致力于改善填料性能、优化填料排列方式,以达到屏蔽性能、机械性能、工艺性能的和谐统一。

4. 真空镀金属织物 采用真空镀(物理气相沉积)金属技术制备金属织物主要包含两种:一种是先将金属镀在涤纶薄膜上,再切成丝,镶嵌在织物内;另一种是直接把金属镀覆在织物上,在表面再涂上树脂。有的还在树脂内添加各种色料,增加色彩,改变以往单一银白色的基调。这种真空镀技术镀覆金属层的厚度一般在31μm以下,屏蔽效果有限,而且结合力较差,金属很容易脱落,至今在电磁屏蔽领域内还没有得到广泛的应用。

5. 金属涂层织物 采用已很成熟的涂层技术,把导电导磁性物质渗入到涂层浆液内,使改良的织物获得对电磁波的屏蔽能力。所选用的导电磁性物质主要有银粉、铜粉、铁粉和石墨粉等。其主要特点是:屏蔽效能一般、不透气、手感差等,因此,至今还未得到广泛应用。

6. 硫化铜织物 硫化铜织物是20世纪80年代初发展起来的一种新型织物。主要用作抗静电,后来也加入了屏蔽电磁波的行列。

该织物是利用聚丙烯腈纤维大分子链上的氰基和铜盐,借助还原剂、硫化剂等,发生螯合作用。随后,该项技术发展很快,先后发表了许多专利和论文。从形成的金属化合物来看，主要是银、铜、锡等金属的硫化物和碘化物，属于具有P型半导体性质的导电体。

以硫化铜织物为例。经分析，在硫化铜织物内，除含有零价铜以外，还有一价铜和二价铜。其中一价铜的含量最多，大多数以五硫化九铜的形态存在。硫化铜织物的导电性，是由于织物内含有很多不稳定的一价铜离子，它周围的一个电子趋于流向二价铜离子，使一价铜离子变为二价铜离子，从而形成了电子的跃迁，而不是零价铜电子的流动。因为在硫化铜织物内零价铜的含量极少，形不成连续状态，不显示金属导体的导电性能。由于一价铜在腈纶织物内有一个饱和态，因而，它的导电性不会无限制地提高。另外，实验表明，硫化铜织物的导电性随温度的升高而降低，这是P型半导体导电特征的体现。

一价铜离子和氰基通过螯合作用生成的螯合物，耐洗、耐搓、耐日晒、可熨烫，对导电性影响不大。该织物仍保留原织物的风格，质地轻薄、柔软透气、吸湿滑爽、杀菌消臭、平衡人体电位等。这种屏蔽织物已广泛应用于抗静电、防电磁辐射和保健领域。屏蔽效能：在0.15MHz～3GHz达12dB以上。

7. 化学镀金属织物

（1）化学镀银织物。20世纪70年代初，利用古老的银镜反应技术，研制成了化学镀银织物，质地轻薄、柔软透气、耐蚀抗菌、屏蔽电磁波安全可靠。这种屏蔽织物很快就被广泛的用于防电磁波辐射领域。

在织物上化学镀银，是利用甲醛或还原糖与银氨络盐起氧化还原反应，在织物上沉积一层白银。化学镀银不是自催化反应，一次施镀，仅能镀一薄层。如果镀层厚度不够，性能达不到要求，还可以反复施镀几次，直到满足要求。屏蔽效能：在0.15MHz～20GHz内达60dB以上。

化学镀银织物的主要特点是屏蔽效能非常好，而且质地轻柔、透气抗菌、耐腐蚀，曾经在20世纪七八十年代被广泛用于电磁辐射防护领域。

（2）化学镀铜织物。由于白银资源紧缺，价格昂贵，限制了化学镀银织物的发展应用。20世纪80年代以来，国内外为了实现以化学镀铜（镍）织物代替镀银织物做了大量的研究工作。化学镀铜是一个自催化反应，反应一旦开始，就会无休止地进行下去。在织物表面能获得纯的金属铜层，可以利用反应的速度和时间，来控制铜层的厚度和性能。与化学镀银相比，化学镀铜工艺较为复杂，织物化学镀铜前需进行去油、粗化、敏化和活化等前处理工序。化学镀铜主要采用甲醛作为还原剂、乙二胺四乙酸（EDTA）作络合剂，pH值均在12以上，镀液的稳定性和甲醛挥发蒸汽的毒性是其主要的问题。另外，也有采用次磷酸钠作还原剂的镀液，pH值在9.0～10.0，其反应速度比使用甲醛作还原剂的镀液低很多，现在还很少应用于工业化生产。采用化学镀铜方法制备的镀铜织物屏蔽效能：在100MHz～1.8GHz的频率时可达到35～68dB。该类织物的主要特点是屏蔽电场效能很好、质地轻柔、透气性好、价格低廉，但很容易被氧化腐蚀失效，屏蔽磁场能力不强。屏蔽效能：在0.15MHz～20GHz的频率时，达50～90dB。

（3）化学镀镍织物。化学镀镍与化学镀铜一样，之前需进行去油、粗化、敏化和活化等前处理工序。在织物表面化学镀镍所获得的不是纯金属镍层，而是镍磷合金，其中磷的含量约为

3% ~12%。碱性化学镀镍溶液多获得低磷镀层，而酸性镀液多获得中、高磷镀层。与化学镀铜技术相比，化学镀镍技术更为成熟，但也要严格控制镍离子和还原剂的浓度比、络合剂的浓度、pH 值、反应温度、稳定剂添加量等参数才能保证镀层的质量和镀液的稳定。研究结果显示，织物上的金属质量以及镀层内磷的含量决定了镀镍织物的表面电阻和电磁屏蔽性能，镀镍织物的电磁屏蔽性能较低，在 100MHz ~ 1.8GHz 均不超过 40dB。这类织物的主要特点是质地轻柔、透气性好、耐磨性强、价格低廉、抗氧化腐蚀能力强，但电磁屏蔽性能较弱，特别是屏蔽电场的能力很弱。屏蔽效能在 0.15MHz ~20GHz 的频率时，达 40 ~60dB 以上。

（4）铜镍复合镀织物。单一铜镀层织物虽然屏蔽性能较高，但由于容易被氧化而散失优良的屏蔽效能；而由于金属镍的导电能力有限，单一镍镀层织物的屏蔽性能很难得到提高，实际应用较少。因此可以考虑采用铜镍复合镀方法制备金属化织物，既可以保证织物的电磁屏蔽性能，又可以提高织物抗氧化腐蚀性能。除了采用化学镀铜和化学镀镍方法外，有的用物理气相沉积（PVD）技术、电镀铜和电镀镍技术。与化学镀技术相比，PVD 方法制备的导电织物的金属与织物纤维结合力较差；而电镀铜或镍的生产成本比化学镀方法要低得多。不同的技术和方法生产的织物镀层有所不同，有的为铜—镍两层，有的为镍—铜—镍三层，另外，还有铜—铜—镍三层。如东华大学采用先化学镀铜后电镀镍的方法生产的导电织物就是铜—镍两层金属；长沙力元新材料股份有限公司采用先化学镀镍后电镀铜再电镀镍的方法生产的导电织物就是镍—铜—镍三层金属；有人开发导电玻璃纤维织物是采用先 PVD 镀铜或镍，后电镀铜和镍的方法制备的；还有人先采用化学镀铜后，再用化学镀镍的方法制备导电织物。铜镍复合镀织物的特点是导电性和电磁屏蔽性能强，抗氧化和腐蚀能力强，金属与织物纤维结合牢固，使用寿命长。目前，这种类型的导电织物表面电阻可达到 $10\text{m}\Omega/\text{m}^2$ 以下，电磁屏蔽效能：在 100MHz ~20GHz 的频率时均在 80dB 以上。它不仅可以用于抗静电服、电磁辐射防护服、保密室的墙布和窗帘以及电缆屏蔽，还可以加工成导电胶带、导电泡棉和导电衬垫等用于高档电子产品（如计算机、移动电话、彩电和微波炉等）内防止电磁干扰和辐射。

（5）合金镀层织物。为了提高化学镀金属织物的综合性能，取某些金属之长，如铁的消磁性好；银的导电性好；钴既具有铁磁性，又有较好的光亮度等。现今织物上的合金镀层主要有铜、铁、镍、磷、银、钴、钯、锌等。还可根据环境和人群的要求进行金属种类和含量的选择。目前有的合金镀层织物已经投放市场，在某些环境内的使用已超过了单一金属镀层织物。

（6）化学镀铁磁体织物。目前，低频磁场的危害已引起重视。因为接触低频磁场的人群较广。目前生活中所使用的工频（50 Hz/60 Hz）电器即属于低频磁场范畴。20 世纪 70 年代初，原苏联学者首先报道了暴露在低频电磁场的人员会出现中枢神经系统、心血管系统的功能紊乱，并且还会影响肌体的多个系统，其中包括内分泌系统。铁、钴、镍和它们的合金是良好的铁磁体，是有效的磁场屏蔽材料。设法把它们镀在织物上制成磁场屏蔽织物是非常必要的，很有现实意义。目前这种镀层织物在国内外还处于试验阶段。

8. 金属喷镀织物　金属喷镀织物是指将金属直接加热熔化后，利用高压气流均匀地喷洒在织物表面。其工艺流程短，金属层和织物的结合牢度大于化学镀层和电镀层。现已有喷铅、喷铝和喷锡等织物。这种屏蔽织物正在逐步走出实验室,前景看好。

9. 其他防辐射织物 随着纺织化学和材料科技的不断发展,多离子、多元素和纳米材料等新型电磁辐射防护织物不断出现。

多离子织物是采用目前国际最先进的物理和化学工艺对纤维进行离子化处理得到的织物。产品以吸收为主,将有害的电磁辐射能量通过织物自身的特殊功能转变成热能散发掉,从而避免了对环境的二次污染。多离子织物是目前屏蔽低、中频段电磁辐射最先进的民用防护材料。

纳米吸波材料利用纳米级的导电纤维嵌入织物组织或对织物进行涂层整理,产品质量轻、薄、吸波频带宽、吸收能力强。

第三节 防电磁辐射纺织品的测试

一、测试原理

电磁波在材料中的传输过程,如图7-1所示。

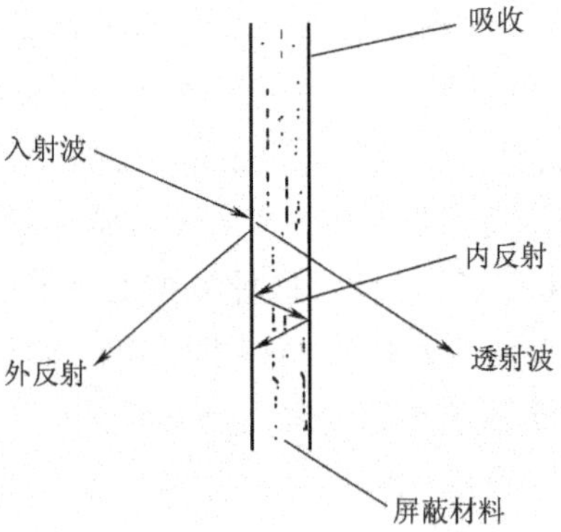

图7-1 电磁波在材料中的传播示意图

电磁波通过防电磁辐射织物的总屏蔽效应可按下式计算:

$$SE = R + A + B$$

式中:SE——电磁屏蔽效果,dB;

R——表面单次反射衰减;

A——吸收衰减;

B——内部多次反射衰减。

SE 是指空间某点上未加屏蔽时的电场强度 E_0(或磁场强度 H_0 或功率 P_0)与加屏蔽之后该点的电场强度 E_1(或磁场强度 H_1 或功率 P_1)的比值的对数。

$$SE(\text{dB}) = 20\lg(E_0/E_1) = 20\lg(H_0/H_1) = 10\lg(P_0/P_1)$$

总屏蔽效应 SE 的值越大表示材料的屏蔽效能越好，见表 7－1。

表 7－1　电磁波衰减分级标准

SE(dB)	0	<10	10～30	30～60	60～90	>90
衰减程度	无	差	较差	中等	良好	优

在低频时，材料的屏蔽效能主要取决于反射。由于电磁波的反射与材料表面的阻抗有关，因此，材料的导电性能越好，反射就越强，屏蔽效能就越高。而在高频时，屏蔽效能主要取决于电磁波在材料内部传播时的吸收损耗。这种吸收损耗与材料的厚度、电导率和磁导率有关。

吸收衰减 A 表示没有被反射的电磁波进入抗电磁辐射织物内部时被其吸收的衰减，它与电磁波类型无关，只要电磁波通过抗电磁屏蔽织物就有吸收，它与材料厚度成正比例关系，并与其电导率和磁导率有关。

反射衰减 R 则表示在入射表面的反射衰减，它不仅与材料表面阻抗有关也与电磁波辐射源类型有关，并与防电磁辐射织物到辐射源的距离也有关。

内部多次反射衰减 B 表示在防电磁辐射织物的内部多次反射衰减，它同样与材料的表面阻抗有关，同时也与电磁波辐射源类型有关，以及与防电磁辐射织物到辐射源的距离有关。

目前，国内外关于防电磁辐射织物屏蔽效能的测试方法有多种，概括起来主要有远场法、近场法和屏蔽室测试法三大类。

二、远场法

主要用以测试抗电磁辐射织物对电磁波远场（平面波）的屏蔽效能。

1. ASTM－ES7 同轴传输线法　同轴传输线法是美国材料试验学会（ASTM）推荐的一种测量屏蔽材料的方法。该方法根据电磁波在同轴传输线内传播的主模是横电磁波这一原理，模拟自由空间远场的传输过程，对抗电磁辐射织物进行平面波的测定。其原理如图 7－2 所示。

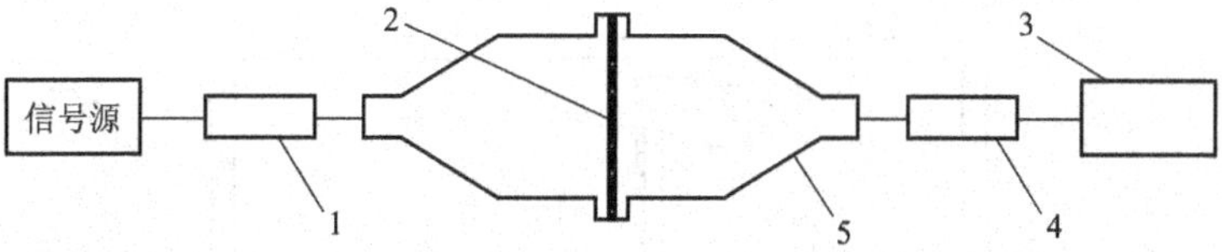

图 7－2　信号源—电磁干扰测量仪（干扰接收机）法测量连接示意图

1，4—衰减器　2—试样　3—干扰测量仪　5—锥形同轴

采用此装置测试样品的参考试样屏蔽效应值与负载屏蔽效应值之差，即为被测样品的屏蔽效应。其优点快速简便，不需建立昂贵的屏蔽室及其他辅助设备，测试过程中能量损失

小，测试的动态范围较宽，可达80dB（20dB可屏蔽掉90%的电磁波，40dB可屏蔽掉99%的电磁波，60dB可屏蔽掉99.5%的电磁波，80dB可屏蔽掉99.99%的电磁波），测试过程中能量损失小，测试的动态范围较宽，适应频率范围为30MHz～1.5GHz；材料的厚度可以从很薄至10mm厚的均匀的抗电磁辐射织物。其缺点是只可以测试远场的辐射源，测试的结果受材料与同轴传输装置的接触阻抗的影响，重现性较差。

2. 法兰同轴法 该方法是美国国家标准局（ANSI）推荐的一种测量屏蔽材料的方法。这种方法的原理与同轴传输线相似，所不同的是改进了样品与同轴线的连接，使其接触阻抗减小，因此重现性较好。但对试样厚度有一定要求（负载试样的厚度 ≤5mm），其他的测试特点与ASTM－ES7同轴传输线法相同。

三、近场法

主要用来测试抗电磁辐射织物对电磁波近场（磁场为主）的屏蔽效能。

1. ASTM－ES－7 双盒法 该方法测量装置如图7－3所示。它广泛应用于试样的近场 SE 的测量。双屏蔽盒的各个腔体分别安装一小天线用来发射和接收辐射功率。其基本的测量方法是，不加试样时接收天线所接收到的功率为 P_0，加入试样后接收到的功率为 P_1，则屏蔽效能：

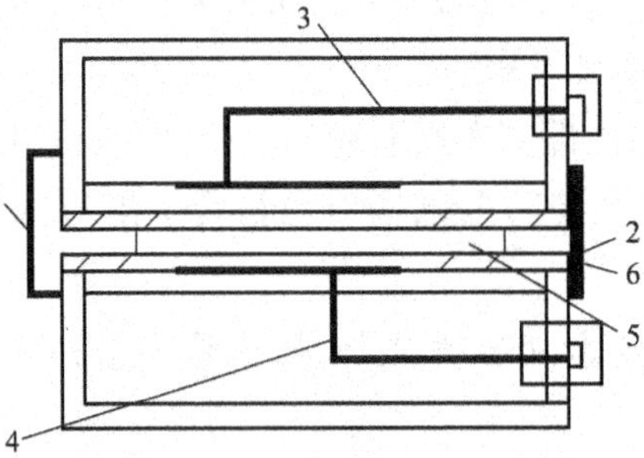

图7－3 ASTM－ES－7双盒测试示意图
1，2—连接部件 3—发射天线
4—接收天线 5—试样 6—指型弹簧支撑片

$$SE = 10\lg(P_0/P_1)$$

该方法的优点是：不需要昂贵的屏蔽室、辅助设备，测量快速简单、方便。缺点是：腔体工作频率将随腔体的物理尺寸而产生谐振，并且该方法测量结果的重现性受指型弹簧支撑片的状态影响；其适用的频率范围为1～30MHz；试样的厚度≤4mm；动态范围为50dB。

2. 改进的MIL－STD－285法 如图7－4所示，改进的MIL－STD－285法的测试原

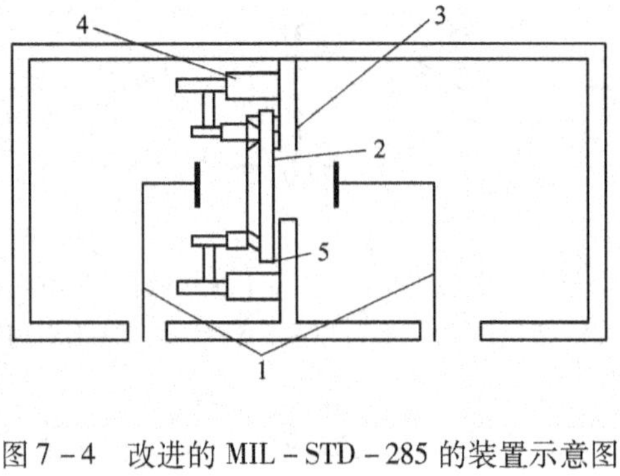

图7－4 改进的MIL－STD－285的装置示意图
1—偶极子天线 2—试样 3—屏蔽室墙壁 4—紧固装置 5—射频垫片

理与 ASTM - ES - 7 双盒法基本相同，其优点是能较好地反映材料对近场的屏蔽效能；缺点则是要求试样 2 与开孔的屏蔽室墙壁 3 有很好的密封，而试样表面电阻的变化、孔径、屏蔽室和电缆的连接、多次反射等，都会影响测量结果。其适用的频率范围为1 ~ 30MHz。

四、屏蔽室法

屏蔽室测试法既非远场亦非近场，它是测试有、无试样的阻挡时，信号接收装置测得的场强和功率值之差，即为屏蔽效能 *SE*，测试装置示意如图 7 - 5 所示。

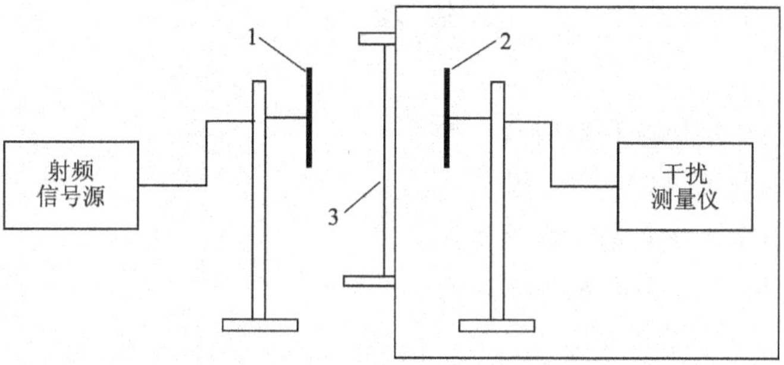

图 7 - 5　屏蔽室测试法示意图

1—发射天线　2—接收天线　3—织物

此法测试结果较为准确，结果也受抗电磁辐射织物与屏蔽室连接处的电磁泄漏影响，测试频率的范围为≥30 MHz；对织物的厚度没有太大的要求，但屏蔽室等设备较为昂贵。详细步骤可参考 GB 12190—1990《高性能屏蔽室屏蔽效能的测量方法》。以上几种测试方法各有其优缺点，简单的比较见表 7 - 2。

表 7 - 2　常见的抗电磁辐射织物测试方法的比较

辐射源	测试方法	适用频率	材料厚度	动态范围
远场环境	同轴传输线法 法兰同轴法	30MHz ~ 1.5GHz 30MHz ~ 1.5GHz	≤10mm ≤5mm	80dB >100dB
近场环境	双盒法 改进 MIL - STD - 285 法	1 ~ 30MHz 1 ~ 30MHz	≤4mm 范围较大	50dB 100dB 左右
日常生活的电磁环境	屏蔽室法	≥30MHz	范围较大	较宽

通常抗电磁辐射织物屏蔽电磁波的频率为几十兆赫兹到几千兆赫兹。由表 7 - 2 中频率的范围来看，同轴传输线法、法兰同轴法、屏蔽室法适合实际的需求，双盒法、改进的MIL - STD - 285 法不适合。

抗电磁辐射织物屏蔽效能除了与本身材料特性有关外，还与离辐射源的距离即辐射源的类型、电磁波的频率有关。抗电磁辐射织物屏蔽效能的测试方法的选取应考虑辐射源的类型、电磁波的频率、人们实际所处的电磁场环境,以及测试方法的适用范围。

从人们实际生活所处的电磁场环境来看,日常生活离辐射源的距离可从几十厘米到几米的环境,电磁波的频率为几十兆赫兹到几千兆赫兹,电磁波的波长从几毫米到几米的范围。考虑到辐射的辐射频率为连续的频谱,而非单一的频谱,电磁波的波长与辐射源到屏蔽体的距离相比,因而较难准确划分我们生活所处的电磁环境是远场还是近场。而屏蔽室法测试时发射天线与屏蔽体的距离可模拟实际人与发射源的距离,也就是测试的结果相对准确。因此,屏蔽室法较能准确地评定抗电磁辐射织物的屏蔽效能,但设备昂贵。

思考题

1. 论述防辐射纺织品防辐射的基本原理。
2. 防辐射纺织品常用的材料有哪些?
3. 简述加工防辐射纺织品的常用方法。
4. 比较防辐射纺织品测试的远场法与近场法。

第八章　紫外吸收材料与防紫外纺织品

本章知识点

1. 防紫外整理加工技术。
2. 防紫外织物性能评价及防护指标。
3. 防紫外效果的影响因素分析。
4. 防紫外线机理。

第一节　概　述

近几十年来，由于人类生产力的飞速发展，特别是氟利昂使用率的增加，使围绕地球的大气臭氧层产生了空洞，从而使地球表面的太阳紫外线辐射迅速增加，致使人类皮肤病发病率不断增加，严重地影响了人体健康。保护人体避免过量的紫外线（UV）辐射，已成为当今各行各业科技人员研究的新课题。由于紫外线辐射具有差异性，不同地区、季节、天气其辐射强度不同，不同年龄及肤色的人受紫外辐射的危害也不同，因此对具有针对性的紫外屏蔽纺织品的研究越来越受到人们关注。

一、紫外线的组成及其对皮肤的危害

1. 紫外线的组成　紫外线是波长为 180～400 nm 的电磁波，比可见光波长短，一般可以分为三个部分，且各部分对皮肤的危害不同。表 8－1 是紫外线的组成。

表 8－1　紫外线的组成

名　称	波长范围（nm）
近紫外线（UVA）	315～400
远紫外线（UVB）	280～315
超短紫外线（UVC）	100～280

2. 对皮肤的影响

（1）近紫外线：被臭氧层全部吸收而不能到达地面。

（2）远紫外线：主要对皮肤表层起作用，同时导致真皮内纤维被破坏。使皮肤内血管扩张、皮肤变红、起水疱、色素沉着，严重的甚至导致皮肤癌。

(3)超短紫外线:可到达皮肤真皮层,使皮肤弹性纤维逐渐破坏而导致皮肤松弛,可增加UVB的损害强度,使色素沉着、皮肤老化。

二、防紫外整理研究的成果及现状

开发防紫外纺织品兴起于20世纪90年代初期的日本,仅两三年的时间,就有数十种防紫外织物投放市场。紫外线屏蔽剂的研究非常活跃,已经开发了多种有机和无机屏蔽剂品种,有机屏蔽剂有苯并三唑类和苯酮类衍生物等,无机屏蔽剂有氧化硅和云母粉等,其中最受推崇的是超细氧化锌粒子,它既能吸收紫外线又能反射紫外线。另外,日本还开发了多种的防紫外线后整理产品。埃斯莫纤维是日本可乐丽公司开发的防紫外线纤维,它是将无机紫外线屏蔽剂掺入聚酯母粒后纺成,这种纤维有很高的紫外线屏蔽率和热辐射遮蔽率,于1991年投放市场,深受消费者青睐。日本东海染工的[ナウル NEW]是纳米级的氧化锌或氧化钛类屏蔽剂。

使用紫外线吸收剂对织物进行整理后,可使抗紫外辐射性能大大提高。织物的"紫外线防护系数"取决于多种因素,包括织物结构、纤维种类、织物色泽、整理工艺、荧光增白剂品种和UVR吸收剂的性能等,还与织物的洗涤和穿着及含湿情况有关。美国科研人员研究指出:织物孔隙度是未染色机织物的防紫外线辐射性唯一最好的预测指标。同时证明了纤维种类和织物厚度也是重要的影响因素。当织物孔隙度与厚度一定时,涤纶、丝绸和毛织物的防紫外辐射性要优于棉织物或黏胶织物。实验表明,在洗涤液中加入荧光增白剂(OBAs)可提高棉和涤/棉织物的防紫外线性能,但纯涤纶或纯锦纶织物除外。防紫外线聚酯纤维是开发最早、上市最多的紫外线辐射屏蔽纤维,可纺成长丝,也可制成短纤维,可以单独纺纱成布,也可以和其他种类的纤维、纱线进行混纺或交织,或将这些织物再进行抗紫外线辐射的后整理等,以进一步提高其防紫外线性能。

国外在织物防紫外辐射整理技术上也不断取得进展。瑞士汽巴精化公司的Cibafast是一种紫外线辐射吸收剂,其中,Cibafast P耐升华,且在波长较短的区域吸收紫外线辐射效果较好,具有显著的印花适应性;Solatex整理剂是汽巴精化公司开发的染整助剂,有用于一般树脂整理的CUT,有用于防晒防雨联合整理的UVP,还有用于染色、印花和冷轧堆工艺的CEL等;Rayosan整理剂是由瑞士科莱恩(Clariant)公司开发的,其中Rayosan C整理剂用于纤维素纤维和锦纶织物,Rayosan P水溶液则适用于涤纶织物。

我国从20世纪90年代中期也开始了防紫外线纺织品的研究开发工作。天津石化公司研究所用陶瓷微粉研制出了防紫外线涤纶短纤维和网络低弹丝;东华大学化纤工程研究中心研制出化纤级防紫外线超微粉体和母粒;西安新技术开发区的科技人员研制的纳米服装不仅能吸收阻隔95%以上的紫外线,还能阻隔同量的电磁波,且无毒无刺激不受洗涤次数、着色和磨损等因素影响,该类产品属我国首创,已申请国家专利。中国农业科学研究院的王靖和刘艾平等人研究出凉爽型涤纶织物,不但抗紫外线而且具有抗红外线功能。

第二节　防紫外线整理剂

一、防紫外线整理原理

紫外线辐射到织物上，部分在表面被反射，部分被织物吸收，其余的则透过织物。一般情况下，紫外线的：

$$透过率 + 反射率 + 吸收率 = 100\%$$

因此，提高织物对紫外线的吸收率和反射率就可以降低紫外线的透过率。

1. 吸收整理　纺织品紫外线吸收整理的原理是在纤维、纱线或织物上添加紫外线吸收剂，这类物质能吸收紫外线，并将其转换为低能量的热能或波长较短的电磁波，从而达到防紫外线辐射的目的。

2. 屏蔽整理　纺织品紫外线屏蔽整理的原理是在纤维、纱线或织物上添加对紫外线有较强反射作用的无机涂料，增加表面对紫外线的反射和散射作用，以降低紫外线透过织物而对人体皮肤的损害，其中没有光能的转化作用。

二、防紫外线整理剂

防紫外线整理剂可分为紫外线吸收剂和紫外线屏蔽剂。前者大多是有机化合物，后者则多为无机化合物。

1. 紫外线吸收剂

(1)二苯甲酮类化合物。这类化合物的紫外线吸收作用是依靠分子结构中酮式与烯醇式的转换，把吸收的光能转换成热能。该类紫外线吸收剂的分子结构中有多个羟基，对棉纤维有较高的吸附能力，可作为棉织物抗紫外线的整理剂。把二苯甲酮类化合物磺化后，就具有酸性染料的性质，可用于丝绸的防紫外线整理剂。

(2)苯并三唑类化合物。这类化合物中如 2－(2′－羟基－3′－叔丁基－5′－甲基苯基)－5－氯苯并三唑等，因为水溶性低，结构与分散染料相近，又有一定的升华牢度，可作为涤纶高温高压同浴染色时紫外线防护整理剂。但苯并三唑类化合物在 420nm 附近略有吸收，会引起一些色光改变。

(3)反应性紫外线吸收剂。赫特集团(Herst International Group)开发的防紫外线整理剂 HTUV150，可与纤维素上的羟基或聚酰胺纤维上的氨基发生反应，耐洗牢度较好。整理后织物的外观、手感及吸湿透气性无变化。

(4)脂肪族多元醇类化合物。日本 Shiibo 公司的产品(RICAKGUARD)是用这种化合物整理的织物。据报道，经整理后织物的 UV 透过率仅为 1.6%，洗涤 30 次后 UV 透过率也只有 3.4%。它可用于棉及涤/棉织物，经整理后的织物色牢度、吸湿透气性可保持不变。

有机防紫外线整理剂，在分子结构上大多有连接于芳香族衍生物上的吸收波长小于 400nm 的发色基团(如 C═N，N═N，N═O，C═O 等)和助色基团(如—NH_2，—OH，

—SO_3H,—COOH 等),它们能强烈地、有选择性地吸收高能量的紫外线,发生光物理过程或光化学反应,将紫外线能量转化为其他形式的能量而起到防紫外线的作用。光物理过程主要对紫外线进行吸收,使之转变为热能或波长较短的电磁波,达到防护效果。它们往往对产品寿命、生态环境及产品性能(如织物白度、色牢度、手感、透气、吸湿等)有一定影响。在选用时,应首先考虑无毒、安全、同时尽量降低对织物性能的影响。

适宜于纺织品应用的紫外线吸收剂应具有的条件。

①吸收紫外线的波长范围要宽,吸收系数要大,尽可能吸收280~400nm,并且吸收稳定。

②对纺织品无光催化现象,不影响织物的色泽、白度和色牢度。

③产品安全无毒,无刺激性等有害气味,对人体皮肤无过敏反应。

④与其他化学品兼容性好,具有一定的耐洗涤性能。常用的有机防紫外线整理剂的有效吸收波长见表8-2。

表8-2 常用有机化合物吸收紫外线情况

有机化合物	有效吸收波长(nm)
苯基水杨酸酯	290~330
p-叔丁基-对丁苯水杨酸酯	290~330
p-辛基水杨酸酯	290~330
2,4-羟基二苯甲酮	280~340
2-羟基-4-甲氧基二苯甲酮	280~340
2,2′-二羟基-4-甲氧基二苯甲酮	270~380
2-(2′-羟基-3′-叔丁基-蓝色-5′-甲基苯基)-5-苯并三唑	270~370
2-(2′-羟基-3′-叔丁基-甲基苯基)苯并三唑-	270~380
2-乙基-2′-氰基-3-联苯丙烯酸酯	270~350
三嗪类	300~380

2. 紫外线屏蔽剂 紫外线屏蔽剂大都是一些折射率较高、无机类的金属氧化物,如氧化锌、二氧化钛等。无机类紫外线屏蔽剂,主要通过对入射紫外线反射或折射,而达到防紫外辐射的目的。它们没有光能的转化作用,只是利用陶瓷或金属氧化物等细粉或超细粉与纤维或织物结合,增加织物表面对紫外线的反射和散射作用,以防止紫外线透过织物而损害人体皮肤。其中,氧化锌的折射率是1.9,而二氧化钛为2.6。氧化锌由于折射率相对较低,因此涂布在织物上后的漫射率也低,透明度也就高一点。日本住友水泥公司开发了超细氧化锌粒子。粒子为六方晶系,由于结晶度高,比表面能小,所以易于分散。它可以单分散状态吸附在织物上,有较高的透明度。有测试表明,经氧化锌处理的织物,其紫外线屏蔽率可达89%;经二氧化钛处理的织物,紫外线屏蔽率为84.5%,经五次洗涤后仍有83.6%。

无机类屏蔽剂主要有氧化锌、二氧化钛、氧化铁、滑石粉等。表8-3比较了紫外线对几种无机类屏蔽剂的透过率,其中氧化锌、二氧化钛屏蔽效果较好。

表 8-3　几种屏蔽剂的比较

透过率(%) 材料 / 波长(nm)	氧化锌	二氧化钛	瓷　土	碳酸钙	滑石粉
313	0	0.5	55	80	88
366	0	18	59	84	90
436	46	35	63	87	90

无机紫外线屏蔽剂往往对织物的透气性和手感有影响,目前市场上大量使用有机类紫外线吸收剂,但是将无机紫外线屏蔽剂纳米化处理后,屏蔽效果将有大幅度提高,同时对织物的透气性和手感的影响也大大减小。这是无机紫外线屏蔽剂的发展趋势。

第三节　防紫外整理加工技术

各种纺织纤维本身对紫外线都有一定的吸收能力。研究表明,仅仅利用纤维本身对紫外线进行防护显然是不够的,特别是在夏季,服装面料较为轻薄透气,在强烈的紫外线辐射下,防护效果更差。目前,制备防紫外纺织品的主要方法有共混纺丝法、改性树脂法和织物后整理法。

一、共混纺丝法

将紫外线屏蔽剂、分散剂、热稳定剂等助剂与载体混合,经熔融挤出、切粒、干燥等工序制成防紫外母粒,将母粒按一定的量添加到切片中,通过混合、纺丝、拉伸等工序制得防紫外纤维。母粒法生产防紫外纤维的优点是灵活性大,添加量可高达10%以上,但添加的防紫外屏蔽剂仅仅是一次分散,故分散均匀性差,从而将影响可纺性和产品的防紫外性能。

二、改性树脂法生产防紫外纤维

在聚合过程中,添加紫外线屏蔽剂,合成防紫外改性树脂,改性树脂经过干燥、纺丝、拉伸等工序制得防紫外纤维。以生产防紫外聚酯全拉伸长丝(FDY)为例,工艺过程如下。

1. 合成防紫外改性树脂　改性树脂的合成可采用直接酯化法或酯交换法。

(1)直接酯化法。按配料比为对苯二甲酸(PTA)∶乙二醇(EG)=1∶2(物质的量比),将PTA与预先细化分散的紫外线屏蔽剂的EG浆液投入到反应釜中,酯化结束后,加入缩聚催化剂和热稳定剂进行缩聚,等到缩聚物的特性黏度达到一定要求时,进行铸带、切粒、制成一定规格的防紫外聚对苯二甲酸乙二醇酯(PET)切片。

(2)酯交换法。按配料比对苯二甲酸二甲酯(DMT)∶EG=1∶2(物质的量比),将DMT和酯交换催化剂以及预先细化分散的含紫外线屏蔽剂的EG浆液投入反应釜中,酯交换完成后,加入缩聚催化剂和热稳定剂进行缩聚、铸带、切粒,制成一定规格的防紫外PET切片。

2. 纺丝加工　纺丝及后加工工艺流程为:防紫外改性树脂→预结晶干燥→熔融挤

出→预过滤→纺丝→侧吹风冷却→上油集束→热辊拉伸→卷绕→FDY。

改性树脂法生产防紫外纤维，由于防紫外屏蔽剂在生产过程中经历了聚合、纺丝的两次分散，故其分散均匀性、可纺性均较好，成品纤维防紫外性能优异。但生产工艺控制要求高，尤其是改性树脂中二甘醇（DEG）含量偏高，与普通树脂在热性能上存在着差异，要求纺丝及后加工工艺也要作相应的调整和优化。

三、织物的防紫外整理

对织物进行防紫外后整理加工，得到防紫外织物。其加工有两种方法。

（1）织物的整理加工过程中，使纤维或织物附着或吸附紫外线吸收剂。此方法可进行小批量多品种生产，得到的防紫外织物耐光性、耐洗涤牢度较差，但织物风格变化较小。

（2）将紫外线屏蔽剂和黏合树脂涂层于织物上。这种方法得到的防紫外织物耐洗性、抗弯曲及耐摩擦牢度较差，制成的服装手感变硬，透气性差，穿着时有闷热感。具体的生产方法有以下几种。

①高温高压吸尽法。一些不溶或难溶于水的屏蔽剂，可采用类似分散染料染涤纶的方法，在高温高压下吸附扩散入涤纶。有些屏蔽剂还可以采用和染料同浴进行整理加工（浴法染色整理加工）。

②常压吸尽法。对于一些水溶性的屏蔽剂处理羊毛、蚕丝、棉以及锦纶等纺织品，则只需要在常压下在其水溶液中处理，类似水溶性染料染色。有些屏蔽剂也可以采用和染料同浴进行（浴法染色处理加工）。

③轧、烘、焙或轧堆法。这主要是用于棉织物的加工方法。和染色一样，浸轧后烘干，或和树脂整理一起进行，采用轧—烘—焙工艺加工。轧堆方法特别适合和活性染料染色一起进行，浸轧后，经过堆置使屏蔽剂吸附、扩散，进入纤维内部，在染色过程中完成处理。

④涂层法。对于一些对纤维没有亲和力的吸收剂，特别适合于这种方法，即将遮蔽剂细粉或其分散液均匀地混入到将要涂饰的树脂中，然后对被加工纺织品进行涂层。涂层法比较适合于伞、防寒衣料的加工。

⑤其他。紫外线吸收剂也可加入纺丝液中，制成防紫外的功能性纤维；也可以利用微胶囊技术，将紫外线吸收剂注入胶囊内，胶囊被吸附于服装上，在服用过程中由于受到摩擦，胶囊外层破裂，达到防紫外整理剂缓释的效果。

截至目前，防紫外线处理技术有了更灵活的应用方式，如将紫外线吸收剂加入到含有表面活性剂等特殊成分的洗涤剂中，在一定温度下将织物浸入洗涤剂中，经过一定次数的洗涤，也可使织物具有较高的防紫外线能力。

四、防紫外整理实例

1. 防紫外整理剂的选择　防紫外线整理剂 HTUV100 可用于棉、丝、毛、涤纶、锦纶及其混纺织物，可与纤维反应，有极高的耐水洗和光稳定性，经重复洗熨及强烈紫外线照射后效果均不下降。对 180 ~ 400nm 的紫外线有良好的吸收转化、反射和散射作用。可提高运动服、沙滩装、游泳衣、休闲服(T恤、衬衣、帽等)、职业装及帐篷、遮阳伞、窗帘等的防紫外线性能,并能提高部分染料的耐日晒色牢度。

HTUV100的主要组分为三氮杂苯衍生物高效紫外线吸收材料,外观呈淡黄色液体,属非离子型,可与阴离子及阳离子产品一起安全使用;pH值约为7,可与水混溶;在硬水、pH值为5~8的酸、碱溶液中稳定,使用方便。

2. 防紫外线整理工艺筛选

(1)工艺配方:织物为棉/涤C/T(60/40)、13tex×13tex(45英支×45英支),433根/10cm×299根/10cm(110根/英寸×76根/英寸)。

防紫外线整理剂HTUV100	30g/L
交联剂AF6900	30g/L

(2)工艺流程:浸轧防紫外线溶液(轧余率70%~80%)→烘干(90~110℃)→高温拉幅(170~190℃,30s)

第四节　防紫外织物性能评价及防护指标

一、防紫外纺织品的检测

防紫外织物的测试方法分为体内测试及体外测试,一般采用后者通过数学计算而加以评价。测试方法可分为直观法、分光光度计法(包括全波长平均法和特定波长法)、变色退色法和特定波长平均法。目前应用较为普遍的测试方法有两种:分光光度计法和紫外线强度累计法。

1. 分光光度计法　分光光度计法是采用紫外分光光度计作为辐射源,产生一定波长范围(280~400nm)的紫外线照射到织物上,然后用积分球收集透过织物的各个方向上的辐射通量,计算出紫外线透射比。紫外线透射比越小,表明织物防紫外线效果越好。

分光光度计法可检测各个不同波长下的透射比,是目前国际上最流行和通用的方法。澳大利亚、新西兰标准AS/NZS 4399—1996、英国标准BS 7914—1998、美国标准AATCC 183—1998、欧盟标准PREN 13758—2001均采用分光光度计法。我国国家标准也采用了该方法。

2. 紫外线强度累计法　利用紫外光照射放在紫外线强度累计仪上的织物,按给定时间照射,测定出通过织物的紫外线累计量,然后进行计算。用紫外分光光度计法或紫外线强度计测定各种防紫外线试样的分光透过率曲线,可以判断各波长的透过率,并可用面积比求出某一紫外线区域的平均透过率,评价防护效果。

二、防紫外线纺织品的评定

评价防紫外线性能的指标大体上有紫外线透射比、紫外线遮挡率、紫外线防护系数和穿透率。

1. 透射比T_{UV}　有试样时的UV透射辐射通量与无试样时的UV透射辐射通量之比,分为UVA和UVB透射比。即:

$$\text{紫外透射比 } T_{UV}=\frac{\text{有试样时 UV 透射辐射通量}}{\text{无试样时 UV 透射辐射通量}}$$

2. 遮挡率或阻断率(UVR) 计算公式为:

$$UVR=1-\text{透射比}$$

3. 紫外线防护系数(UPF) 紫外线防护系数(UPF)是指皮肤无防护时计算出的紫外线辐射平均效应与皮肤有织物防护时计算出的紫外线辐射平均效应的比值。

纺织品的紫外线防护系数(UPF)来源于防晒化妆品的防晒系数(SPF, Sun Protection Factor),为使防紫外线辐射含义更确切,后改为紫外线防护系数 UPF(Ultraviolet Protection Factor),亦称紫外辐射防护系数。

UPF (SPF)值是指采用防护品后,紫外线辐射使皮肤达到某一损伤(如红斑、眼损伤、甚至致癌等)的临界剂量所需时间阈值(界限值)和不用防护品时达到同样伤害程序的时间阈值之比。如不用防护品紫外线辐射后发生灼伤的时间为 30min,而用了防护品后能延长到 300min,则该防护品的紫外防护系数 UPF(或 SPF)为 10,表示用了防护品后,只有十分之一的紫外线到达皮肤,并不是辐射的时间可延长 10 倍。防护系数常以致红斑的 UPF(SPF)值为代表,当然人的体质不同和人体皮肤的差异,对同一防护品有不同的 UPF(SPF)值,另外紫外线辐射的强度、稳定性、重现性、时间延续等均难以掌握,甚至无法控制,所以目前大多采用人工模拟光源。

4. 穿透率 UPF 值的倒数。

在上述指标中紫外透射比和紫外遮挡率是从两个不同的角度进行描述,但实质相同。UPF 和穿透率也是角度不同,实质一样。

5. GB/T 18830—2002《纺织品防紫外线性能的评定》简介 国际上,在纺织品抗紫外线辐射功能测定方法的标准化方面已经比较完善。澳大利亚和新西兰由于众所周知的臭氧层空洞等原因,对紫外线辐射造成的危害更为关注,并在 1996 年首先制定出紫外线防护服测试方法标准(AS/NZS 4399—1996),此后 BS、AATCC、EN 和 ISO 也纷纷推出相应的标准或标准草案。

我国标准 GB/T 18830—2002《纺织品防紫外线性能的评定》是参照欧盟 PREN13758《纺织品日光紫外线防护性能》标准制定的推荐性标准。该标准对纺织品的防日光紫外线性能的试验方法、防护水平的表示、评定和标识作了规定。该标准采用了国际上最为流行和通用的分光光度计法,澳大利亚/新西兰标准、英国标准、美国 AATCC 标准、欧盟标准以及国际标准化组织 ISO 的最新标准提案均采用此方法。标准中还对“防紫外线产品”的评定原则和标识作了规定。

我国标准 GB/T 18830—2002 的基本原理是:用单色或多色的 UV 射线辐射试样,收集总的光谱透射射线,测定出总的光谱透射比,并计算试样的 UPF 值。仪器可采用平行光束照射试样,用一个积分球收集所有透射光线;也可采用光线半球照射试样,收集平行的透射光线。标准中将UPF值与UVA透射比一起作为评价防紫外线性能的指标，规定为UPF值大于30，UVA透射比不大于5%。

6. 防紫外线性能检验实例　按GB/T 18830－2002《纺织品防紫外线性能的评定》检验，上述经HTUV100防紫外线整理剂处理的织物具有优异的抗紫外线性能，检验结果见表8－4。

表8－4　样品防紫外线性能指标

检验项目（防紫外线性能）	防紫外线织物	防紫外线织物（洗涤50次后）
日光紫外线（UVA）透射率（%）	0.7	0.2
日光紫外线（UVB）透射率（%）	0.1	0.1
UPF平均值	485	856
紫外线防护系数UPF	>50	>50

三、防紫外线纺织品的应用

防紫外线纺织品主要应用于服装领域，在装饰、产业用领域也有应用。

（1）普通服装。以衬衣、罩衣、裙装及长筒袜、手套为主体的夏日女装；衬衣、短裤、夹克衫、T恤等夏日男装。

（2）职业服装。如农业作业服、渔业作业服、野外作业服等。

（3）体育运动装。如游泳衣、足球、棒球运动服等。

（4）遮阳伞、遮阳帽等。

（5）窗帘、帐篷布等。

四、防紫外效果的影响因素

影响最终产品的抗紫外性能的因素很多，本节主要就纤维种类、布面覆盖系数、处理过程、染色和紫外线屏蔽剂加以讨论。

1. 纤维种类　不同的材料有不同的紫外线吸收性能。棉和黏胶织物紫外线的透过率均高；漂白的棉织物具有较大透过率；毛织物、丝织物具有较高的紫外线吸收能力；涤纶，由于有芳环结构，具有较高的紫外线吸收能力；具有消光剂的材料，较容易吸收紫外线；腈纶等纤维分子对紫外线的吸收能力较差；锦纶相当容易通过紫外线的辐射。

2. 织物的组织和结构　织物的密度越大，紫外线的通过量越小。同一织物组织，紫外线防护性能随着织物的厚度和质量的增加而增加，基本上取决于织物的覆盖系数。覆盖系数或孔隙率为表征织物紧密度的指标，两者基本上为互补关系。在测试孔隙率不同的防紫外线纯棉织物的UPF值的实验中发现，孔隙率由10%减小到2%，UPF值明显增大。这说明，由防紫外辐射性能较差的纤维（如棉、黏胶等）制成的织物，UPF值较低，孔隙率大小对其影响相对较小，但一旦经过防紫外线整理后，孔隙率对纤维防紫外辐射性能影响就变得非常明显。这说明对孔隙率小的薄型织物进行适当的防紫外线整理，是生产具有高UPF值轻薄面料的一种理想途径。

对于同一纺织品，布面覆盖系数对 UPF 有显著的影响。布面覆盖系数越高，织物结构越紧密，防紫外效果越好，但织物的透气性也就越小。因此，高 UPF 值和织物的透气性形成了一对矛盾，而两者在夏天对人类同样重要。在设计织物结构时要对这两个因素进行平衡。布面覆盖系数可以通过一些处理加以改进，如对于在扩幅机上定形的织物，超喂将使织物收缩，从而使布面覆盖系数增大，其他过程，如收缩、缩绒等都可增大布面覆盖系数。

3. 处理过程 处理过程能影响其产品的防紫外线特性，如漂白会使棉的 UPF 值降低，因为天然棉中的色素、木质素可以吸收紫外线。漂白过程减少了棉中天然的紫外线吸收剂，因此，UPF 值明显降低。而在精炼过程中，棉发生松弛与收缩，两种过程综合的结果，导致布面覆盖系数增加，UPF 值增大。水洗过程对有缩水现象的织物的 UPF 值有明显影响，如棉织物、丝织物和黏胶织物，由于此三种织物在洗后布面发生收缩，使纱线间的孔隙变得更小，布面覆盖系数更大，因而，UPF 值增大。100% 纯棉长袖 T 恤衫的水洗试验表明，UPF 值在第一次水洗后增加，而其后再水洗，UPF 值没有显著的变化。如果新服装的 UPF 值是 15，第一次水洗后可增加到 35，在水洗 36 次后，UPF 值仍然维持在 35。服装被润湿时，如汗或水（海水、淡水、游泳池的水等），一般来说，UPF 值都会降低，这种效果纯粹是光学作用，水充满织物的孔隙，从而使光的散射比孔隙中为空气时少，由于折射指数的不同，因此织物会透射更多的紫外线。

4. 染色 染色的和未染色的纤维有不同的光谱，这一方面是由于染料的本质（即色泽），另一方面是由于染料的数量（即色泽的深度）。为了获得可感知的颜色，染料必须选择吸收可见光部分的辐射（380 ~ 770nm），对于所有染料，吸收带都可扩展到紫外线光谱区（290 ~ 400nm）。因此，染料可以作为紫外线吸收剂，吸收潜在有害的紫外线。染料在紫外线光谱区中的消光系数将决定它增加织物 UPF 值的能力。由于每一种染料的紫外线吸收性质都是这种染料所独有的，因此，难以对其规律进行归纳。一般来说，对于相同的织物和染料，色泽越深，织物的 UPF 值越大。黑色、海军蓝、深绿等颜色可显著提高织物的 UPF 值，而明亮的颜色对 UPF 值的贡献很小，对于多色彩的服装，应以其多色中最低的 UPF 值为准。

5. 紫外线屏蔽剂 紫外线屏蔽剂的含量和颗粒大小会对织物的紫外线屏蔽性能造成影响。

表 8-5 不同纤维未经染色织物的 UPF 值

纤 维	织 物	厚度(mm)	克重(g/m^2)	孔隙率(%)	TiO_2 含量(%)	UPF 值
棉	府绸	0.18	107	0.4	—	3
棉	汗衫布	0.52	165	0.2	—	5
蚕丝	缎绉	0.2	84	0.43	—	5
毛	精纺	0.28	125	0.63	—	24
聚酯短纤维	短纤维织物	0.29	165	3.8	0.3	13
聚酯超细纤维	超细纤维织物	0.38	65	0.35	0.4	38
聚酰胺长丝	长丝织物	0.10	67	2.7	0.3	4
聚酰胺超细纤维	超细纤维织物	0.14	74	0.1	1.5	>50

从表 8－5 可以看出，当聚酯和聚酰胺织物的孔隙率与天然纤维织物接近并且含紫外线屏蔽剂时，其 UPF 值显著增大。这说明紫外线屏蔽剂可以大大提高织物的防紫外线性能。但在纺丝时应合理控制紫外线屏蔽剂的含量，纤维中的紫外线屏蔽剂含量在 5% 左右时，紫外线的透过率就已经很小了，而且屏蔽剂含量过多会影响纤维强伸度。此外，屏蔽剂颗粒越细，比表面积就越大，防紫外线性能越好。

思考题

1. 简述防紫外线的机理。
2. 举例说明评价防紫外纺织品的几种方法。
3. 分析纺织品防紫外效果的影响因素。

第九章　相变材料与相变纤维

本章知识点

1. 相变材料的分类和性能。
2. 微胶囊技术。
3. 相变材料调节机理。
4. 相变材料的应用。
5. 相变纤维的加工技术及性能表征。

相变材料(Phase Change Materials,PCM)是一类可发生液—固、液—气或固—气相转变的物质,相变材料在发生相变时吸收或放出相变热,而其温度保持基本不变。1983 年,美国航空航天局(NASA)空间研究所为了更好地保护太空精密实验仪器免受到高温侵袭,开发了一种适合室内温度范围的相变材料。1987 年,NASA 下属的 Triangle 技术公司,利用相变材料存储和释放潜热的性能,将相变材料包封入微胶囊,采用相应方式加入纺织品中,制成了具有温度调节功能的纺织品,申请了专利,成立了专门从事该种纤维及织物研究开发的 Gateway 公司,注册商标“Outlast”,该纤维已在美国和欧洲市场销售。近十几年来,各国研究人员先后采用多种工艺路线开发调节温度的纺织品,发表了许多这方面的专利和研究报告,尤其是 20 世纪末,在相变材料的开发应用方面,取得了突破性的进展。

我国在这方面的研究起步较晚,目前许多研究还处于试验阶段。据报道,最近我国已开发出一种具有双向智能调温功能和负离子抗菌功能的蛋白质纤维,这种纤维是在蛋白质纤维中加入了含有相变材料的微胶囊和纳米级负离子发射材料制成的。纤维的载体材料可采用经天然蛋白质(如酪蛋白、羊毛角蛋白、大豆蛋白和珍珠蛋白等)改性的高聚物(如聚丙烯腈、聚乙烯醇和纤维素等)。采用这种加工技术加工出的纤维是一种复合性的多功能纤维。它既可制成仿羊绒型的,也可制成棉型的,纤维细度可达 15.2μm。该纤维具有较高的相变焓,而且具有优于普通腈纶的良好手感和物理特性。据测试,该纤维相变焓吸热主值在 27 ~ 35℃,相变吸热值达到 14J/g 以上,放热在 17 ~ 26℃ 相变放热值同样达到 14J/g 以上。

第一节　相变材料的分类

相变材料在自然界中存在的形式各种各样,迄今为止,已有超过 500 种的天然和合成相变材料被人们掌握和了解。人们按相变温度的范围,将相变材料分为三类:高温、中温和低温相变材料。按相变材料的组成成分将相变材料分为两类:有机类和无机类。按相变的方式,将相变材料分为四类:固—固相变,固—液相变,固—气相变,及液—气相变材料。由于后两种相变方式在相变过程中,伴随有大量气体的存在,使材料体积变化较大。因此,尽管它们相变焓较大,但在实际中很少应用。目前常用的是固—固相变和固—液相变材料。

表9-1列举了相变材料的几种类型和性能。

表9-1 相变材料的几种类型和性能

种类	无机相变材料(IPCM)	有机相变材料(OPCM)		复合相变材料(COPCM)
组成	水合盐、$CaCl_2\cdot6H_2O$、$Na_2HPO_4\cdot12H_2O$、$Na_2SO_4\cdot10H_2O$ 等	石蜡烃、有机脂 C_nH_{2n+2}、$C_nH_{2n}O_2$	多元醇类:丙二醇(PG)、新戊二醇(NPG)、聚乙二醇(PEG)等	无机、有机复合:储能复合材料(CESM)等
温度(℃)	35以下	18~40	24~40	-140~670
能量(J/g)	120~300	200~300	100~300	100~500
循环性	一般	好	好~很好	好~很好
响应性	较好	较好	较好	好~很好
特点	价格便宜,蓄热密度大,导热系数大	熔解热大,不过冷,不析出	形变和过冷度小,热效率高、寿命长	储能密度大、传热迅速、稳定、易加工
问题	能量集中、过冷度大、易析出分离,蓄热性能差	导热系数小、密度小	高温为塑性晶体,易挥发损失	材料结构复杂,界面处理较难

一、无机类

无机类相变材料主要有结晶水合盐类、熔融盐类等。其中最典型的是结晶水合盐类,如醋酸盐类、硫酸盐类、磷酸盐类、碳酸盐类和卤化物类等,它们有较大的熔解热和固定的熔点,实际上是脱出结晶水的温度变化(脱出的结晶水使盐熔解而吸热,降温是其发生逆过程,吸收结晶水而放热)。具有代表性的有:$Na_2SO_4\cdot10H_2O$、$MgCl_2\cdot6H_2O$、$Na_2HPO_4\cdot12H_2O$、$Na_2CO_3\cdot12H_2O$ 和 $CaCl_2\cdot6H_2O$ 等水合盐类。结晶水合盐类通常是中、低温相变储能材料中的重要一类,优点是使用范围广,与有机类相变材料相比导热系数大,溶解热较大,单位体积的储热密度大,一般呈中性,价格较便宜,容易保存。但是,这类材料往往存在两个问题:一是过冷现象,另一个问题是出现相分离。

表9-2为几种常用无机水和盐相变材料的热物性。

表9-2 几种常用无机水和盐相变材料的热物性

相变材料	熔点(℃)	熔解热(kJ/kg)	防过冷剂	防相分离剂
$Na_2SO_4\cdot10H_2O$	32.4	241	硼砂	高吸水树脂
$NaCH_3COOH\cdot3H_2O$	58.2	265	$CaSO_3$,$1/2H_2O+S$	黄原胶
$CaCl_2\cdot6H_2O$	29.0	180	$BaCO_3$,$SrCl_2$,$SrCO_3$	羟乙基纤维素
$Na_2HPO_4\cdot12H_2O$	40.0	279	Carvon clack	淀粉

续表

相变材料	熔点(℃)	熔解热(kJ/kg)	防过冷剂	防相分离剂
$Na_2CO_3 \cdot 12H_2O$	32.0	267	聚氧乙烯	—
$Mg(NO_3)_2 \cdot 6H_2O$	89.9	167	—	—
$Ca(NO_3)_2 \cdot 4H_2O$	47.0	153	炭黑	黄原胶,羟乙基纤维素,聚丙烯酸

二、有机类

有机类相变材料常用的有高级脂肪烃类、醇类、高级烷烃类。其中典型的包括 C_nH_{2n+2}、$C_nH_{2n}O_2$ 等。有机类相变材料在固体状态时成形性较好,一般不容易出现过冷现象和相分离。缺点是导热系数小,单位体积的储能能力较小,熔点较低,不适于高温场合中应用。

1. 石蜡类 石蜡主要由直链烷烃混合而成,可用通式 C_nH_{2n+2} 表示。短链烷烃熔点较低,链增长时,熔点开始增长较快,而后逐渐减慢,如 $C_{30}H_{62}$ 熔点是 65.4℃,$C_{40}H_{82}$ 熔点是 81.5℃,链再增长熔点将趋于一定值。随着链的增长,烷烃的熔解热也增大。由于空间的影响,奇数和偶数碳原子的烷烃有所不同,偶数碳原子烷烃的同系物有较高的熔解热,链更长时,熔解热趋于相等。C_7H_{16} 以上的奇数烷烃和 $C_{20}H_{42}$ 以上的偶数烷烃在 7~22℃会产生两次相变,在低温处先发生固—固相变,它是链围绕长轴旋转形成的,略高温度时发生固—液相变,总潜热接近于固—液相变时的熔解热,它被看作储热中可利用的热能。石蜡和水合盐相比,石蜡有很理想的熔解热。选择不同碳原子个数的石蜡类物质,可获得不同相变温度,相变潜热在 160~270 kJ/kg。表 9-3 给出了部分石蜡类物质的热物性。

石蜡作为储热相变材料的优点是无过冷及析出现象,性能稳定、无毒、无腐蚀性,价格便宜;缺点是导热系数小、密度小,单位体积储热能力差。而且在相变过程中由固态到液态体积变化较大,凝固过程中有脱离容器壁的趋势,这使传热过程复杂。

表 9-3 石蜡类物质的热物性

碳原子个数	熔点(℃)	熔解热(kJ/kg)	密度(固体)(kg/m^3,20℃)	比热容[J/(mol·K)]	
				25℃	80℃
20	36.75	248	755	544.3	658
21	40.35	213	758	544.3	658
22	44.15	252	791	598.1	739
30	65.55	252	806	801.2	1037
40	81.65	272	817	1022.0	1411

2. 脂酸类 脂酸类也是一种储热相变材料,其性能和特点以及应用方法均与石蜡相似。脂酸类相变材料的研究与应用也受到国内外学者的重视,有报道将硬脂酸及其他脂肪酸经特殊的处理,溶入二氧化硅溶胶中,形成了以 SiO_2 无机盐为核周围吸附着脂肪酸分子的稳定结构。脂肪酸可以随温度的变化而发生相转变,但不会形成流淌的液体状态。成为

一种类似于固—固相变的材料粉末，相变焓约为 50 ~ 150J/g，相变温度与脂肪酸的碳原子个数有关，为 -15 ~ 70℃。脂肪酸类复合 PCM 的优点是原料易得，成本低，但脂肪酸性能不稳定，容易挥发和分解。

三、共熔体系

许多单一材料在使用时，由于相变温度较高，难以适应低温储能系统的要求。因此人们常将几种相变材料进行混熔处理，形成二元或多元的共熔体系，以降低材料的熔点，得到熔化温度范围较宽、性能更优越的相变材料，使之得到更好的应用。如月桂酸和硬脂酸共熔体系，熔点只有 37℃，均低于两纯酸的熔点。有人研究的多种有机相变材料的共熔体系，具有相变温度适宜、较好的凝固与熔化等热力学性能。

四、复合相变材料

固—液相变材料在实际应用时存在着种种不足，如相变时体积的膨胀收缩变化，液体的产生与渗漏；有机类导热系数较小，在空气中易被氧化；水合盐类的分层析出、腐蚀性等。针对这些问题，近年来人们提出了相应的解决方法，主要是制备各种复合储能材料，如有机—有机复合相变材料、有机—无机复合相变材料、无机盐—陶瓷基无机—无机复合相变材料等。

复合相变材料主要由两部分组成：一为工作介质，多数工作介质用的是固—液相变材料，利用其相变进行储能；二为封装材料，对相变产生的液体起到包封作用。两者主要是采用封装技术进行结合的，即把封装材料做成微胶囊或空间网状或多孔结构，而把相变材料封装于其中。这类复合储能材料的优点是：相变时无渗漏、不需容器盛装、安全方便、导热性能有所改善等。但也存在着缺点：材料的储能密度减小、储能能力有所下降。

五、一种相变材料制备的实例——定形相变材料的研制及热性能分析

传统的固—液相变储能材料在实际应用中，都需用容器封装，增加了传热时相变材料与外部传热介质间的热阻，降低了传热效率，且增加了封装成本。定形相变材料是由相变材料、高分子支撑和封装材料组成的复合储能材料，由于高分子囊材的微封装和支撑作用，作为芯材的相变材料发生固—液相变时不会流出，且整个复合材料即使在芯材熔化后也能保持原来的形状不变并且有一定的强度。该类材料有以下优点：无需封装、不泄漏，从而减小了封装成本和难度，并减小了相变材料和传热流体间热阻。该类材料在建筑暖通空调领域及建筑材料领域有着较为广阔的应用前景，为此有人进行了有益的探索。

1. 实验试剂　切片石蜡，熔点 48 ~ 50℃；半精炼石蜡，熔点 56 ~ 58℃，58 ~ 60℃，60 ~ 62℃；精炼石蜡，58 ~ 60℃；低压聚乙烯 HDPE，JO 型；高压聚乙烯 1L2A；高压聚乙烯，1F7B。

2. 实验仪器　平板硫化仪、DSC2910 差示扫描量热仪、橡胶塑料实验机、SF—11 型塑料粉碎机、电子扫描显微镜。

3. 实验内容　首先用不同熔点的石蜡和低压聚乙烯共混形成定形相变材料，然后采用

不同种类的高压聚乙烯、低压聚乙烯、聚丙烯以及 SEBS 作为支撑材料制备出不同的定形相变材料,对它们的性能进行了研究分析。对定形相变材料进行 DSC 测试,升温速率 5℃/min。对一些材料的微观结构用扫描电子显微镜进行了研究分析。

4. 试样的 DSC 分析结果

(1)不同支撑材料与 48#切片石蜡的实验。用切片石蜡和不同类型低压聚乙烯和聚丙烯进行实验,石蜡所占的质量百分比相同,可以从图 9 - 1 看出有些 HDPE 组成的材料潜热值偏低,一方面是由于材料本身造成的,材料各处潜热测量值有差异,另一方面则是由于材料和工艺的适应性不好。研制定形相变材料时,针对不同的材料,要相应的调整制备工艺。

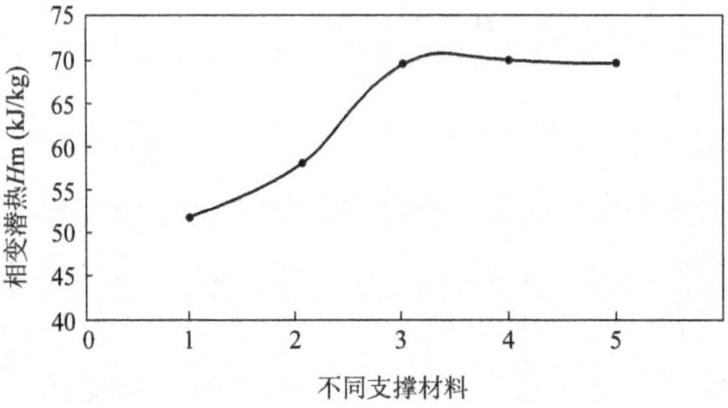

图 9 - 1 不同支撑材料与 48#石蜡组成材料的潜热测量值

1—HDPE5000S 2—HDPE5200B 3—HDPE2200J 4—HDPEJ0 5—PPS1003

(2)不同熔点石蜡实验。通过对 J0 型 HDPE 与不同熔点的石蜡混合制备定形相变材料进行实验,可以看出相同比例的精练、半精练石蜡组成的定形相变材料潜热值差别不大,而这个差别是由于原材料的潜热不同造成的(表 9 - 4)。可以以不同熔点的石蜡为原料制出一系列不同熔点范围的定形相变材料,应用到不同领域中去。

表 9 - 4 不同熔点石蜡组成材料的潜热值

石蜡类型	半精练 56#	半精练 58#	精练 58#	半精练 60#
相变潜热值(kJ/kg)	103.1	97.37	101.5	111.2

(3)潜热测定及石蜡掺混比临界值讨论。图 9 - 2 表明,定形相变材料有这两个相变峰,第一个相变峰出现在 40℃附近,较小,第二个相变峰出现在 60℃,较大。聚乙烯熔融的峰出现在 120℃附近。可以看到两者的温度差约为 60℃,能够保证在定形相变材料中石蜡发生相转变由固态变成液态时,聚乙烯能支撑结构使得材料形态不变。图 9 - 3 为含不同比例的石蜡的定形相变材料的潜热值,石蜡含量在 70% ~90%,材料的相变热在 130 ~175kJ/kg,可以看出潜热值随石蜡所占比例增加近似线性增加。为了实现支撑材料的对整体结构的支撑作用,支撑材料在定形相变材料中所占比例应有一个下限,即石蜡所占比例有一个上限,在制备定形相变材料时,石蜡比例达到 90% 时,定形相变材料有一些渗出现象,所以石蜡在定形相变材料所占的质量百分比不宜大于 90%。

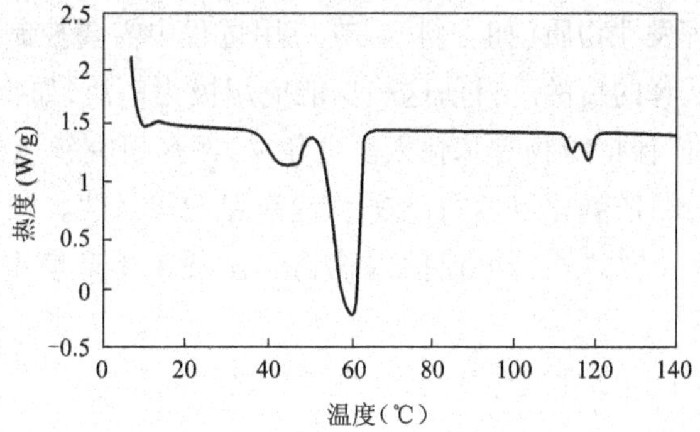

图 9-2 定形相变材料(石蜡占 90%)DSC 曲线

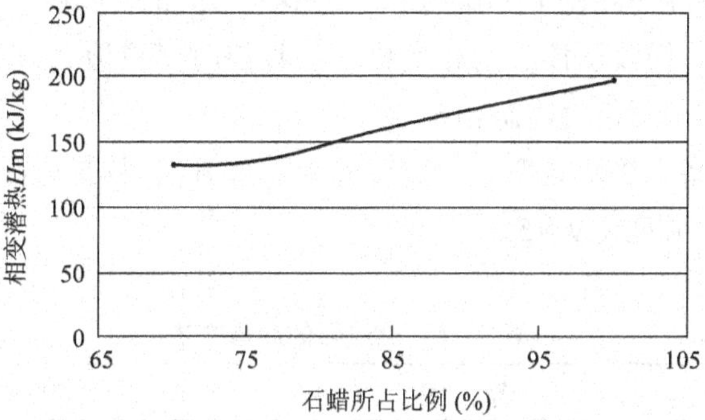

图 9-3 不同比例石蜡的定形相变材料的潜热测试值

第二节 相变材料微胶囊

微胶囊技术起源于 20 世纪 50 年代,并在以后的 50 年间得到了迅速的发展。微胶囊技术(Microencapsulation Technology)是一种运用成膜材料把固体或液体包覆成具有核壳结构微粒的技术。所制备的微粒称为微胶囊,它由外壳和内核两部分组成,外壳通常是天然的或合成的高分子材料,内核是微胶囊的核心部分,可以是固体、液体或气体,可以是一种物质也可以是几种物质的混合物。微胶囊的粒径通常在 0.1 ~ 1000μm,外壳的壁厚在 0.01 ~ 10μm。微胶囊的外形各种各样,多为球形。目前,该技术已广泛应用于化工、医药、轻工业和农业等领域,受到了越来越多科技工作者的重视与青睐。20 世纪 90 年代初,相变材料微胶囊开始在纺织服装工业上应用研究试验工作。相变材料微胶囊与其他封装技术相比具有热导率高等特点。图 9-4 是相变材料微胶囊剖面图。

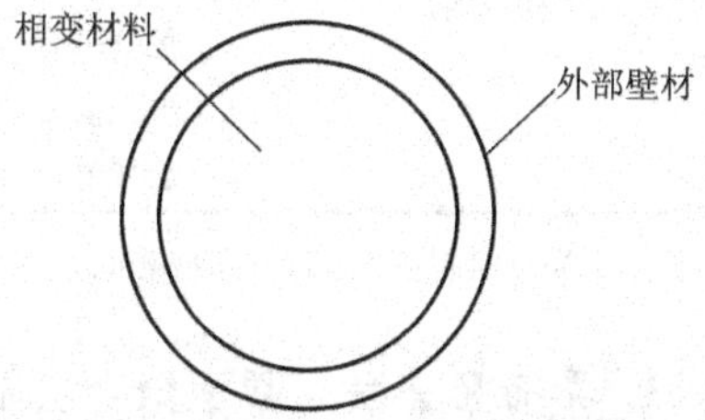

图 9-4 相变材料微胶囊剖面图

一、微胶囊技术的功能

(1)控制释放　挥发性物质(如香料)或在应用过程中需要控制释放的物质(如药物)可用微胶囊包封达到缓释的目的。目前这一功能应用极为广泛,如将香料微胶囊化后混入织物纤维中,可以长时间保持织物香味怡人。近年来,医药研究领域中的热点,药物微胶囊便是将药物的活性成分微胶囊化以达到长效、安全和靶向等目的。

(2)保护和隔离微胶囊的外壳可保护内核物质使其免受环境中的水分、氧、紫外线等影响。

(3)微胶囊还可以隔离活性成分,阻止活性成分之间的反应。

二、相变微胶囊的制备

将固液态 PCM 封装技术分散成球形小颗粒,再在表面封装一层性能稳定的壳材,即得到相变材料微胶囊,直径一般在 1 ~ 1000μm。很多种无机材料和有机材料均可用作壳材,但高分子材料最为常用。微胶囊核心的相变材料在吸热时变成液态,但表面封装的壳材仍保持为固体,因此材料的外形仍为固态颗粒。

传统的微胶囊制备方法从原理上大致可分为物理方法、物理化学方法、化学方法三类,每类又包括若干种方法,见表 9 - 5。

表 9 - 5　微胶囊的制备方法

方　法	名　称	特　征
化学方法	界面聚合法* 原位聚合法* 锐孔—凝固浴法	建立在化合反应基础上的微胶囊制备技术,主要是利用单体小分子发生聚合反应生成高分子成膜材料并将囊芯包覆
物理化学方法	水相分离法 ①复合凝聚法* ②简单凝聚法 油相分离法 干燥浴法 熔化分散冷凝法 粉末床法	改变条件使溶解状态的成膜材料从溶液中聚沉出来,并将囊芯包覆形成微胶囊
物理方法	锅包法 空气悬浮成膜法 喷雾干燥法* 包结络合法 多孔离心法 旋转悬浮分离法	利用物理机械原理的方法制备微胶囊具有设备简单、成本低、易于推广、有利于大规模连续生产等特点

注　*为目前制备相变储热微胶囊的主要方法。

1. 界面聚合法　界面聚合法制备相变材料微胶囊,首先要将 PCM 在溶有形成壳材料单体的连续相中乳化或分散,然后将水溶性单体的水溶液(或含油溶性反应物的有机溶剂)

分散到有机相或水相中,同时加入乳化剂得到 W/O 乳液或 O/W 乳液,再向 W/O 乳液加入水溶性单体(或向 O/W 乳液加入油溶性单体),则这两种单体会分别从分散相(PCM 乳化液滴)和连续相向其界面移动并迅速在界面上发生聚合反应,生成的聚合物膜将 PCM 包覆后形成相变材料微胶囊。

界面聚合法的技术特点是:两种反应单体分别存在于乳液中不相溶的分散相和连续相中,而聚合反应在相界面上进行,如图 9－5 所示。这种制备微胶囊的工艺方便、简单、反应速度快、效果好,不需要昂贵复杂的设备,可以在常温下进行。此方法虽简单,但对包覆材料要求较高,包覆单体必须具备高的反应活性,可以进行缩聚反应。

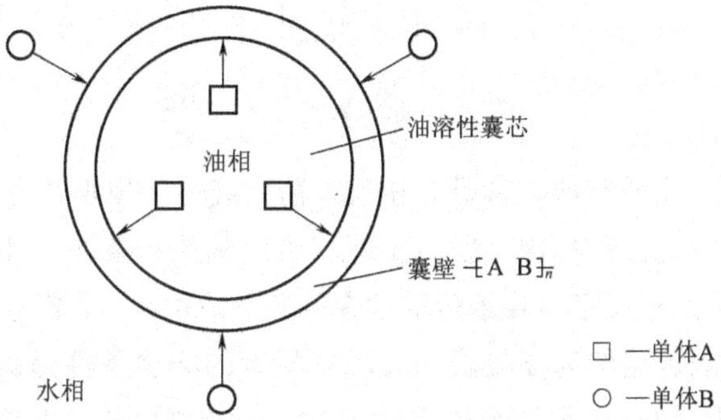

图 9－5 界面聚合法示意图

例如,将正八烷和甲苯二异氰酸酯(TDI)溶入环己烷后倾入乳化剂 NP—10 的水溶液中,高速搅拌得到 O/W 乳液。将二乙烯三胺(DETA)水溶液缓缓加入到上述乳液中。加热到 60℃,TDI 和 DETA 发生界面聚合。经水洗干燥后,即得到粒径约为 1μm,表面光滑,分布均匀,相变温度为 28～30℃的相变材料微胶囊,相变焓为 241.2J/g,略小于纯的正十八烷。

2. 原位聚合法 原位聚合法是将形成囊壁的单体及引发剂全部位于 PCMs 乳化液滴的内部或外部,在液滴表面上发生聚合反应,生成的聚合物膜覆盖液滴表面,从而得到的相变材料微胶囊。原位聚合法是建立在可溶性单体或预聚物聚合反应生成不溶性聚合物的基础上,其关键是形成的聚合物如何沉淀和包覆在内核的表面。许多高分子反应,如均聚、共聚和缩聚反应都可用于原位聚合法制备微胶囊。原位聚合法与界面聚合法是以单体为原料,利用合成高分子材料作壳材料的方法。两种方法所不同的是,在界面聚合法微胶囊化的过程中,分散相和连续相两者均要能够提供单体,而且两种以上不相溶的单体分别溶解在不相溶的两相中;而对于原位聚合来说,单体仅由分散相或连续相中的一个提供。比较这两种方法时可以看出,界面聚合法产生微胶囊壳的速率要比原位聚合法快得多。原位聚合法工艺路线如图 9－6 所示。

例如,将正四烷在水相乳化剂 SMA 中乳化,以 8000r/min 的速度搅拌得到稳定的乳化液,然后将其加入到三聚氰胺—甲醛预聚体系中,在 60℃水浴和 600r/min 下聚合 3～4h,即得到相变材料微胶囊,产品的平均粒径为 4.2μm,相变焓为 291 J/g。

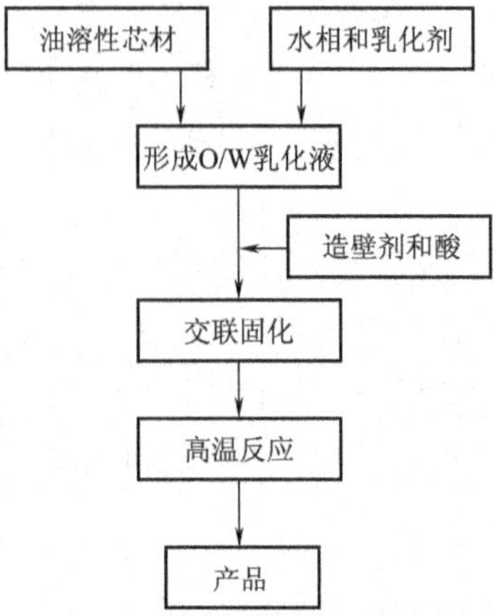

图 9-6　原位聚合工艺流程图

3. 水相分离法　由两种或多种带有相反电荷的线性无规则聚合物材料作囊壁材料，将芯材分散在囊壁材料水溶液中，在适当的 pH 值、温度和稀释条件下，使得相反电荷的高分子材料间发生静电作用而相互吸引导致溶解度降低并分成两组，即贫相和富相，富相中的胶体可作为微胶囊的壳，该现象即为复凝聚。实现复凝聚的必要条件是两种聚合物离子的电荷相反且数量恰好相等，同时还须调节体系的温度和盐含量，以促进复凝聚产物的形成。图 9-7 为复凝聚微胶囊化过程。

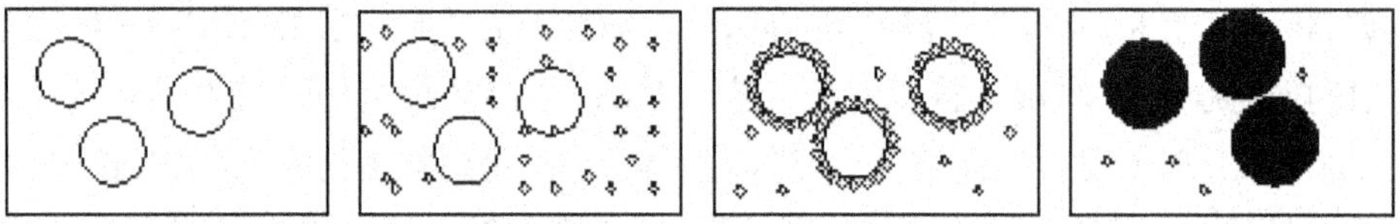

图 9-7　复凝聚微胶囊化过程

(a)芯材在明胶—阿拉伯树胶溶液中分散　(b)相互分开的微凝聚物从溶液中析出
(c)微凝聚物在芯材表面上逐渐沉析　(d)微凝聚物结合形成微胶囊的壁材

将石蜡置于明胶水溶液中乳化，在 65℃ 下逐滴加入阿拉伯胶溶液得到混合均匀的乳液，调节乳液 pH = 4 后加入甲醛作为交联剂，反应完全后降至室温并调节 pH = 9，此时，悬浊液发生相分离，将富相中的微胶囊硬化、过滤和分离便可得到产物，研究表明，壳材用量、乳化时间和交联剂用量对成核率及粒径分布有很大的影响。

4. 喷雾干燥法　喷雾干燥法是将芯材料和壳材料的混合物通入加热室或冷却室，快速脱除溶剂后凝固得到微胶囊，一般是先将壳材料溶于溶剂中，然后芯材料在壳材料的溶液中乳化，最后是喷雾干燥。图 9-8 为喷雾干燥法制备微胶囊的工艺流程。

例如，将石蜡在 10000r/min 条件下乳化于 10% 的明胶溶液中，并与 10% 的阿拉伯胶溶液搅拌混合均匀，在 25000r/min 速度下以 20mL/min 的速度，对混合溶液进行喷雾干燥，所

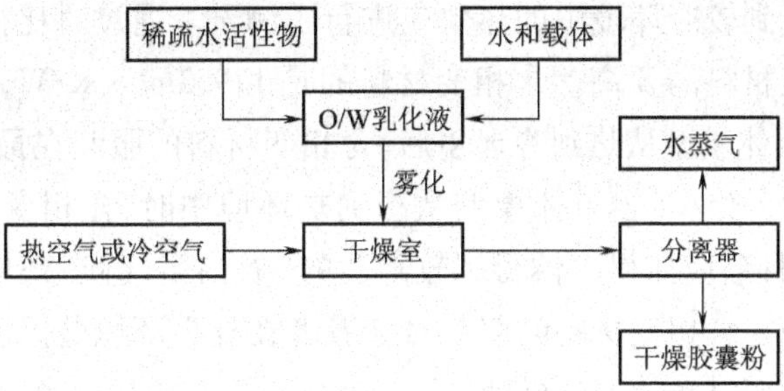

图 9－8　喷雾干燥法制备微胶囊的工艺流程图

得微胶囊分布均匀，粒径在 0.2μm 左右。

喷雾干燥法的主要影响因素是：芯材在壁材溶液中的乳化效果、芯材和壁材的比例以及离心喷雾的速率。最大优点是采用了喷雾干燥器，只需要一道工序就可以从水溶液或分散液中获取良好的微胶囊，比较经济且收率高。

5. 其他制备方法　上述方法有时不能用于某些特殊相变材料微胶囊的制备，于是出现了如电镀法和溶胶—凝胶法等新的制备方法，这两种方法具有一定的特殊性。

电镀法主要用于制备以金属薄膜作为囊壁的相变材料微胶囊。有人以粒径为 0.5～4.0mm 的金属铅粒为相变材料，用电镀法在其表面镀上厚度约为 10～100mm 的镍膜，具体是将铅粒置于旋转的电解槽中进行电镀，根据法拉第定律，囊壁即镀层的厚度可以通过电镀的时间来控制。

溶胶—凝胶法主要用于制备以金属氧化物或非金属氧化物为囊壁的相变材料微胶囊。

例如，在相变材料表面包覆金属氧化物或非金属氧化物的凝胶，提高了该类相变材料的机械强度和阻燃性。

第三节　相变材料对人体的作用功能

一、相变材料的效能

人体通过皮肤感受温度的变化。当一个人处于热平衡时，感觉舒适的平均温度是 33.14℃，身体任何部位的皮肤温度与皮肤平均温度的差别在 1.15～3.10 ℃时，人体感觉舒适。若温度范围超过 ±4.15℃，人体将有冷暖感。因此，人们根据人体皮肤的这一特点，将相变材料应用在纺织服装上，选择相转变温度范围接近于人体皮肤的温度变化范围的相变材料，就可以达到使人体感觉舒适的效果。相变材料的有效性取决于相变材料的温度变化范围和热焓值。为了达到人体所需的温度范围，人们对相变材料进行研究，选择了适合纺织服装使用的三种不同的相变材料：18.33～29.44℃，用于严寒气候；26.67～37.78℃，用于温暖气候；32.22～43.33℃，用于大运动量和炎热气候。为了有效利用相变材料的热效应，应选择与使用温度相互一致的相变温度范围。

美国堪萨斯州立大学的 Shim 等人，用电脑控制人体模型及与之相邻的暖室和冷室，对人体模型从较暖环境到较冷环境中的热效应进行了测试。通过对比得知，含相变材料服装的热阻值比未含相变材料的要高。含相变材料的是 179.3m^2·K/W，而未含相变材料的是 177.9m^2·K/W；当人体模型从热到冷环境后，含相变材料的服装在最初的 15min 内产生了平均 615W 的热效应。相反，当人体模型从冷到热环境中时，含相变材料的服装产生平均 716W 的冷效应。这种效应使得人体得到较舒适的“衣内微气候”环境，使人体皮肤表面温度处于较舒适的状态。含相变材料的服装对穿着者在外界环境的温度变化时，有热缓冲效果。这也正体现了相变材料的调温机理。而且，Shim 等人同时也测试了当人体模型穿着含有两层相变材料的服装和两层未含相变材料的服装的作用效果。其结果表明：

(1)相变材料与外界相互作用的过程越长，穿着者热舒适感觉时间就越长。

(2)含相变材料的量越多，同一时间内，能起作用的相变材料也就越多，引起温度调节的效果越明显。

(3)即使当穿着者在较低温度的户外环境中，处于静止或休息状态时，相变材料所储存的热量会重新释放给人体，能使穿着者保持较长时间的舒适性。

二、相变材料调节机理

相变是指某些物质在一定条件下，其自身温度基本不变而相态发生变化的过程，如图 9-9 所示的高聚物相变图。其中，A_1 和 A_2 是吸热和放热曲线；B_1 和 B_2 分别对应 A_1 和 A_2 的时间和温度曲线。相变潜热相对相变显热来说，要大得多。相变纤维是利用物质相变过程中释放或吸收潜热，保持温度不变的新型纤维。其相变主要表现为液态与固态间的转变，或固体中的晶—晶、晶—液及其分子聚集态结构相的变化，并利用此转变的吸、放热能保持温度。

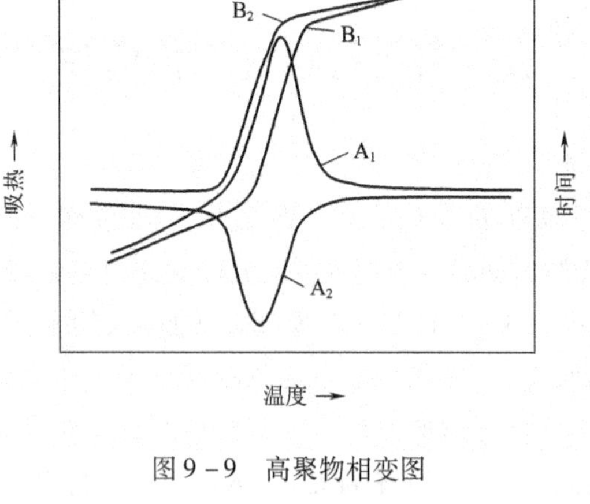

图 9-9　高聚物相变图

相变纤维织物与传统纤维织物的区别在于保温机理的不同。传统的保温衣物主要是通过绝热方法来避免皮肤温度降低过多，而相变纤维的保温机理则对变形、水分和气压不敏感，也无过闷、厚重感觉，能为人体提供舒适的微气候环境。其原因在于相变纤维是提供热调节，而不是热隔绝。这种保温机理的实现，来自于纺织品内的相变材料，主要通过将相变材料包封在直径 110 ~ 1010μm 的微胶囊中，再对织物进行涂层或将微胶囊混入纺丝液中纺丝而得到相变织物或纤维。用在纺织上的相变材料主要是石蜡类烷烃，石蜡具有不同的熔点和结晶点，改变相变材料中不同种烷烃的混合比例，可以得到服装所需的相变温度范围。相变材料在其固—液相态之间变化时吸收或释放能量。含有相变材料的纺织品不论外界环境温度升高还是降低时，它在人体与外界环境之间构筑了一个调节与缓冲环境，使温度的振荡减小，如图 9－10 所示。

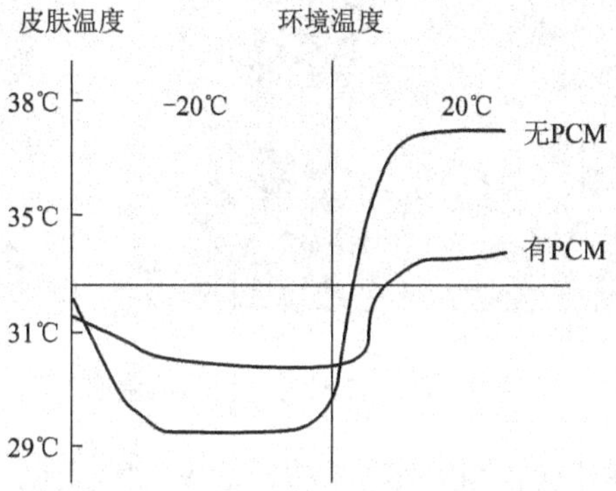

图 9－10　有无相变材料热调节性能比较

第四节　相变材料的应用

近年来相变材料的应用主要体现在两方面：热缓冲和热储存。两者的区别在于相变材料的热导率不同，热缓冲方面要求适当低的热导率；热储存方面需要高的热导率，以便热能的迅速储存和利用。

一、相变材料在纺织服装上的应用

1. 调温服装　在纺织服装方面，制成自动调温的服装，根据外界环境的温度变化，为人体提供一个舒适的微气候环境，在人体与外界环境之间，对人体体温起到积极的调节作用。应用在运动性服装中，相变材料吸收运动员剧烈运动产生的大量热量，使得穿着者避免了过快的体温上升出现的高温现象，对运动员造成不良的影响。在服饰方面，制成滑雪服、滑雪靴、手套、袜类，根据人体头部或脚部过热与发冷的情况，相变材料可以吸收存储和重新释放身体的热量，使头和脚始终保持较舒适的状态。在理疗上，利用相变材料温度调控性能，已制成多种温度段和适合人体部位形态的热敷袋，还制成始终保持舒适温度的被褥以及用于丧失体温调节机能的病人服装等，对病人的病情起到良好的辅助治疗作用。

图 9－11 所示的是我国自行开发的一种含相变材料的恒温服，恒温服为夹层结构，所用

恒温材料是直径为4～9.8mm大胶囊相变材料，相变温度有25.4～28.2℃和28.5～32.1℃两种，储热量达150J/g以上，耐热和耐水性能良好。服装在环境温度38℃时，保持内部温度不超过30℃，持续时间达到2.5h，可以满足医务人员恒温需要，延长人员的作业时间，防止热应激以及其他极端环境条件下人体舒适性的需要。

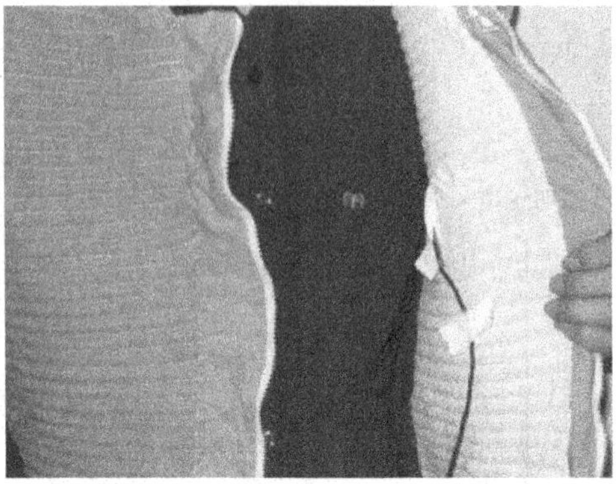

图9－11　含相变材料的恒温服

图9－12为国产的一种恒温背心，实验数据（表9－6）表明，即使在极端的炎热恶劣环境下，也能使人体有良好的舒适感。

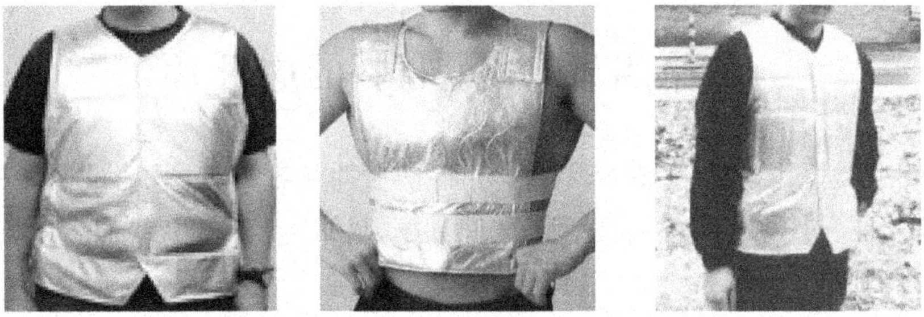

图9－12　Outcold恒温背心

表9－6　Outcold恒温背心试验数据　　单位：℃

测试形式/时间	室外温度（T_1）	羊毛衣温度（T_2）	恒温衣温度（T_3）	T恤温度（T_4）	皮肤温度（T_5）
连续活动1h后	40.0	54.6	31.4	33.1	34.1
75%活动，25%静止/2h后	41.0	55.8	32.8	33.2	34.5
50%活动，50%静止/3h后	41.8	57.1	33.8	34.1	33.8
25%活动，75%静止/4h后	42.3	58.5	34.1	34.3	33.5

需要指出的是，不是每一种相变材料都可以应用在纺织服装中，其要求是：

（1）相变的温度接近人体的体温，一般应在30～35℃。

(2)热容量较大,即不但要有较高的相变潜热,而且还要求以单位质量和单位体积计算的相变潜热都足够大。

(3)必须在恒定的温度下熔化及固化,即必须是可逆相变,不发生过冷的现象(或过冷度很小),性能稳定。

(4)无毒、对人体无腐蚀,使用期间耐磨性好、原料易购、价格便宜。

(5)较快的结晶速度和晶体生长速度,体积膨胀率较小,密度较大。

其中相变温度、原料的价格、来源、有无毒性是选择的关键因素。

2. 相变材料坐垫和靠背　图 9－13 是一种相变材料恒温垫,通过相变材料的特性,达到温度控制的效果;并可根据夏天及冬天的温度,利用不同的相变材料温度段,制造真正的冬暖夏凉;更可用于对温度敏感的长者,及长期卧床的病人或产后妇女。一次可以维持 3～4h,经恢复后又可再用,可达数千次以上的循环。

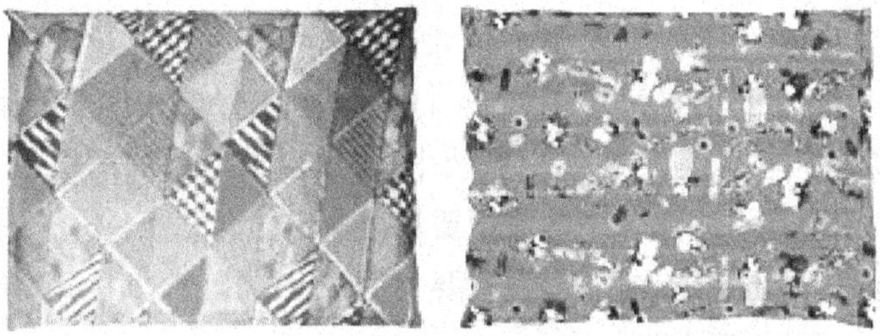

图 9－13　相变材料恒温垫

研究表明,坐在普通办公用坐椅上时温度持续升高;通过在坐垫中添加相变材料,在测试开始的 10min 内,微环境的升温显著降低。由于相变材料的降温效应引起微环境的温度也降低了。不含相变材料椅子的实验显示出,其温度在 1h 内上升了 25 %;含有相变材料的办公用坐椅的微环境温度仅提高了 7 %。图 9－14 是坐在椅子上时微环境内的升温曲线。

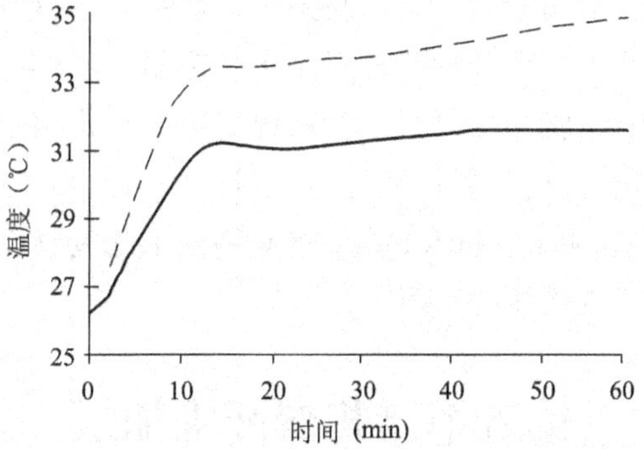

图 9－14　坐在椅子上时微环境内的升温曲线

－－－不用相变材料　——用相变材料

3. 医疗工作服　2003 年春天的 SARS 病毒肆虐神州大地,给我国带来了严重的灾难。

医护人员穿着厚厚的、密闭的隔离服奋勇抗战在第一线。由于强度高、体力消耗大，很容易中暑。清华大学利用相变材料 TH—27 制成了医用降温防护服，穿在医护人员的隔离服内，与人体紧贴在一起。医用降温防护服设计成类似防弹衣的铠甲形状，上面布置有多个用于装降温袋的口袋，且每个口袋都有封口，使用时将降温袋装入降温服的口袋里，利用相变潜热进行降温，保护了医护人员的身体健康。

4. 运动服装 相变材料微胶囊也可以应用在运动服装上。运动员在进行剧烈的运动时，会产生大量的热量，体内微气候的温度急剧升高，从而人体的温度也急剧升高。这时运动员如果没有得到及时的降温、休息，就会感觉到头晕、浑身乏力，甚至休克。在运动服装上应用相变材料微胶囊，可以利用相变材料微胶囊吸收、存储和重新释放身体的热量，避免身体过热与发冷，使身体始终保持较舒适的状态。

5. 在手套、鞋垫、帽等服饰的应用 相变材料微胶囊还可以应用在手套、鞋垫、帽等服饰上。根据人体头部、手部、脚部过热与发冷的情况，相变材料可以吸收、存储和重新释放身体的热量，使人体微环境的温度恒定，从而使人体与外界交换的热量保持平衡，使头、手、脚始终都处在一个温度比较适宜的环境中，让人们感到舒适，保护人体的健康。相变材料微胶囊具有良好的温度调控能力，应用在纺织服装中，可以增加服用舒适性，是一种智能型功能产品。相变材料微胶囊在纺织服装中的应用要具有一定的温度条件。只有在温度变化频繁的环境中，才更能够体现出它的作用。否则，要利用一定的措施，如医用降温服放在冰箱中，以释放热量，来保持它的温度调控能力。

二、相变材料在其他领域的应用

在建筑领域，利用相变材料可以有效推迟温度波动通过建筑的传播，提高建筑物的热惯性。Hed G 等人将相变材料储存在空气热交换器内，利用相变材料吸收白天的热量加热夜晚的室内空气，以缩小室内昼夜温差。Schossig P 等利用微胶囊颗粒小的特点，将微胶囊相变材料与常规建筑材料混合，通过改变建筑材料的热性能来改善建筑内部的热舒适性。在太阳能领域，将组合相变材料用于太阳能供暖系统，减少了一次能源的消耗，降低了供热时的运行费用，减小了环境污染。组合相变材料用于吸热器，能够减少工质温度的波动，提高吸热器的效率。在军事领域，将相变材料以涂料或遮障的形式用于军事目标上，通过改变、调节相变材料的组成、含量等，使其尽可能地吸收目标放出的热量，使军事目标的温度与周围环境温度相同。在综合利用上，Lin Kunping 等利用定形相变材料储存夜间电力低谷段的电能和工业废热，来调整室内热能的利用。

第五节　相变纤维加工

一、影响纤维用相变材料的因素

迄今为止，已开发和应用的单一的无机相变材料和有机相变材料达五百多种，除此之外，还有通过复合技术开发的具有独特相变特性的复合相变材料。但是由于纺织纤维加工和应用的特殊要求，用于纺织纤维的相变材料并不是很多。影响纤维用相变材料的主要因素有以下几个。

1. 相变特性 相变特性包括相变温度和潜热等。相变材料的功能是减少人体与环境的热量交换，起到隔热作用。在正常条件下，人体的舒适温度一般在29～35℃，因此服用纤维可选择相变温差在此区间的相变材料作为改性剂。相变潜热、导热系数和材料密度会影响相变材料的调温效率，一般应选择潜热和密度较大、导热迅速的相变材料。相变过程中的体积变化对应用有一定影响，以选用热膨胀系数小的为宜。同时，循环蓄热性能也是相变特性的一个重要指标，相变过程不能有任何降解和不可逆变化，无过冷现象，在洗熨过程中不损失、不变化。具有实用价值的PCM的使用寿命一般应大于1000次热循环。

2. 加工特性 除了要求相变材料的生产工艺简单、成本低，原材料来源易得外，相变纤维的加工方法不同，对相变材料的化学物理稳定性、热稳定性、流变性、与聚合物共混纺丝的可纺性等要求也不同。

纤维用无机相变材料主要是结晶水合盐，常用的有$Na_2SO_4 \cdot 10H_2O$、$Na_2HPO_4 \cdot 12H_2O$、$CaCl_2 \cdot 6H_2O$、$SrC_{12} \cdot 6H_2O$等，它们的相变温度在35℃以下，相变潜热为120～300kJ/kg。其优点是价格便宜、潜热大、体积蓄热密度大、导热系数较有机相变材料大，缺点是过冷度大、易析出分离，经过几次蓄热—释热循环后，蓄热性能逐渐下降，需预先添加成核剂和悬浮剂来防止过冷和相分离。

有机相变材料包括石蜡烃、有机脂、多元醇等。用于纺织调温纤维的石蜡烃主要是含有12～24个碳原子的直链烷烃，其相变温度为18～40℃，相变潜热为200～300kJ/kg。其优点是潜热大，一般不过冷、不析出、性能稳定，但是导热系数小，通常采用添加金属粉末、石墨粉的方法强化导热。同时，由于其为固—液相变材料，液态石蜡易渗出纤维而失去调温功能。多元醇是一类固—固相变材料，它们是通过晶格变化而放热吸热。固—固相变材料由于不会转变成液态、体积变化小、过冷度小、热效率高和寿命长等特点而受到重视。多元醇之间混合可以形成合金，得到相变温度较宽的混合固—固相变材料。通过调整合金的组成和配比可以方便地改变相变温度和相变潜热。多元醇也存在高温挥发和导热能力差的缺点。聚乙二醇(PEG)是研究最多的多元醇类相变材料之一，其相变特性具有分子量依赖性。相对分子质量为1000、6000、10000、20000的聚乙二醇，其相变温度分别为12.7℃、32.8℃、34.8℃、37.6℃。上述样品的DSC实测熔点为35.1～68.7℃，在穿着洗熨时也存在液态聚乙二醇逸失的问题。

3. 相变纤维的加工方法

(1)浸渍法。早期的相变纤维大多通过两个步骤制备。第一步先制成中空纤维，然后将其浸渍于相变材料(如无机盐)溶液中，使纤维中空部分充满相变材料，经干燥再利用特殊技术将纤维两端封闭。Vigo等人自20世纪80年代中期开始研究将中空纤维浸渍于低分子量的聚乙二醇($M < 1000$)或塑晶材料的溶液或液体中，使聚乙二醇或塑晶进入纤维内部，得到了在-40～60℃时具有相变特性的纤维。但是由于低分子量的PEG溶于水，在织物洗涤时

会逐渐损失而不具有实用价值。随后，他们在传统的浸轧—干燥—熟化整理工艺中加入交联单体二羟甲基二羟基乙烯脲(DMDHEU)和 $MgCl_2 \cdot 6H_2O$ 柠檬酸催化体系，使 PEG 与纤维发生交联而不溶于水。

(2)复合纺丝法。将聚合物和相变材料熔体或溶液按一定比例采用复合纺丝技术直接纺制成皮芯型相变纤维。但是由于相变材料的可纺性一般较差，同时相变材料在加工过程中的化学稳定性对该工艺路线的实施也有影响，一般通过添加第三组分的方法，以提高相变材料的可纺性。有人以聚丙烯(PP)和相对分子质量为 1000 ~ 20000 的聚乙二醇及增稠剂为原料，采用熔融复合纺丝法研制出了以聚乙二醇为芯层的皮芯复合相变纤维。将该纤维加工成非织造布，在环境温度为 35.5℃左右时，内部温度比纯 PP 非织造布低 3.3℃，在 26.9℃左右时内部温度比纯 PP 非织造布高 6.1℃。20 世纪 90 年代初，日本聚酯公司将石蜡烃纺制在纤维内部，并在纤维表面进行环氧树脂处理，防止石蜡从纤维中逸出。与其他相变材料相比，石蜡具有很高的储热能力。此外，石蜡可相互混合以实现所需的相变发生的温度范围。石蜡无毒性，不腐蚀且不吸湿。石蜡的热性能在长期使用中保持稳定。石蜡是石油精炼的副产品，所以成本低。但石蜡的一个缺点是其易燃性。

采用溶胶—凝胶法可成功制备出复合相变材料。其稳定性好，在发生相变时无液体渗出。

(3)微胶囊法。随着微胶囊技术的发展，将该技术引入复合调温相变纤维，制成了 PCM 分散均匀、调温性能显著、耐洗性能优异的海岛型相变纤维。1992 年，Triangle 公司将正二十一烷和正十八烷双组分 PCM 包覆于微胶囊中，制成微胶囊 PCM，用于宇航设备的降温处理。美国 Gateway 公司开发的 Outlast 纤维的技术关键也是微胶囊包覆石蜡烃。Gateway 公司声称，Outlast 纤维在直径为 1 ~ 60μm 的微胶囊的弹性壳的包覆下，石蜡烃类 PCM 与外界环境隔离，保证了其在加工温度下微细形态的稳定性，便于在基质中均匀分散，纺丝成形过程简单，织造和染整工艺与普通纤维相似。同时，保证了这类固—液型 PCM 在穿着、洗涤、熨烫等过程中不会外逸，纤维具有良好的悬垂性、柔软性和抗张性。影响微胶囊 PCM 在复合纤维中应用的因素主要有胶囊的尺寸、尺寸的规整性、胶囊的化学稳定性和对剪切、挤压等机械作用的稳定性以及核壳比，即 PCM 在微胶囊中的含量等。

微胶囊相变材料(Microencapsulated Phase Change Materials，MCPCM)的研究是将微胶囊技术应用到相变材料中而形成的新的研究领域。MCPCM 从技术上克服了相变物质的应用局限性，提高了相变材料的使用效率，拓宽了相变材料的应用领域。

相变材料在相变过程中能吸收和释放大量的相变潜热，可广泛地应用于能量储存和温度控制领域，近 20 年来在欧美国家得到了迅速的发展。根据相变方式分类，相变材料可分为固—固相变材料和固—液相变材料；而按物质，可分为无机盐相变材料、有机小分子相变材料和高分子相变材料。不同种相变材料分别具有各自的特点，但都存在一定的应用局限性。微胶囊相变材料的研究是将微胶囊技术应用到相变材料中而形成的新的研究领域。MCPCM 从技术上克服了相变物质的应用局限性，提高了相变材料的使用效率，拓宽了相变材料的应用领域，具有广阔的应用前景。

4. 相变纤维的发展方向 由于纤维在使用过程中会受到形变和水的作用，解决 PCM 液相泄漏、水蚀、过冷、传热不良等是当前面临的重要问题，这取决于 PCM 的封装和复合。微胶囊法是目前加工相变纤维最先进的方法之一，它已经成功地应用于丙烯腈系列纤维的溶液纺丝中，得到了 PCM 分布均匀、蓄热能力显著的相变纤维。熔纺相变纤维无论在工程上还是在商业上，都具有不可匹敌的优越性。但是，在温度较高的条件下（>200℃），微胶囊 PCM 会失去核心物质，并且使熔纺无法进行。Triangle 公司研究了一种改良的微胶囊 PCM，用熔融纺丝法纺制出了相变纤维。他们发现必须采用粒径大于 10μm，壁结构坚实的微胶囊，才能保证在高温下顺利纺丝。但它的造价很高，并且工艺比较复杂。

复合纺丝法是通过皮芯复合的相变纤维，由于皮层聚合物对热的传导比较迟钝，纤维的传热速率比较小，热响应慢。随着复合 PCM 的开发，将显热/潜热复合储能材料（CESM）、无机/有机储能材料、PCM—聚合物共聚物等应用于加工相变纤维，为可以开发出功能迥异的相变纤维微胶囊 PCM 提供了一个途径。

目前正处在研究阶段的方法有：

（1）显热/潜热复合储能材料。由无机盐和陶瓷基构成，陶瓷基体为多孔结构，无机盐分布在陶瓷基体的微米级超微多孔网络中。由于表面张力和毛细作用，熔化的液态盐不会渗漏。因为 CESM 的储能密度大、能量输出稳定、传热迅速以及其加工工艺性能优越，将在相变纤维中得到一定应用。

（2）多元醇复合 PCM。由于多元醇的固—固相变特性，从一出现就成了纤维用 PCM 的首选。武克忠等在熔融状态下将新戊二醇嵌插在蒙脱石（Mont）层间，形成新型的无机/有机复合材料。Mont 有利于 NPG 蓄热时的热传导和减小过冷度，并避免了 NPG 在高温下的升华以及与周围介质发生化学反应。PEG 与高聚物的共聚物是一种很优秀的 PCM，熔点比较高，在室温下表现为固—固相变的特性，特别适于纺织服装用纤维的加工。

（3）纳米技术在 PCM 技术中的应用。纳米技术为发展新材料提供了新的途径，并极大地丰富了材料的制备技术。国内外关于纳米技术在 PCM 中应用的报道很少，有人对该项技术进行了预测，并指出了待解决的几个问题：准确表征纳米材料的精细结构，从结构上分析、解释其特性，建立预测微区尺寸与材料特性的关系函数，寻找工艺稳定性控制因素等。

（4）化学法直接制备。相变纤维可直接用化学反应法制备。它主要是采用接枝共聚与嵌段共聚的方法，把具有储能功能的基团键连到高分子的主链或侧链上，制备出固态相变材料。物理共混材料并不具有固—固相变特性，其低熔点工作物质熔融后，易与载体基质分离，导致工作物质泄漏。化学方法制备的相变材料是一种真正的固—固相变材料，实验已证明，它具有典型的固—固相变特性，且热稳定性优良，材料储能效果好，性能稳定，使用安全。

二、相变纤维的性能指标与检测

相变纤维的性能表征主要包括生理检测和非生理检测。最好的检测方法当然是人的生理测试，但是这种测试总是非常耗时费力，所以不被用于质量控制检测。目前主要通过检测以下指标来判断相变纤维的性能。

1. 热传导性 因为相变纤维需要灵敏地感应温度而激发相变，提供或吸收热能；同时又要低热阻的传导热量，所以它的热传导系数应该偏小。

2. 热相变点与相变总能量 热相变点与相变总能量是相变纤维的最主要的性质，起止点温度反映材料的可使用性，总能量反映其温度调节能力。以相变材料 PEG 与织物交联后的变化为例，当 PEG 与织物及交联剂发生交联后，PEG 大分子链的线状结构被破坏，形成了复杂的三维网状结构。结果导致 PEG 的相变能量值远小于纯 PEG 的值，同时熔融温度与结晶温度也相应降低。

3. 循环性 相变的循环性表示 PCM 的反复可使用性和有效性，美国农业部南方实验室的 Vigo 等人，将相对分子质量为 500 ~ 8000 的 DMDHEU 等交联剂及催化剂一起混合后制成均匀水溶液，将棉、涤/棉和羊毛织物等在水溶液中浸渍、轧压、烘干和皂洗后得到增重 50% 左右的织物，该类织物在 0 ~ 50℃ 时比未处理的织物具有明显的吸放热效果。在经过 150 次冷热交换循环后，织物热储放的可复演性仍很好。

4. 纤维的形状尺寸 目前相变纤维的形态尺寸一般都偏粗，不管是微胶囊混合的纤维，还是中空纤维或是复合纤维。以 PEG 相变纤维为例，相变时纤维的径向尺寸增大而轴向尺寸减小。

5. 可纺织染加工性及相变物质的稳定性 虽然生产相变纤维有多种方法，很多仍只是实验室制法，不能大规模生产。由于相变材料在高温下会分解，复合纺丝存在困难，中空纤维填充法因存在泄漏问题，所以染织后相变材料损失较多。微胶囊可解决泄漏，但颗粒尺寸太大，大于 1μm，且成本较高。

6. 相变纤维的性能检测方法

（1）示踪空气检测。传统导热材料的性能可通过示踪空气检测，因此非生理检测试验就可以量化设计。相变材料通过外界环境的温度变化在皮肤和外界环境之间建立一种动力学平衡，传统的示踪空气检测对生理变化和对外界温度的缓冲作用不能量化。

（2）差示扫描量热法（DSC）。差示扫描量热法用于测量相变材料吸热和放热的热转变点、熔点、结晶点和温度变化的范围，并可提供热转变中的能量损耗。该法对于纤维在无任何附加作用条件下相变特性的测定很有说服力，但是不能完全描述织物穿着者的真实生理感受。因此，积极地通过建立各种数学模型和数学方法并进行必要的生理测试，是提高检测手段反映纤维真实生理功能的有效途径。

（3）非生理检测方法。这项新的技术测量影响温度调节的各种因素，它适用于在实验室模拟真实生活状况的生理测试。这个系统使用连续的环境温度和能量维持一种模拟皮肤的温度，通过测量皮肤温度如何随着外界能量变化的波动，这种能量正是织物和纤维调节温度的决定因素。

（4）纤维的相关性能。这主要是指纤维的热传导性能、力学性能、表面性能、可加工性能和服用性能。这些均可在常规试验条件下或相变控温范围内进行相关的常规测量获得。这些都是相变纺织品使用的必备条件，必须满足和对其进行评价。

思考题

1. 概括相变材料的性能特征。
2. 论述微胶囊的制备方法。
3. 说明相变材料的应用领域。
4. 论述相变纤维的加工方法。
5. 简述表征相变纤维性能的几个指标。

第十章　智能纺织品

本章知识点

1. 智能纺织品的概念。
2. 智能纺织品的原理及分类。
3. 智能纺织品的现状及发展趋势。

第一节　概　述

在过去的 20 年中，世界纺织品的格局发生了巨大变化，以纺织服装为主的传统产业在发达的西方国家正在慢慢地失去风采，而智能纺织品的出现，使世界纺织服装业逐渐步入智能纺织品时代，同时带来了新的挑战。对于正在走下坡路的传统纺织服装行业来说，大量智能纺织品的开发为其创造了新的机遇。近年来，智能纺织品已经引起人们的广泛关注，并寄托着人们对未来纺织品的种种期望。

一、智能材料

智能是一种能获取、存储知识并运用知识解决问题的能力。智能材料是一种对特别的刺激能进行判别并按预定方式做出反应的材料，它模仿生命系统，能感知环境变化并能适时地改变自身的一种或多种参数，做出所期望的，能与变化后的环境相适应的复合材料或材料的复合。具有感知功能、信息处理功能和执行功能，可以自动调解并具有自诊断、自适应、自修复、损伤抑制、寿命预报等能力，表现出动态的自适应性。

智能材料和结构密切相关、互为一体。宏观上的智能材料与结构包括 5 个部分：母体材料、传感器、作动器、通信网络和中央处理器，如图 10 - 1 所示。当外界环境发生变化时，智能材料的结构状态会发生一定变化，此时通过传感器可以收集到结构状态变化的信息，如环境的温度、压力、湿度、结构的位移、速度、应力应变、裂纹；光、电、磁信号的变化等，并将此信息通过通信网络传输给中央处理器进行处理、解释，中央处理器根据解释结果发出指令给作动器，使结构状态发生变化以适应环境的变化。

用于智能材料的传感器有压电材料传感器、电阻应变计、微芯片传感器和光纤传感器；作动器主要包括压电材料、形状记忆材料、电致伸缩材料、磁致伸缩材料、磁流变流体材料和电致主动聚合物。

另一种微观水平的智能材料是以原子、微观智能材料或生物材料为蓝本，力图将传感器、处理器和作动器的功能结合在一个集团中，形成一个类似神经元的均匀材料，如图 10－2 所示；或采用集成电路的制备思想，通过在原子或分子水平上实现材料的设计和结构控制，来实现传感器、处理器和作动器功能的系统化，并制备复杂的、多层次的、高度有序的智能材料。

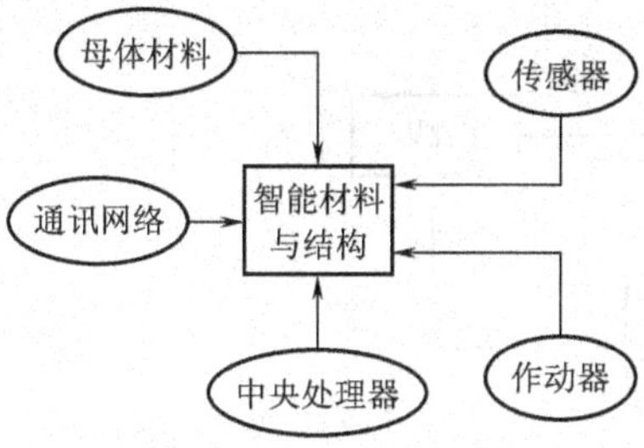

图 10－1 智能材料与结构

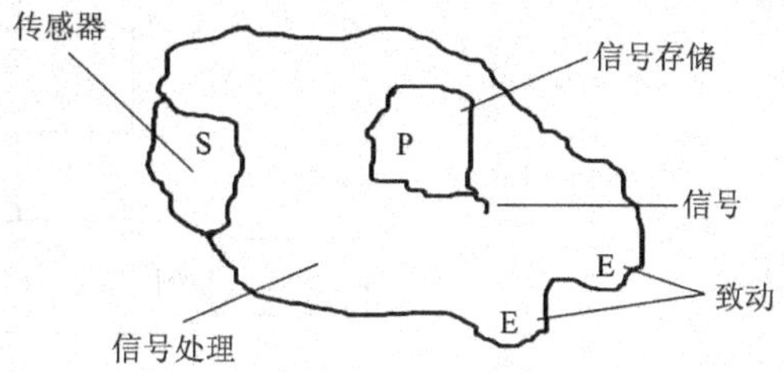

图 10－2 神经元结构

二、智能纺织品

智能纺织品是从纺织纤维和消费品中派生出来的新一代纺织新品种，是一种具有形态记忆能力、对外界刺激感知和反应的能力及具有适应外界环境能力的新型纺织品，是传统的纺织服装技术与材料科学、结构机理、传感技术和先进的加工工艺、通信技术、人工智能、生物技术的有机结合。智能纺织品不仅具有一般机织、针织面料所具有的性能，而且还至少具有一种实用功能，因此也称为功能纺织品。

智能纺织品显示出至少一种独特而有价值，对外界刺激能够进行智能响应的性能。一些智能纺织品仅具有对外界刺激感知的能力，如光导纤维和导电纺织品；另一些智能纺织品具有对外界刺激感知和反应的能力，如形状记忆纺织品、变色纺织品、防水透湿纺织品、蓄热调温纺织品、吸湿放热纺织品等。

三、智能纺织品的工作原理

智能材料包括智能纺织品，其一般原理是感知材料、执行材料和信息传输材料有机地复合或集成为一体。有些材料兼具感知和执行功能，这类材料统称为机敏材料，大概有以下几种：光学纤维、导电纤维、变色纤维、形态记忆纤维、调温纤维、压电纤维、智能抗菌纤维。

通常情况下，智能纺织品由传感器、制动器和控制单元三部分组成，常用的传感器材料有感光材料、光纤、导电性聚合物、热敏材料、形状记忆材料、微纳米材料等，神经网络控制系统通常被选作为控制单元。智能纺织品的工作原理如图 10－3 所示。

具体工作过程如下：首先由控制器开启传感器，其次传感器感知外界激励的变化，后由传感器将该变化转变为后期处理过程中所需要的电信号，处理器接收由传感器转换过的电信号并对其进行处理，处理完成后发送信号至控制器，最后由控制器发出指令，制动器接收已处理的信号，然后通过制动器调整材料的各种状态，以适应外界环境的变化从而实现自诊断、自调节、自修复等功能。

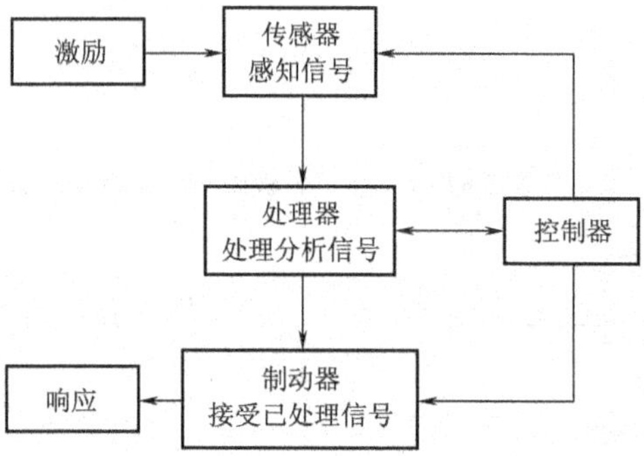

图 10－3　智能纺织品的工作原理

第二节　智能纺织品的分类及其简介

按照对外界刺激所反应的方式，智能纺织品大体上可分为消极智能纺织品、积极智能纺织品和高级智能纺织品。

一、消极智能纺织品

这类纺织品仅具有对外界环境和刺激感知的能力。传感器只能感知外界的环境和刺激，如所开发的光纤传感技术。光纤具有感知和单向传输功能，主要用于检测应变、温度、位移、压力、电流、磁场等这些材料和环境的性能。因此，光导纤维成为组成感知风格的最有希望的媒介。士兵作战服是应用这一思维的典型例子。

1. 士兵作战服　作战服的面料中嵌入 pH 感应传感器等。这些感应器在探测到生物化学药剂、毒害物质、高能电磁波以及神经毒气后便会发出警告，以保护士兵免受伤害，从而提高士兵的作战和生存能力。这些智能作战服还可制作成消防战士、从事危险工作的工人以及其他暴露在有毒环境中的工作人员的防护服。产品的开发原理是将一种荧光活性染料掺入到光纤中组成传感器，再用这些传感器来检测温度和 pH 值。

2. 消极智能衬衫　感应器可绘出穿着者的心电图，测出穿着者的心率、体温以及语音，而变化的信息是用一装置来收集的。产品的开发原理是将光纤做成螺旋状掺入织物组织中，同时还使用表面涂覆聚乙烯的铜丝以及掺有无机分子微粒的锦纶，共同用来作为电传导体。栅格里的光纤粒子可监测穿着者的血压、受伤部位以及心率。这种智能衬衫在洗涤后不会对传感器有任何的破坏，产品广泛应用在医药、体育运动以及空中实验、公共安全和个人的信息处理领域。

另一种消极智能纺织品是用导电纤维或其织物制成，这些导电纤维或其织物用作传感器。如导电聚合体纤维、涂层以及特殊的碳纤维、不锈钢丝、铜丝、银丝、金丝或用不锈钢包裹的金属丝等金属类导电纤维广泛应用于这类智能纺织品中。

3. 导电纺织品　许多导电纤维和纱线，如金属丝绸透明硬纱、不锈钢丝、铜丝、银丝、金丝或用不锈钢包裹的聚合体金属丝、外层覆以金属的水硅锡矿纤维、导电聚合体纤维、导电聚合体面料以及特殊的碳纤维织物，都已应用于织物传感器的生产中，而两个导电金属层之间用尼龙网隔开。当我们在适当的部位施加压力时，电流就会通过尼龙网眼空间。同时在接触部位嵌入可操作的发光二极管。这种智能服装可以用光线的均匀变换来影响穿着者的情绪，而且还可任意卷、压、洗，而不影响其电学性能。

4. 压敏纺织品　这种智能纺织品是由传统的纤维编织而成（柔韧性强），织物中导电纤维经纬向交织形成一个矩阵，可以准确感知到织物受压部位。因此被运用到柔性衬垫、柔性遥控器、柔性键盘以及柔性电话中。一种新型的、用来产生声波的纤维——压电光纤已应用于活性纤维元件中，它有希望实现消极智能纺织品的这些特征。

二、积极智能纺织品

这类智能纺织品中具有对外界环境和刺激感知且反应的能力，纺织品中包含有传感器和制动器。制动器根据直接检测得到的信号或根据从中央控制单元得到的信息，使结构发生变化以适应环境的变化。

1. 防水织物　Diaplex 和 Sympatex 是应用最广泛的两种防水材料。

Diaplex 是日本三菱重工业公司开发的一种形状记忆性透气织物，它是由形状记忆聚氨酯织物复合而成的，这种聚氨酯薄膜可与多种时尚的功能衣料层压复合。当温度高于玻璃化转变温度（T_g）时，Diaplex 薄膜内出现微观布朗运动，于是聚氨酯薄膜上产生微小的气孔，水蒸气和体热可以通过小孔散发，使其透湿、透气性在 T_g 左右有显著的改变，当涂层织物在低温（$<T_g$）时，具有低透湿、低透气性和保暖作用，而在高温（$>T_g$）时，则具有高透湿、透气的散热作用。形状记忆聚氨酯薄膜的孔径远远小于水滴平均直径起到防水效果。从而使织物在各种温度条件下具有良好的穿着舒适性和高的拒水性。其防水性能达到 196.4 ~ 392.8kPa，而每 24h 透湿量达到 8000 ~ 12000g/m^2，而且具有良好的抗冷凝性，它不仅适用一般条件下的穿着，而且在极端环境条件下，其防水、透气、保暖性能随温度变化而改变，始终保持良好的舒适性。

德国的 Sympatex 是一种轻质、无色、透明、绝热、超薄的无孔聚醚酯薄膜，可与多种织物层压复合。由于薄膜的吸收和吸附作用，表现出御风和防水的性能。

Sympatex 无孔亲水薄膜是由亲水（聚醚）与拒水（聚酯）两种物质组成的聚合物，其中亲水物质的内部呈分子链结构，且分子链上带有正负电荷，可以将大量的水蒸气分子吸入到薄膜里，然后借助温度、湿度差产生的压力迅速地排出去。无孔结构及独特的作用原理，保证其永久的防水、防风、透气，同时也避免了被污物堵塞，其性能不会随着时间的推移和穿着、洗涤次数的增加而减弱。该膜的延展性可达 300%，抗撕裂能力较强，大大增加了本身的耐磨度，同时也使得它能够与任何的面料复合。而当它与延展性较好的面料复合时，则将面料整体的延展性发挥到了极致，不仅为设计师提供了更多的款式设计，也保证了穿着者无论从事怎样的户外运动，都不会被衣服所束缚，从而舒适的享受户外生活的乐趣，如图 10 - 4 所示为 Sympatex 无孔亲水薄膜复合材料的透气过程，图 10 - 5 为 Sympatex 无孔亲水薄膜复合材料在运动鞋中的应用。

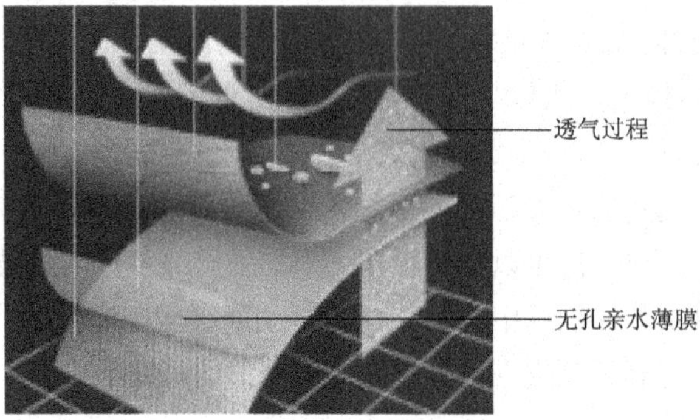

图 10 - 4　Sympatex 无孔亲水薄膜复合材料的透气过程

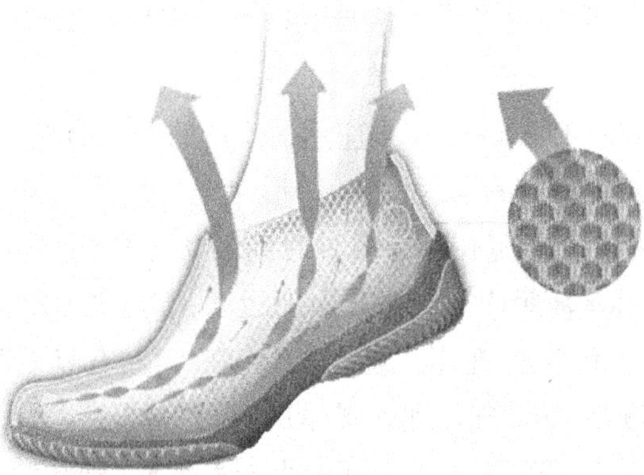

图 10 - 5　Sympatex 无孔亲水薄膜复合材料在运动鞋中的应用

2. 储能纤维　应用热绝缘处理技术，可以从陶瓷合成物中提取出再生热量纤维，而这种热绝缘处理技术利用了陶瓷粉的远红外线辐射效应。这种合成纤维中掺入锆、镁或铁的氧化物，因为主体温度为 30℃时，这些物质可以辐射波长为 8 ~ 14μm 的红外线。

锆碳化合物粉末包覆在合成纤维表面，可以开发出一种吸收和储存太阳光能新型纤维，它可以把太阳光转化成热能释放到服装中去，释放出最大的能量从而达到保暖性，这种纤维可用于制作滑雪服。

3. 变色织物　这类智能织物会对外界的某种刺激做出响应，即发生颜色的变化，尤其是含铬成分的热敏涂料，在特定的温度下它的颜色会发生改变。这些温度响应型织物是将树脂均匀涂在基布上制得的。微胶囊由玻璃制成，内含色彩成分以及显色剂（电子接受体）和溶剂。色彩成分、显色剂和溶剂相接触，根据环境温度的变化就能使基布显色或褪色。

4. 蓄热织物　蓄热织物是一种新型的舒适性织物，它利用相变材料使织物具有储存和释放热量的特性。

5. 新型液晶聚合体 在未来的发展中液晶聚合体期望用来代替应用在汽车、电子以及有关电的部位的金属。由于它的高模量、高强度、高耐热性、良好的化学稳定性、预加工性以及质量轻等特性,液晶聚合体有望成为新一代工程塑料。其中,芳香族聚酯可作为树脂或纤维应用。

6. 调温纺织品 织物内含有可以导电的石墨微粒使织物具有导电性能,纤维的电阻随纤维温度和体积的改变而变化。当织物变暖,纤维的体积就会膨胀,从而降低纤维间石墨微粒的导电能力。该织物还可以自动调节电流,使温度保持稳定。

三、高级智能纺织品

这类纺织品不仅具有对外界环境和刺激感知、反应的能力,还表现出动态的自动适应性。这类纺织品属于最高水准的智能纺织品。

1. 信息服装 该服装由 6 个技术层组成,每层都有特定的功能。该服装中的无线通信技术支持传感器网络和服装的数据资料,这些无线网络可以使不同层之间通过最短的距离进行交流,而不会产生任何对人体有害的辐射。这一网络以一种自然灵活的微小结构与服装结合为一体。

2. 数字服装 人体的各个关节处都装有传感器。传感器由导电的聚酯制成,系统能够测量出每个关节点的角度来确定每个肢体的确切位置。许多应用领域都会受益于这一能力,即通过计算机中的数据追踪肢体的位置,包括医学成像学、测量学、人类工程学、生物力学、机器人技术以及动物学。整个人体或每个独立的关节都可被监测到,而且运动受伤及生物力学这一领域与之密切相关。

3. 智能文胸 这种文胸会根据胸部的运动改变它的性能,而且它会给予运动的女性最大的支持。智能文胸会自动地收紧、放松肩带或加固、松弛罩杯来约束胸部的运动,以免胸部有疼痛的感觉或产生乳房下垂的现象。这是用表面涂有导电聚合体的织物作为传感器的。目前已开发出一种智能文胸,当穿着者遭到攻击时,文胸就会自动发出震耳欲聋的警报声。

这种装置可辨别由于惊慌或医疗突发事故引起的心跳加快和由于兴奋引起的心跳的渐稳增长。这种装置时刻监视着人的心跳,当穿着者心跳突然改变时,就会得到提示,以确保穿着者一切正常。如果穿着者没有反应,系统就会自动认为需要帮助。通过无线移动技术来传送疼痛信号,再由全球定位系统得出穿着者的位置所在。

4. 保健服装 保健服装作为人体的第二层皮肤,有内层和外层两个接触面。外层用来观测天气,获取气候特征;内层可检测穿着者的生物生理状态。通过衡量比较这些特征,服装对人体的运动做出分析,就能够感知穿着者的疲劳程度,或建议继续运动,或建议改天再训练。如果遇上有不适的情况,服装就会建议穿着者去看医生。

5. 情感服装 情感服装具有测试人情绪的功能。根据情绪,这种 T 恤将产生颜色的变化或释放香味。

6. 军用帐篷 未来的士兵应该享受到居住在智能帐篷中的待遇。帐篷的材料应该能够抵御气候、子弹或其他危害的袭击，而且还要能够改变形状来降低风力载荷。能够检测并能自动密封空气缝隙的空气衍射结构也受益于这一技术。

这种军用帐篷可根据周围的环境发生颜色和形状的改变，为抵御化学药剂、气候或子弹的袭击，帐篷的材料会变为刚性的。它还可提供士兵免于被热传感器或者电磁探测器探测到的防护。帐篷还可以把太阳光转变为电能，给计算机、无线电广播发射机和柔性显示装置供电。未来的织物具有感知或处理信息的功能，并且像未来士兵所期待的那样，不仅穿着舒适而且耐穿。

第三节 几种主要的智能纺织品

一、调温纺织品

调温纤维是将相变材料包覆在纤维中，根据外界环境变化，纤维中的相变材料发生液—固可逆相变，或从环境中吸收热量储存于纤维内部，或放出纤维中储存的热量，在纤维周围形成温度相对恒定的微观气候，实现温度调节功能。用此类纤维加工成的纺织品（服装）具有因相变物质的吸放热而引起的自动调温作用。

二、形状记忆纺织品

形状记忆纤维发展始于20世纪90年代初期，当时日本东洋纺公司开发了高含棉防皱和免烫性的混纺织物整理技术，推出了所谓记忆棉纤维“奇迹护理”；此后，各大公司也相继加入这个行业。形状记忆纤维能在第一次热成形时记忆初始形状，冷却时可进行第二次成形，并在更低温下将此形变固定下来，当再次加热时能回复为初始形状。

应用最普遍的形状记忆纤维是镍钛合金纤维，在英国研制的防烫伤服装中，镍钛合金纤维首先被加工成宝塔式螺旋弹簧状，再进一步加工成平面状，然后固定在服装面料内，当服装表面接触高温时，纤维的形变功能被触发，迅速由平面状变化为宝塔状，在两层织物之间形成很大的空腔，使人体皮肤远离高温，防止烫伤。

所谓热适应性是赋予材料热记忆特性，温度升高时纤维吸热，温度降低时纤维放热。此热记忆特性源于结合在纤维上的相邻多元醇螺旋结构间的氢键相互作用。温度升高时，氢键解离，系统趋于无序，线团松弛过程吸热；当环境温度降低时，氢键使系统变为有序，线团被压缩而放热。这种热适应织物可用于服装和保温系统，其潜在应用领域甚广。其中包括伪装系统、自动舱、热传感器、体温调节和烧伤治疗的生物医学制品以及农作物防冻系统等领域。

三、积极保暖功能智能纺织品

目前，这种类型的纺织品主要包括积极保暖和积极产热两方面的功能。日本东洋纺和美津浓（Mizuno）两大公司正在联合推广一种叫 Breath—thermo 的产品，它包含了与聚丙烯腈交联的涤纶。所应用的这种化学物质具有很强的吸水能力，还经常被用做医用干燥剂，从而因小分子水的内摩擦产热，其产品内部的温度较普通产品高 2～3℃。

一般来说，人即使不出汗，人体皮肤表面每天也大约要蒸发 900mL 的水分。Breath—thermo 就是应用了此部分的水分来给服装内部加热。最初在 1994 年挪威利勒哈默尔冬季奥运会比赛中，美津浓公司首次将其作为滑雪服介绍给大家，后来应用被进一步推广和扩大。美津浓公司计划将此类织物引入登山运动服、体操运动服和高尔夫服中去。Descente 和 Adidas 应用了另一种东洋纺生产的纤维 Exlive，这是一种包含颗粒大小为 0.2mm 的丙烯酸酯粉末的纤维，其吸水能力比硅胶大 3 倍，从而具有很好的产热功能。另外，日本的 Warmsensor 机织物包含有特殊的陶瓷粒子，而且结构由吸收层、绝缘层和隔热层组成。与普通的机织物相比，其内部温度要高 2～3℃，Asics 公司已经将其用于运动内衣、普通内衣和滑雪服中。由 Maldem 生产的 Porlatech 是内置锂电池的服装，其中热量可以连续 5h 保持服装内的温度。

四、温敏变色纤维

温敏变色纤维是指随温度的变化，颜色发生变化的纤维。温敏纤维的加工主要是将温敏变色染料通过共聚、共混、交联及涂层等方法引入到纤维中或纤维表面。

日本东丽公司开发的 Sway 织物，是将热敏染料密封在微胶囊内，然后涂层整理在织物表面。胶囊内包含三种成分：热敏变色性色素、显色剂和消色剂。调整三者比例就得到可逆的温敏变色纤维。在温差超过 5℃时发生颜色变化，温度变化在 -40～85℃，针对不同用途可有 64 种不同的变化。英国默克化学公司将热敏化合物掺到染料中去，再印染到织物上。染料由黏合剂树脂的微小胶囊组成，每个胶囊都有液晶，液晶能随温度的变化而呈现不同的折射率，使服装变幻出多种色彩。通常在温度较低时服装呈黑色，在 28℃时呈红色，到 33℃时则会变成蓝色，在 28～33℃会产生出其他色彩。目前，默克公司已掌握了精细调整热敏变色材料的技术，使这种面料能在常温范围内显示出缤纷的色彩。

五、光敏变色纤维

光敏变色纺织品是指具有光致变色性能的纺织品。光敏变色是指某些物质在一定波长的光照射下会发生变色，而在另一波长的光作用下又会发生可逆变化回到原来颜色的现象。具有光敏变色特性的物质通常是一些有异构体的有机物，如螺吡喃、萘吡喃、螺亚嗪等。这类化学物质在光的作用下能发生可逆的构型变化，因而表现出可逆的显色或褪色。

目前，美国研究人员已研制出能从橙色变为蓝色，从红色变为蓝色的纤维，其目标是征服整个可见光谱，他们的理论是将这些纤维和少量金属丝编织在一起，形成类似像素的十字形，连在金属丝上的小电池和控制器可改变每个纤维像素周围的电场，从而改变颜色，这样就创造了一种衣服颜色随环境颜色发生变化的模式。日本等发达国家也取得了较大的进展。日本制成的光敏纤维在无阳光的条件下不变色，在阳光或 UV 照射下显深绿色，在军事中应用广泛。

六、电子智能纺织品

电子智能纺织品包括传感器、电子和通信设备，可以检查、储存和控制信息，并将一些测试的身体数据传递到控制中心，进行数据交换。

1. 多媒体智能夹克 德国著名的英飞凌公司研制了一种新型的智能夹克，一款内置MP3播放机的夹克。这种配备蓝牙技术的夹克把MP3播放机与内置播放系统连接起来，可以播放音乐和收听广播。夹克的内置系统包括CPU、存储器等，衣料内埋有光纤，衣服上植有软触式控制器，衣领部位植有微型麦克风和立体声耳机。光纤能连接随身携带的电子产品，软触式控制器实现MP3播放机的控制，麦克风和耳机则可与外界对话和收听广播，从而形成一个简易的网络系统。

2. 定位智能服装 欧洲的Hewlett packard实验室开发出一种定位系统智能服装。这种服装配有个人局域网、全球定位系统、电子指南针及速度检测器。衣服中的个人局域网附带数据传输、功率传输和信号控制等功能，可以联入几个装置，它们通过一个配有小型显示器的遥控设备进行集中控制，小型显示器可以置于衣袖上或戴在头上。儿童或老年痴呆病人穿着后，若不慎走失便可轻易找到。

3. 传感器监测服装 光纤传感器是一种可以探测到应变、温度、电流、磁场等信号的纤维传感器。美国Georgia理工学院的研究人员将光纤传感器植入衬衣来探测心率的变化，并根据光纤断裂后输出信号的变化，来判断士兵受伤的部位和程度，该服装用于儿童和病人的日常监护也有很好的前景(图10-6)。此外研究人员研制出一种有毒介质探测织物，该织物是在其中嵌入一些光导纤维传感器，当传感器接触到某些气体、电磁能、生物化学或其他有毒介质时，被激发产生一种报警信号，提醒暴露在有毒气体中的穿着者，可以提高战士在战场上的生存能力。这种纺织品可制作消防人员和有毒物质工作者的保护性服装。

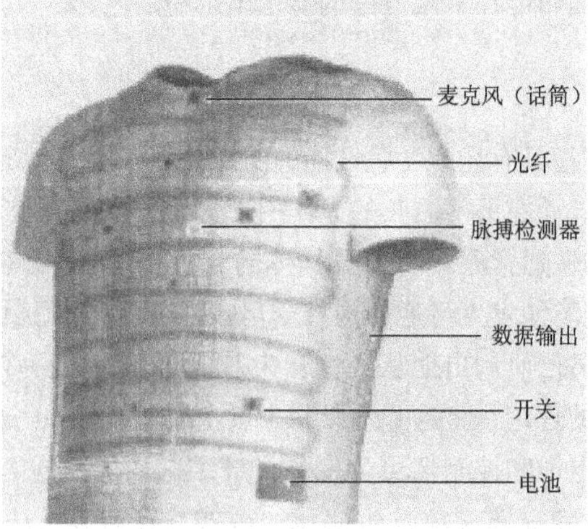

图10-6 智能监测服

4. 信息军服 内置电子装置的智能夹克配备有个人局域网,其实就是一个被织进夹克衫的电子线路,包括数据传输、功率放大、信号处理等。可以接入多个装置,通过遥控设备可对这些装置进行集中控制。由于这种智能服装具有通信功能,使远程治疗成为可能。此外,军服研究人员还设想在智能军服的胸前装一个向导包,使这个香烟盒大小的装置可以接收导航卫星发来的信号。军人带着它可以辨别自己和战友的位置。应用装在头盔上的全球定位系统、小型无线语音和数据通信系统,与部队内部的局域网相连,随时获得最新信息。

七、纳米隐身军服

具有隐身功能的智能军服无疑是部队在现代战争中保存战斗力的理想装备。穿上这种隐身衣,在可见光条件下敌方目视难以发现。另外,随着微光夜视仪、红外夜视仪等夜视器材的大量应用,防红外追踪的隐身衣的研制成为军服开发的新视点。于是,随环境改变而自动变化的隐身衣又应运而生。设想这种集防可见光、红外、微光夜视侦察于一身的新型智能隐身衣一旦装备部队,各种现代化的侦察器材必将遇到真正黑夜。

第四节 电子信息智能纺织品的发展

电子信息智能纺织品作为一种新型功能面料,其智能化来自于织物中加入的特殊成分。这些成分可以是电子装置、特殊构造聚合物或者是染化试剂。智能纺织品发展迅速,具有十分广泛的应用领域,如用于生物医学、保护服、运动和休闲服等方面,并正逐渐扩大到结构纺织材料、土工纺织材料和工程纺织材料等方面。目前对于电子信息智能纺织品的研究主要有柔性压敏材料、纺织品柔性显示器、电子系统嵌入式智能纺织品和纳米电子智能型面料等。

一、柔性压敏材料

柔性压敏材料是通过把轻质的导电性织物和一层极薄的具有独特电子性能的复合材料组合在一起来实现的。从技术角度上讲,这是一种具有弹性电阻的物质,通常状态下它是绝缘体,但受挤压或扭曲时,电阻就会降低,直到像金属一样的导电。如手指的压力可以使其电阻从数亿欧姆减小到不足1Ω。

它产生导电性的机械原理是在复合材料中,紧密地分布着金属粒子,但相互之间没有任何接触,当织物受压变形时,金属粒子之间的距离就会减少,直至电子可以在金属粒子之间发生转移,从而便具有导电性了。这实际上意味着柔性压敏织物的电阻可以有很大范围的变化,其程度决定于所施加的压力。

柔性压敏织物具有许多传统织物无法比拟的特点,在智能纺织品领域里发挥着其独到的优势。如由于这种织物对外界的反应与压力成比例,因而可以根据压力的大小来进行程度性的控制,用作最基本的开关控制。由于柔性压敏系统从织物键盘到传送信号的数据传输总线再到连接器，全部都由纺织品构成，没有任何硬质的物质，因此作为面型结构可以很容易地被卷起、清洗，使用方便。

除上述特点以外，柔性压敏织物最主要的优点之一是可以直接同其他电子装置进行对接而无需对信号进行特殊的加工，这意味着可以为众多的现有电子产品提供柔性压敏界面而无需改变原来的电路；柔性压敏织物不必直接与其控制的装置连接在一起，可以通过在织物上配置一个很小的无线电频率发射器来把指令发回到电子产品上，使无线技术与柔性压敏技术的结合就可以使遥感界面被加入到纺织品中，从而实现控制或与附近的环境相沟通。

无线柔性压敏技术可以使服装与附近环境或工作场合中的电子装置进行遥控沟通或给服装增加更多的仿真功能，所以可以在普通服装上加入电子产品，使电子产品可以被身体的动作或姿势来控制，从而增加品牌服装的魅力。

在房间装饰领域，柔性压敏技术可以将开关和控制加入到房门、家用装饰材料、扶手、工作站的仪表盘等装置上，却不留任何痕迹，以此来创造更符合工程学的用户界面；运输部门对于具有隐蔽性的智能化内部装饰有种不断增长的需求，在汽车行业已经开发了一种柔性压敏座位占用传感器，可以测量并鉴别乘坐者的重量并提供座位占用数据，以便可以更为有效地使用安全气囊。这个装置可以进一步发展为一个压力测量传感器，用以自动调节坐椅以使乘客坐得更舒服。这项座位感应调节技术也被应用在了飞机和办公设备上；随着家庭智能网络的出现，一种新的潜在市场是把开关装置加入到家用装饰纺织品中，如地毯、墙壁覆盖物、软质家具等，可以控制灯光、温度、安全装置以及其他电子设备，还可以控制室内空间的使用情况以求节约能源。

二、纺织品柔性显示器

可以利用特殊编织技术和光感纤维技术，制成柔性显示装置。这类材料可用于制作变色墙壁和地板覆盖物，更重要的是可用于制备包含施加电场的柔性显示器的智能和通讯服装。以色列 Visson 公司在 0.2mm 薄型纺织品上制成显示器样本。该样本显示屏用导电丝编织成 XY 结构，由此产生行列式电极网络，每一根导电纤维被极薄的电场发光物质层覆盖。在行列方向同时施加电压，在相应纤维交叉点上产生的电场导致该点上的电场发光物质发出辐射。还有一些令人感兴趣的研究，如可以用纳米复合纤维来开发柔性显示器。这类纤维改善了高温机械性能，具有优良的光学性质和电学性质，具有很高的应用价值。

纺织品柔性显示器在智能服装、通信服装、汽车设备、家用设备和装饰材料等诸多前沿领域有着广泛的应用前景。如柔性显示可用于各种类型的手机、掌上电脑（PDA），可穿着计算机和其他便携式电子装置；在消防队员和警察的制服上可显示信息和警示，提高了这类人员在远距离和极端挑战性状态下的安全性和工 作能力；另外，柔性显示在汽车工业中有许多应用，汽车内的设备需要许多能显示重要信息的柔性装置；在装饰行业，装饰性和智能性房屋、建筑物都需要柔性显示技术支持，以使各种信息、图画、照片和照明在房屋建筑物中得到充分的展示，并很容易地解决了能源供给问题。

三、电子系统嵌入式智能纺织品

将电子系统加入到纤维和织物中制成智能纺织品源于手机和个人电脑等便携电子装置的发展。电子装置体积的明显降低使在服装中嵌入电子装置的能力不断地提高，无需使用在衣服上缝小口袋之类的手段使其附在服装上，而是把它们直接置入实际的服装面料中。特种电子传感器能被集成在服装上，甚至已有把微细传导纤维与普通纤维一起通过机织或针织制成服装的例子。通过这种方式，可以生产轻型传感器和开关装置，它们几乎可适应任何三维形状。然而，无论采用何种方式把电子装置加入服装，服装必须保持原有风格，它们的手感不能削弱，同时必须足够坚牢以承受在使用过程中的水洗、干洗和磨损。驱动电子装置的能量可以来源于缝到织物上的微小电池。在未来，所需能量可由穿着者的运动或直接输入太阳能来替代。

德国慕尼黑 Infineon 技术公司已在这项技术上取得了很大的进展。其关键技术——高度集成化的芯片和传感器技术，推进了纺织产品与电子技术的全面集成。目前已开发了一些样机和设计模型，芯片和非常小的传感器被封装在一个特殊“盒”中，固定在织物内，所需的电子连接由织物中优良的传导材料提供。其应用包括从个人娱乐、通讯到商业、保健和安全设施等领域。这家公司还致力于将高科技，诸如微控制、蓝牙通信、全球定位系统（GPS）、移动通信（GSM）、射频识别技术以及生物传感器嵌入到纺织品中，推出各种智能纺织品。

这类智能产品的开发，其技术关键在于纺织品和电子元件之间的连接方法。两种材料连接所存在的基本问题是由于它们属于不同的尺寸等级，芯片是微米级的，而纺织品是毫米级。Infineon 公司开发了两种不同的方法，一种是采用类似于引线压焊的方法，将芯片植入可导电的布条上；另一种是采用类似于电路板方法，使用具有韧性的塑料薄膜连接键盘，键盘粘接在纺织品材料上。在这两种方法中，模块和连接部分都被密封在纺织品内。

Infineon 公司研制出一种新型的硅基热能发电芯片，利用温度差发电，可输出每平方厘米几微瓦的电量。研究显示，在普通的环境下，服装与皮肤表面之间的温差至少在5℃以上。在此条件下，该新型温差发电芯片能输出 $1.0\mu W/cm^3$ 和 $5V/cm^2$ 以上的电力和电压，其电力可用作特殊的医用探头或微电子芯片的能源。将该芯片集成在织物内所制成的智能服装，配合使用合适的器械，通过衣服内的传感器，将测得的人体的重要信息（如脉搏、心跳、体温等），通过无线传输，传送至监测中心，医生就可了解被监护人的情况，对异常状况尽快采取措施并及时治疗。

Infineon 公司还研制出一种智能商标芯片，经过特殊的封装，集成在织物内，用作织物的智能标签。智能标签由可以存储各种信息的微型芯片构成，这种芯片带有一个天线，使用户之间可进行无线的数据交换而不需要单独的电源。智能标签可用于洗衣机的程序设定，可用于控制物流以简化存储。另一种用途就是在智能商标上储存防伪特征和密码，在全球范围控制对品牌商品的盗版。

四、纳米电子智能型面料

完美的纺织材料的合成可显著地改善面料性能，而纳米技术与计算机、检测器、微米级机器的结合，可使面料发生根本的改变。

目前国外利用纳米技术开发了一种灵敏且程序可控的面料，其基本思想就是将小的多孔单元通过“螺丝”互相连接成面料。装有小型电力发动机的计算机控制这些微孔，以调节它们与“螺丝”间的相对间隙。通过选择“螺丝”的松紧，产品的形状就可以改变，以符合使用者所需的形状。通过形状的快速变化或某些微孔间的短暂失去连接，固态的刚性物质就能像织物一样柔软；反之，松散的键合单元与刚性骨架相连，柔软的织物就会变得刚硬。因此，织物与其他材料之间的区别就变得很模糊。

程序可控面料的概念并不仅局限于织物，还有许多潜在的应用，如太空服可类似于人体皮肤一样活动自如。嵌入的计算机与应变仪相结合，能感应出穿着者想做的运动，从而对面料作相应的调整。外层的反射系数可进行改变以吸收来自面向太阳的热量，并输送至冷的部分；而面料的绝热性能会防止穿衣者的热量散失，过剩的热量也可转移至冷的一面。

总之，智能纺织品作为21世纪的新材料，具有不可估量的意义，可与20世纪半导体材料相媲美。目前，智能纺织品的研究经过一定的基础性研究和探索后，预计将逐步在实际应用中取得实质性突破，从而全面进入实用阶段。

思考题

1. 概述智能纺织品的概念。
2. 举例说明智能纺织品的分类及原理。
3. 论述智能纺织品的现状及发展趋势。

第十一章　阻燃纤维与阻燃纺织品

本章知识点

1. 阻燃机理。
2. 阻燃纤维的生产方法。
3. 纺织品的阻燃整理。
4. 阻燃纺织品的测试方法。

目前所使用的纺织材料大都属于易燃性或可燃性材料，也常常是火灾的最初着火物，而每年因火灾造成的人员伤亡和经济损失不计其数。因此，如何减少纺织品燃烧危险性及燃烧时有毒气体的释放，减少人民生命财产的损失，已引起全人类的关注和重视，也是纺织材料研究的重要课题。

第一节　概　述

一、燃烧过程

通常，可将燃烧过程分为以下三个阶段。

(1)纤维热裂解，产生可燃性气体、不燃性气体和碳化残渣。

(2)可燃性裂解气体与氧气混合，当温度达到着火点或遇到其他火源时，着火燃烧并释放出热、光和烟。

(3)放出的热量使纤维继续裂解燃烧，引起火焰蔓延。

燃烧过程主要取决于外部的含氧量和温度等。纤维的自身裂解和燃烧中析出的可燃物及释放出的热量，会加强燃烧，但同时也会因裂解大量吸热和析出不燃碳化物，对燃烧产生抑制作用。上述燃烧过程可归纳为图 11－1。

二、阻燃机理

所谓阻燃，并不是阻燃整理后的纺织品在接触火源时不会燃烧，而是使织物在火中能尽可能降低其可燃性，减缓燃烧蔓延的速度，不形成大面积燃烧，而离开火焰后，能很快自熄，不再燃烧或阴燃。

阻燃剂与燃烧有着密切的关系。研究认为，燃烧应具备四个要素，即燃料、热源、氧气和链反应。通常织物燃烧可分为三个阶段，即热分解、热引燃和热点燃。对不同燃烧阶段的四个要素采用相应的阻燃剂加以抵制，就形成了各种各样的阻燃机理。比较成熟的阻燃机理

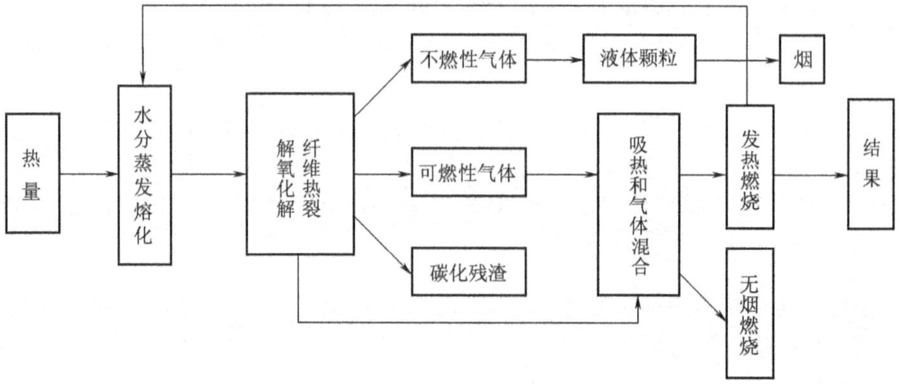

图 11－1　燃烧过程图解

如下。

1. 吸热反应　具有高热容量的阻燃剂，在高温下发生相变、脱水或脱卤化氢等吸热分解反应，降低纤维表面和火焰区的温度，减慢热裂解反应的速度，抑制可燃性气体的生成。

2. 形成自由基　阻燃剂吸热变成气体，该气体在火焰区大量捕捉高能量的羟基自由基和氢自由基，降低它们的浓度，从而抑制或中断燃烧的连锁反应，在气相发挥阻燃作用。

3. 熔化理论　在热和能量的作用下，阻燃剂转变成熔融状态，在织物表面形成不能渗透的覆盖物，成为凝聚相和火焰之间的一个屏障，可阻挡热传导和热辐射，减少反馈给纤维材料的热量，从而抑制热裂解和燃烧反应。

4. 微粒表面效应　若在可燃性气体中混有一定量的惰性微粒，它不仅能吸收燃烧热，降低火焰温度，而且能在微粒的表面上将气相燃烧反应中大量的高能量氢自由基，转变成低能量的氢过氧自由基，从而抑制气相燃烧。

5. 生成不燃性气体　阻燃剂吸热分解放出氮气、二氧化碳、二氧化硫和氨等不燃性气体，使纤维材料裂解处的可燃性气体浓度被稀释到燃烧极限以下，或使火焰中心处部分区域的氧气不足，阻止燃烧继续。此外，这种不燃性气体还有散热降温作用。

6. 凝聚相阻燃　通过阻燃剂的作用，在凝聚相反应区，改变纤维大分子链的热裂解反应过程，促使发生脱水、缩合、环化、交联等反应，直至炭化，以增加炭化残渣，减少可燃性气体的产生，使阻燃剂在凝聚相发挥阻燃作用。

由于纤维的分子结构和阻燃剂种类的不同，阻燃作用是十分复杂的，并不局限于上述几方面。为了获得最佳阻燃效果，应使各种的阻燃机理尽可能在一种材料中或在所用的材料中共同起作用，产生协同效应。

三、常用阻燃剂的种类与特点

阻燃剂种类繁多，分类的方法也有多种。按所含阻燃元素分类，分为含卤阻燃剂、含磷阻燃剂、含氮阻燃剂等，按阻燃剂的使用方法和聚合物中的存在形态，可分为添加型和反应型;按阻燃织物的耐久程度,可分为非耐久性阻燃整理剂、半耐久性阻燃整理剂、耐久性阻燃整理剂;按化合物类型,又可分为无机阻燃剂和有机阻燃剂。

其中,非耐久性阻燃整理剂多用在一次性防护服上;半耐久性阻燃整理的阻燃纺织品能耐1~10次温和洗涤,但不耐高温、皂洗;耐久性阻燃整理则采用化学法在纤维内部进行聚合或缩合反应,形成不溶于水的聚合物,一般要求耐洗程度达30次以上。耐久性阻燃整理主要有汽巴(CP)法和Proban法。CP法由瑞士汽巴公司创造,该法加工工艺容易实施,阻燃效果显著;缺点是织物强力损失较大,对服饰性能影响较大。Proban法由英国奥布赖—威尔逊有限公司创造,该法整理的织物,阻燃效果好,特别是处理后织物的手感与强力保持较好,是任何其他整理方法所不可比拟的,但此法危险性较大,环境污染严重,因而推广受到限制。

无机阻燃剂主要作用是吸热,主要品种有氢氧化铝、氢氧化镁、红磷、氧化锑、氧化钼、钼酸氨、硼酸锌、氧化锌、氧化锆、氢氧化锆等,其中以氢氧化铝、氢氧化镁、红磷、氧化锑应用最为广泛,尤其是氢氧化铝、氢氧化镁不仅可以起到阻燃作用,而且可以起到填充作用。它们具有热稳定性好、高效、抑烟、阻滴、填充安全、对环境基本无污染且价格便宜等特点,在无卤阻燃材料中得到广泛的应用。但是无机阻燃剂耐洗性差,这是因为无机阻燃剂具有较强的极性与亲水性,与非极性织物的兼容性差。同时为了达到规定的阻燃要求,无机阻燃剂添加量较大,这对材料的机械性能和加工性能影响较大。因此,近年来对传统的无机阻燃剂进行超细化与纳米化得到了前所未有的关注。另外,为降低同一阻燃效果的阻燃剂用量,将阻燃剂复配,研究阻燃剂的协同效应,也是近年来阻燃剂的研究方向。

有机阻燃剂分为磷系和卤系两个系列。前者在室温下多为液态,发烟量大,有毒性,要求被阻燃结构中含有大量H、O元素才能脱水形成碳化层,因而其应用受到很大限制。卤系阻燃剂主要包括氯和溴两大类,但氯系阻燃剂的阻燃效果比溴系阻燃剂要差的多,这是由于不易产生游离氯基的缘故。另外由于溴化物热分解后腐蚀性和毒性相对较小,因而较少量使用即可达到与氯化物相同的阻燃效果。因此溴系阻燃剂使用要普遍得多。但是,从总的使用情况来看,卤系阻燃剂由于其分解产物中含有卤酸,烟雾大,对人体有害等缺点,正逐步被其他无机阻燃剂所代替。

第二节 阻燃纤维

生产阻燃纺织品可以通过三种途径。一种是对纺织品进行阻燃后处理,使其达到阻燃的目的,但其阻燃性会随时间和洗涤次数的增加而逐渐减弱或消失。对于棉、麻、毛等天然纤维,只能采用后整理的方法,即通过吸附沉积、化学键合、非极性范德华力结合及黏合等作用。第二种是直接生产阻燃纤维,由这种纤维制成的纺织品具有永久阻燃性。涤纶、维纶等合成纤维大多采用这种方法。第三种途径是根据生产中的实际需要,把前两种方法有效结合起来生产阻燃纺织品。阻燃织物除了考虑其阻燃性外,还要考虑到阻燃制品的毒性和熔融性,以尽量减少对人体和环境的损害。

一、阻燃纤维生产方法

阻燃纤维的制造主要有涂层法、共混法、共聚法和接枝改性法以及皮芯复合纺丝法。

1. 涂层法 涂层法是在纤维生产过程中使用阻燃剂对其进行物理吸附或化学性结合，使阻燃剂附着于纤维上从而达到阻燃目的的方法。但物理吸附易引起吸湿和毒性等问题，化学吸附则会引起织物强力下降，手感变硬等缺陷，而且这种阻燃方法的处理范围有限，依赖于后整理工艺，处理效果不稳定，耐久性差。这种方法一般用于天然纤维织物及天然纤维与合成纤维混纺织物的阻燃加工，也可用于纯聚酯、聚丙烯腈等织物的处理，但应用并不普遍。

2. 共混法 涂层法是在纺丝切片制造过程中添加阻燃剂或是将阻燃剂加入到纺丝熔体而制得阻燃纤维的方法。以制造阻燃丙纶为例，加入阻燃剂的方法有以下两种。

(1)全造粒法：将聚丙烯、阻燃剂、稳定剂进行共混，然后挤出料粒。用这种料粒进行纺丝，就可制得具有阻燃性能的聚丙烯纤维。

(2)母粒法：将阻燃剂、载体、稳定剂等进行共混造粒，这种料粒即母粒。纺丝时，将母粒按一定比例加入聚丙烯切片中混合均匀，然后纺丝制得具有阻燃性的聚丙烯纤维。这种方法应用较为普遍，降低了纺丝温度，改善了丙纶的可纺性，对丝的强力、伸长等品质影响很小。

3. 接枝改性法 涂层法是用放射热、高能的电子束或化学引发剂使纤维与阻燃单体接枝共聚，使其获得有效而持久的阻燃改性方法。接枝阻燃改性纤维的阻燃性与接枝单体中的阻燃元素及接枝共聚的部位有关。

4. 皮芯复合纺丝 皮芯复合纺丝的阻燃改性方法应用不太普遍，主要是因为需要复杂的纺丝设备。近年来用复合纺丝法制备阻燃聚酯纤维，多采用皮芯型结构，即以共聚型或添加型阻燃聚酯为芯、普通聚酯为皮层复合纺制而成。这样既可以防止卤素阻燃剂过早分解卤化氢离开火焰而影响阻燃效果，又可防止某些含磷阻燃剂的缺点，还可使纤维保持原有的外观、白度和染色性。

纤维用阻燃剂包括铝、镁氢氧化物、卤系阻燃剂、磷系阻燃剂、硼系阻燃剂四大类。其阻燃机理和典型应用，见表 11－1。

表 11－1 纤维用阻燃剂的阻燃机理及应用

类型代表	类　别	阻燃原理	相关化学反应	典型应用
三水合氢氧化铝	镁、铝氢氧化物	吸热脱去结晶水、发生相变，在更高温下吸热分解成氧化物，减缓纤维热裂解	$2Al(OH)_3 \cdot 3H_2O \rightarrow Al_2O_3 + 3H_2O$	极少单独使用，多作为协同增效剂
六溴环十二烷(HBCD)	卤系阻燃剂	捕捉火焰中高活性的 HO· 和 H·，降低活性游离级浓度，减少燃烧热	$HO\cdot + HBr \rightarrow H_2O + Br\cdot$ $Br\cdot + RH \rightarrow HBr + R\cdot$ $H\cdot + HBr \rightarrow H_2\uparrow + Br\cdot$ $2R\cdot \rightarrow R_2$ $2Br\cdot \rightarrow Br_2$	丙纶，锦纶

续表

类型代表	类　别	阻燃原理	相关化学反应	典型应用
四羟甲基氯化磷(THPC)	磷系阻燃剂	固相阻燃,促进纤维熔滴或脱水分解碳化,减少可燃气体的生成	脱水反应分解碳化	PET,纤维素纤维
硼砂	硼系阻燃剂	热至熔融,形成玻璃状膜被覆纤维表面,阻隔氧气扩散	—	较少单独使用,可作为复合阻燃剂组分

二、几种常规阻燃纤维的发展现状

1. 阻燃聚酯纤维　聚酯纤维是世界上产量最大、应用最广的合成纤维,除 PET 外,聚苯并咪唑(PBT)和聚对苯二甲酸丙二醇酯(PTT)纤维也逐渐在纺织品中有所应用,目前用于聚酯纤维的共聚型阻燃剂主要采用磷系阻燃剂。德国 Trevira Gmbh & co. KG 公司生产的阻燃聚酯纤维 Trevira CS 使用的共聚组分为次磷酸和羧酸形成的环内酸酐。日本东洋纺公司生产的 Heim 阻燃聚酯纤维也是采用反应型磷系阻燃剂生产的。青岛大学阻燃纤维研究所 1998 年成功研制并工业化生产了双反应性官能团的反应型磷系阻燃剂羧酸烷基磷酸(SP-FRⅡ),该阻燃剂是我国首次成功研制开发并生产的聚酯纤维用共聚型磷系阻燃剂,达到国际同类产品的水平。另外,仪征化纤股份有限公司生产了阻燃聚酯 BST-FRPET。吉林纺织工业设计研究院采用阻燃剂 TBS-2EO 制成反应型阻燃聚酯及织物。共混阻燃改性是聚酯纤维最初的阻燃改性方法,后由于添加型阻燃剂与聚酯基体的相容性不好,存在可纺性及阻燃持久性等问题,逐渐被反应型阻燃剂取代。我国共混改性的聚酯纤维典型品种有扬州合成化工总厂和辽阳化纤厂以十溴二苯醚为阻燃剂,三氧化二锑为协效剂生产的共混型阻燃聚酯切片,及青岛大学阻燃纤维研究所合成的高分子磷—硫添加型阻燃剂(SF-FRⅠ)等。

2. 阻燃聚丙烯纤维　因共聚法生产阻燃聚丙烯会影响到大分子链的规整性,从而影响成纤性,故阻燃聚丙烯纤维主要是通过共混方法制备,或采用织物后整理方法达到阻燃的目的,而很少采用共聚及表面接枝改性方法。

瑞士科莱恩(Clariant)公司在 20 世纪 70 年代开发的阻燃母粒 Sandoflam 5070 的活性组分为脂肪族/芳香族溴化物、亚磷酸酯和有机锡化合物,1985 年在此基础上开发出了阻燃母粒 Sandoflam 5071。后来又开发出不含锑的有机锡及溴类阻燃体系 Exolit 5073。日本大和水宁公司开发出了阻燃聚丙烯短纤维,不使用氯元素等卤化物和磷化物作为阻燃剂,燃烧时只分解出二氧化碳和水。国内聚丙烯主要利用卤素阻燃剂和三氧化二锑等协效剂共同作用获得阻燃效果。山东省合成纤维研究所在 20 世纪 80 年代中期就研制出了可染阻燃丙纶。它是采用 Br-Sb-P 复合阻燃剂与聚丙烯共混的方法制得的,其极限氧指数为 27.5%。江苏省纺织研究所、南京化工设计院及天津合成材料研究所联合开发的阻燃丙纶,其极限氧指数大于 27%,用以织成窗帘、沙发布等装饰织物。北京化纤所研制并生产的 BJ-1 型阻燃母粒已被列为国家级重点新产品,能适应长丝、短纤及膜的生产,极限氧指数大于 27%。此外,东华大学、广东化纤所等一些科研单位也相继研制出了阻燃丙纶。但到目前为止,国内生产丙纶所采用的阻燃剂均含有卤素。卤系阻燃剂在高温下对聚丙烯有降解作用,使其热稳定性下降,而且还会在纺丝过程中析出卤化氢,对生产设备和环境都有影响。所以,阻燃聚丙烯纤维工业化一直未在国内得到很好的推广。

3. 阻燃聚酰胺纤维 阻燃聚酰胺纤维可采用共聚和共混方法进行改性。共聚型阻燃剂主要有红磷和二羧酸乙基磷酸酯等。由于纤维大分子中酰氨基团较为活跃,易与阻燃剂在熔融状态下发生化学反应,并且在高温下与许多添加剂所生成的卤化氢,又能使锦纶大分子降解,降低熔体黏度,故许多阻燃剂都不能用于制备阻燃锦纶。

日本帝人公司20世纪80年代采用具有Cl或Br取代基的联苯衍生物和10~13个碳的二羧酸聚合开发阻燃锦纶,阻燃性能优良。日本宇部兴产开发的阻燃锦纶,是在锦纶中加入一种有机磷化合物作为阻燃剂,阻燃效果好,且不影响纤维的物理性能。国内阻燃锦纶的阻燃剂是由山西化纤所生产的N—8702型锦纶阻燃剂。它是一种溴代芳香酰胺有机阻燃剂,与聚酰胺大分子有良好的相容性,不易迁移、析出。用于锦纶6、锦纶66共混改性的阻燃剂主要有低分子量的含磷化合物、氯代聚乙烯、溴代季戊四醇、三氧化二锑等。聚酰胺纤维常用的阻燃后整理方法有聚硼酸酯BAP阻燃整理、可发生交联反应的有机磷化合物整理、聚酰胺的磷酸化合物整理等。

4. 阻燃聚丙烯腈纤维 腈纶的阻燃改性方法主要有共聚、共混、表面改性及本体氧化阻燃改性等。目前,工业化生产的阻燃腈纶多采用共聚阻燃改性法。阻燃单体多选用氯乙烯或偏二氯乙烯,其含量一般在32%~36%,若超过40%,会使聚合物光热稳定性下降和纺丝性能恶化。聚合方法有溶液聚合和水相聚合两种,水相聚合因适宜大规模生产而被普遍采用。阻燃腈纶的一个典型产品是腈氯纶,它采用丙烯腈,偏二氯乙烯和丙烯酰胺—甲基丙烷磺酸钠共聚物纺丝而成。

国外典型的腈氯纶有意大利Snia公司的韦利克纶FR(Velicren FR),它通过丙烯腈同含卤素的单体—偏二氯乙烯共聚,并加入五氧化二锑实现阻燃的。20世纪90年代,抚顺腈氯纶化学厂从意大利Snia公司引进腈氯纶生产线,采用丙烯腈、偏二氯乙烯和丙烯酰胺—甲基丙烷磺酸钠共聚物进行生产,其产品的极限氧指数高达35%。

阻燃纤维在服用纺织品、室内装饰织物、交通运输、防护及工业用纺织品方面具有广泛的应用。随着社会的发展和人民安防意识的增强,对阻燃纤维提出了更高的要求,如环境友好阻燃纤维、阻燃剂纳米化阻燃纤维、无熔滴阻燃纤维、舒适型阻燃纤维等新型阻燃纤维应运而生,并日益得到重视和受到欢迎。

第三节　织物阻燃整理

织物的阻燃绝大多数采用后整理方法生产,尽管该方法生产的织物阻燃持久性不如原丝阻燃,且对织物的强力、手感和色光有一定影响,但由于该方法具有工艺简单、投资少、见效快、产品更换灵活等优点,而得到广泛应用。

一、化学纤维织物的阻燃

采用后整理方法生产的化学纤维主要是黏胶纤维、涤纶和锦纶织物。黏胶纤维织物的后整理与棉等天然织物相似，主要采用羟甲基化磷酰胺、THPC 等阻燃剂。近年来，含 Si、P、N 的阻燃体系也成功应用于黏胶织物的阻燃。由于纯涤纶织物的极性很小，所以后整理的涤纶织物主要采用吸收或吸附型阻燃剂。表 11 - 2 列举了几种吸附效率较高的阻燃剂对涤纶织物的阻燃效果。对于阻燃帆布可以采用涂层方法生产。目前已经工业化的阻燃锦纶织物是采用硫脲—氨基树脂后整理法生产。

表 11 - 2　几种吸附整理阻燃涤纶织物的阻燃效果

阻　燃　剂	吸附量(%)	LOI(%)
(氯溴丙基)磷酸酯	6.3	28.3
	12	31.6
(二溴丙基)磷酸酯	5.3	28.1
	10.6	31.6
(二氯丙基)磷酸酯	11.4	28.5
已基磷酸酯	6.7	27.0

二、天然纤维织物的阻燃

在天然织物中以棉织物的阻燃应用最广，技术也较成熟。传统的非耐久性的处理技术已经很少采用，当前最为流行、效果最好的阻燃整理剂是 Pyrovatex CP（国内 FR201）、THPC 和 Fyrol - 76 等，以前 THPC 主要依赖进口，最近我国已投入生产。

当前的研究方向是进一步改进织物的撕破强力和手感、减少游离甲醛含量和开发无甲醛工艺、进一步提高耐久性等，如日本开发的 CP new 棉阻燃整理剂可以与纤维素分子中的羟基反应，所以耐洗涤(包括干洗)，且燃烧时不完全炭化，防止二次伤害。

三、混纺织物的阻燃

混纺织物由于综合了两种或以上纤维的优点，因而在纺织品面料中占有重要地位，其中以涤/棉织物最为普遍。涤/棉织物的可燃性超过了纯棉或纯涤纶织物，主要原因是燃烧时产生支架现象，即熔融涤纶因非熔融的棉的支撑而持续燃烧，且两者相互诱导加速了裂解产物的逸出，所以涤/棉纺织品的阻燃十分困难，但这也是织造防熔滴阻燃面料的有效方法，如采用阻燃涤纶与阻燃腈氯纶混纺加工防熔滴阻燃织物。

对混纺织物的阻燃整理通常采取下述三种方法。

(1)选用阻燃涤纶与棉混纺，然后再对棉进行阻燃整理。

(2)用耐久的棉阻燃整理剂进行整理。

(3)开发高效、低毒或无毒、耐久、成本低且综合性能优异的专用阻燃整理剂。目前，用于涤/棉织物的耐久性专用阻燃体系有 TMM、LRC - 100、LRC - 15、F/RP - 44 等。在这一领域我国的常州化工研究所、解放军军需装备研究所、北京房山吴天阻燃剂厂等已开发出较好的技术和产品。

四、阻燃整理

阻燃整理主要是在纺织品的后整理加工过程中对织物进行表面处理,从而使织物具有阻燃性能。对织物进行的阻燃整理主要有以下几种方法。

1. 浸轧焙烘法 该方法是以阻燃剂分散液为浸轧液进行浸轧焙烘处理,主要适用于纤维素纤维织物,是阻燃整理中应用最多的一种方法。工艺流程为:浸轧→预烘→焙烘→后处理。

2. 浸渍烘燥法 它是将织物放在阻燃液中浸渍一定时间,取出烘干即可,有时阻燃整理可与染色工艺同时进行。工艺流程为:浸渍→干燥→后处理。

3. 涂布法 它是将阻燃剂混入树脂内进行加工。根据机械设备的不同分刮刀涂布法、浇铸涂布法和压延涂布法,不同的产品采用不同的加工方法。

(1)刮刀涂布法是将混有阻燃剂的浆料用刮刀直接涂布在织物上,阻燃剂大多先做成溶液或乳液后应用。

(2)浇铸涂布法是将高聚物浇铸膜加压附着在织物上,适用于阻燃剂含量高的大型帷幕和土木工程用品。

(3)压延涂布法是将高聚物在压延机上制成薄膜,再与织物贴合,一般采用聚氯乙烯树脂、聚偏氯乙烯树脂及这类树脂的共聚物与阻燃剂混合。工程帷幕的阻燃整理主要采用这种方法。

4. 喷雾法 凡不能用普通设备加工的厚幕布、大型地毯等商品,都可在最后一道工序进行手工喷雾法的阻燃整理。对于膨松性表面有花纹、簇绒、绒头起毛的织物,如果用浸轧法会使表面绒毛花纹受到损伤,故一般都采用连续喷雾法。

5. 有机溶剂法 用有机物将阻燃剂溶解,然后对织物进行阻燃整理。它能缩短整理时间,在操作过程中,必须注意溶剂的毒性和燃烧性。

第四节 阻燃纺织品的测试

评定阻燃后织物的可燃性是一个比较复杂的问题,影响因素很多,如织物吸湿率、重量等,但主要从两方面加以考虑:一方面是点火性,即着火点的高低,表示织物起火的难易;另一方面是燃烧性能,即在特定条件下沿着样品的燃烧速率。纵观各国阻燃测试方法,虽然各不相同,但又存在着一定的联系。从被测试样所处的环境来看,氧指数法有其独特之处;而从被测试样所处的位置看又大体上可分为垂直方向、45°方向和水平方向三大类。当然还有一些专用于某些材料的方法,如铺地织物试验方法等。

一、燃烧实验法

燃烧实验法主要用来测定试样的燃烧广度(炭化面积和损毁长度)、续燃时间和阴燃时间。一定尺寸的试样，在规定的燃烧箱里用规定的火源点燃12s，除去火源后测定试样的续燃时间和阴燃时间。阴燃停止后，按规定的方法测出损毁长度。根据试样与火焰的相对位置，可以分为垂直法、倾斜法和水平法。垂直法是目前最为普遍的测定方法，这类实验比45°方向、水平方向燃烧更为剧烈。垂直燃烧实验又分垂直损毁长度法、垂直向火焰蔓延性能测定法 、垂直向试样易点燃性测定法和表面燃烧性能测定法。GB/T 5456—1997《纺织品燃烧性能垂直方向试样火焰蔓延性能的测定》中用规定的点火器所产生的规定点火火焰，按规定点火时间对垂直向纺织试样点火、测定火焰在试样上蔓延至标记线（规定距离）所用的时间（以秒计），亦可同时观察、测定和记录试样的其他有关火焰蔓延的性能。GB 8746—1988《纺织织物燃烧性能垂直向试样易点燃性的测定》中用规定点火器产生的规定火焰，对垂直向纺织试样点火，测量织物点燃所需要的时间。GB/T 8745—2001《纺织品　燃烧性能　织物表面燃烧时间的测定》中介绍，在规定的试验条件下，在接近顶部处点燃支撑于垂直板上的干燥试样的起毛表面，测定火焰在织物表面向下蔓延至标记线的时间。垂直法可用于测定服装织物、装饰织物、帐篷等的阻燃性能，倾斜法适用于飞机内装饰用布，水平法适用于地毯类的铺垫织物。

二、氧指数法

氧指数法是目前广泛使用的纺织品燃烧性能测试方法。它是指在规定的实验条件下，在氧、氮混合气体中，材料刚好能保持燃烧状态所需最低的氧浓度，用极限氧指数（LOI）表示，LOI 为氧所占混合气体的体积百分数。GB/T 5454—1997《纺织品　燃烧性能试验　氧指数法》中规定将试样夹于试样夹上垂直于燃烧筒内，在向上流动的氧氮气流中，点燃试样上端，观察其燃烧特性，并与规定的极限值比较其续燃时间或损毁长度。通过在不同氧浓度中一系列试样的实验可以测得维持燃烧时氧气百分含量表示的最低氧浓度值，受试试样要有40% ~60% 超过规定的续燃和阴燃时间或损毁长度。

三、表面燃烧实验法

这种方法是测定试样表面的燃烧蔓延程度的方法，适用于厚实的纺织品。以铺地纺织品燃烧性能测试为例，起初国外对铺地材料燃烧性能的测试都采用水平法，如美国易燃织物法令要求用水平烟蒂法和乌洛托品法考核；英国用热金属螺帽法。

乌洛托品法是在一定大小试样的中心放一块直径为6 ~6.5 mm 的乌洛托品片剂，用火点燃片剂，试样随之燃烧，待火焰熄灭后，测量火焰熄灭处到片剂中心的最大距离，用来考核试样的燃烧性能。热金属螺帽法是将不锈钢螺母在炉子中加热到灼热，放在样品室中的试样表面，试样燃烧熄灭后，测量火焰熄灭处到螺母中心的距离和着火时间，以此考核样品的燃烧性能。由于这类水平方式的燃烧条件不够剧烈，很多地毯不经阻燃也能达到要求，所以燃烧性能评定改为接近实际燃烧条件的热辐射法，如美国要求住宅使用的地毯用辐射板法测得的临界辐射通量 $I>0.25\text{W/cm}^2$，公共设施中使用的地毯，要求临界辐射通量 $I>0.5\text{W/cm}^2$。日本对地毯采用的是上接焰法，要求炭化距离最大值小于70mm，平均值小于50mm。

热辐射法的基本原理是：在规定温度（180℃）和尺寸的箱体中，以燃气为燃料的热辐射板与水平放置的试样倾斜成30°并面向试样，辐射板产生的规定辐射通量沿试样分布，在规定的时间下用引火器点燃试样，火焰熄灭后测定试样的损毁长度，并计算临界辐射通量。这种试验方法的显著特点是：实验在箱体内进行且箱体温度保持180℃，试样始终受到规定的热辐射作用，水平放置的试样下可放与实际铺设条件相同的底衬材料，这种试验装置模拟了室内或邻室发生大火时产生的火焰、热气或者两者同时作用使建筑物上部受热后辐射到地板的热辐射强度。显然这种装置更接近铺地材料的实际燃烧条件，其实验结果更能反映铺地材料系统真实的燃烧性能。临界辐射通量为评价铺地材料系统暴露于火焰时的燃烧性能提供了依据，测得的临界辐射通量值越大，说明铺地材料越难燃烧。

四、发烟性试验法

研究表明，燃烧物的烟雾和毒性往往比燃烧时产生的火焰和热量更具危害性，是导致人类死亡的主要原因。因此，全面地评价阻燃纺织材料的发烟性非常重要，目前国内外已有多种发烟性测试仪器和设备。其测试原理多数采用光透过法，即通过烟密度测出透过率和时间曲线得出各种参数，包括光密度、最大烟密度、平均发烟速度以及透光率、比光密度从最大到75%所需要的时间等，从而比较材料的发烟性。现在，建筑行业和交通运输部门常应用该类仪器及测试方法以研究和选用阻燃材料。

五、闪点和自燃点及点着温度的测定

闪点指材料受热分解放出可燃性气体，并刚刚能被外界小的火焰点着时，周围空气的最低初始温度。自燃点指材料受热达到一定温度后不用外界点火源点燃，而自行爆炸或燃烧时周围空气的最低初始温度。以上各种测定用于各类织物在热或火焰作用下的燃烧性能，作为评价火灾危险性的一个因素。另外，近年来对织物燃烧气体的毒性的分析研究比较重视，织物燃烧气体的毒性可用红外光谱仪、气相色谱仪和质谱仪等进行分析。

六、阻燃整理热分析

当织物按一定温度程序在受热或冷却时常发生一系列的物理或化学变化。热分析技术是研究或测定当发生这些变化时，物质的质量或能量随温度（或时间）变化的函数关系。热分析技术内容较多，阻燃测试中常用的是热解重量分析法（TGA）和差示扫描量热（DSC）法。利用热解重量分析法可以测定纤维的热失重变化情况，它对织物阻燃效果可作相对比较，且有一个数量的概念。差示扫描量热法可以分析纤维的分解温度变化，表明阻燃前后裂解方式的改变。在热分析技术中还可以利用色谱—质谱联用法，研究纤维的热裂解产物等。

七、锥形量热计

锥形量热计是20世纪80年代初开始发展起来的一种新型燃烧测试装置，它能模拟真实燃烧时的各种参数,它主要用来测量材料燃烧时的热释放速率。研究表明,材料燃烧时的热释放速率,即单位时间内材料燃烧放出的热量,是表征材料在火灾中的燃烧危险性最重要的火情参数。因此,近年来各种用于测量材料热释放速率的仪器和方法不断涌现。锥形量热仪采用氧消耗原理测量材料燃烧时的释热速率。此法目前已取代传统的建立在能量平衡基础上的释热速率的测试方法,被广泛应用于各种放热速率测试仪器及方法中。此外,它可以测量材料燃烧时的单位面积热释放速率、样品点燃时间、质量损失速率、烟密度、有效燃烧热、有害气体含量等参数,这些参数对于评价一个阻燃剂或阻燃体系的性能方面具有重要的意义。因为在实际的火情中,受害者不但受到火焰发出热量的灼烧,而且受到聚合物等材料燃烧分解生成大量烟气的窒息等危害。锥形量热计近年来已在欧美许多国家投入使用,我国也已引进该仪器并应用于研究工作。

八、简易测试方法

为了操作方便，介绍几种简易测试方法。这些方法无需复杂设备或条件，成本低，适用于初步观察阻燃效果或一般工厂选用工艺条件时作参考或对比,但不能作为标准试验法,更不能作为仲裁依据。

1. 火柴测试法　火柴测试法可评定织物阻燃效果或相对比较阻燃性能。试验时取约2.5cm×30cm的一条织物，用点燃的火柴，放在条状试样下面，燃烧至火柴烧完(或规定5~12s)，观察燃烧情况或阻燃效果。有时可规定试样燃烧不超过5s为合格，超过中线或阴燃超过15 s为不合格(也可规定其他指标)。火柴规格可自行指定，也可参照标准法。该法接近垂直试验法。

2. 打火机试验法　热源采用打火机,试样大小可根据试验需要,时间一般为5s,热源放置部位可与应用条件相似。火熄灭后，观察火焰蔓延状态，蔓延不严重即为合格。

3. 乙醇燃烧试验法　热源为0.3mL无水乙醇，放入小燃烧杯内，试验可用垂直法(5cm×30cm)、水平法(20cm×25cm)或45°倾斜法(5cm×15cm)，乙醇和织物距离2.5cm，测定指标可根据要求决定,如炭长、燃烧面积、续燃时间、阴燃时间以及燃烧物渣滓情况等。

九、其他测试方法

传统的阻燃试验法并不能满足全部需要。日本的服装燃烧试验法采用了伞形法和人体模型法,使用热传感器自动记录接近火源时服装各部位的热传导率和达最高热传导率所用的时间,以便了解服装燃烧时对人体的灼伤情况,这样测得的燃烧性能与火灾的实际情况更加接近。采用模拟铜人测试法评价在极端不利条件下内衣及罩袍总体的防火保护效果。在测试时,给铜人穿上防护服,铜人身上许多温度传感器连接到计算机上,再点燃分布在铜人周围的多个燃气喷口,用计算机监控温度及预定的人体易受损部位的烧伤程度。试验后可打印出有关该防护装备的保护时间和保护程度的详细报告。

思考题

1. 简要说明纤维的燃烧过程。
2. 试述纺织品阻燃的机理。
3. 简述纺织品常用的阻燃剂有哪几种。
4. 简述阻燃纤维的生产方法。
5. 论述阻燃纺织品的测试方法。

第十二章　合成革

本章知识点

1. 合成革的生产技术。
2. 合成革的应用及其性能要求。
3. 合成革性能检验。

第一节　概　述

一、发展概况

天然皮革由于具有优良的天然特性被人们广泛接受，但数量有限，因此人们着手开发替代产品。最早的人造革是1921年利用硝酸纤维素溶液涂覆织物所制成的硝化纤维漆布，10年后，聚氯乙烯人造革问世，1954年开始生产聚氯乙烯发泡革，1963年前后，美国杜邦公司研制出聚氨酯（PU）革，其外观、物理性能和手感更接近天然皮革。后来日本的仓敷人造丝公司、东洋橡胶公司、帝人公司等也先后研究成功聚氨酯革。到20世纪70年代，随着非织造布针刺技术的成熟和空心纤维的出现，使合成革基材具有藕状断面，呈多孔结构，更加符合天然革的网状结构。当时的合成革表层已能用聚氨酯层做出微孔结构，相当于天然革的粒面，从而使PU合成革的外观和内在结构及物理特性与天然革逐步接近，而色泽比天然革更为鲜艳，其常温耐折达到100万次以上，低温耐折也能达到天然革的水平，因此称其为合成革，而将简单的涂层革定名为人造革，以示区别。

超细纤维PU革的出现，使合成革的各项性能又上了一个新的台阶，被称为第三代人工皮革。束状超细纤维的结构特征和强大的表面吸附能力，使超细纤维PU革具有天然革所固有的束状超细胶原纤维结构特点和吸湿性，因而不论从内部微观结构，还是外观质感、物理特性和人们穿着舒适性等方面，都能与高级天然皮革相媲美。此外，超细纤维合成革在耐化学性、质量均一性、大生产加工适应性以及防水、防霉变性等方面均超过了天然皮革。

二、国外合成革的发展现状

目前，日本在合成革技术和产品开发方面代表着世界先进水平，现有六七家企业在生产超细纤维合成革，其生产总量位居全球第一。日本的可乐丽公司和东丽公司在非织造布基布（包括超细纤）、PU树脂环保化和高仿真皮革生产等方面在全球领先。东丽自1970年仿麂皮型高仿真皮革问世以来，在意大利子公司也进行了生产，以 Alcantara 品牌专供高档汽车内装饰用材。日本帝人公司于 1971 年就开始批量生产 Cordre，2004 年 4 月又成功开发了环保型 PU 高仿真革 LoeleII，2006 年预计销售 340 万平方米，紧追可乐丽和东丽。1980 年旭化成的 Lamous 仿麂皮型产品投放市场。1980 年三菱黏胶的 Grore 独创了以丙烯腈纤维为主要原料的麂皮型产品，主要用于服装。日本的 FILWEL 则在研磨抛光材料形成特色，占其总产量的 65%。

自 2006 年以来，日本干法合成革生产线逐渐增多，湿法生产线逐渐减少。2006 年日本的湿法生产线比上年减少了 7.4%，干法生产线比上年增加了 1.8%，2007 年湿法生产线比上年减少了 5.1%，干法生产线比上年增加了 11.2%。这一现象也与国内的合成革生产线格局一致。据了解，造成这种现象的原因一方面是湿法生产线的成本较高，另一方面，干法产品被市场接受的程度逐渐增加。

三、我国合成革的发展现状

经过近五十年发展，我国已成为世界人造革和合成革的生产大国，拥有了国际最先进的生产技术，正向人造革和合成革生产强国迈进。

山东烟台合成革厂（现为万华超纤股份有限公司）于 1983 年引进日本可乐丽公司的生产技术，采用藕形多孔纤维，生产光面仿真皮革。1997 年，该厂自主开发了线密度为 0.0011tex 不定岛型海岛超细纤维，并于 1999 年开发出束状超细纤维聚氨酯合成革——“大富革”，2003 年进一步扩大生产能力，上了第三条生产线。山东同大海岛新材料有限公司，于 1999 年着手研制超细纤维革，并申请了《束状超细纤维聚氨酯服装面料及制造方法》发明专利，现已发展成 4 条生产线，为我国最大的超细纤维聚氨酯合成革生产企业。另外，常熟贝斯特皮革有限公司开发了定岛型超细纤维仿真皮革，上海华峰、温州黄河、莱芜东泰、浙江科艺、江苏双象等一批企业也都建成生产线并陆续投入生产。仅温州人造革有限公司就拥有固定资产 6.3 亿元，19 条先进的 PU 合成革生产线和年产 250 万平方米的超细纤维生产设备，生产能力可达 1.1 亿平方米。日本可乐丽公司还与浙江嘉兴禾欣合作建成年产 400 万平方米的超细仿真皮革生产线。

第二节　合成革生产技术

合成革在结构和性能上均模拟天然皮革，其产品是：以经高分子物质浸渍处理，带有连续孔隙黏结的，具有三维结构的非织造布为基材，并赋予耐磨的聚氨酯表皮层；可像天然革一样进行切片、磨削，并具有一定的透气、透湿性能。而人造革则多以纤维织物为底基，以合成树脂为主要原料浸涂；其外观类似皮革的涂层复合材料，不具备天然皮革结构，因此也缺乏天然皮革的一些固有特性。一般来说，凡用机织或针织品作底基的称为人造革；凡用非织造布作底基的称为合成革。

本章主要介绍聚氨酯合成革生产技术。

一、原料及半成品要求

1. 纤维要求

(1)在化学结构上,要求纤维在诸如DMF、甲乙酮(丁酮)、甲苯、环乙酮、丙酮、二氧六环等有机溶剂中不溶胀,更不能溶解。束状超细纤维革用的原纤维的海组分要能溶于二甲苯或弱碱溶液中。

(2)线密度低于3.3dtex,越细越好。束状超细纤维革用的PE/PA海岛纤维的线密度可在3~5dtex。

(3)长度以51~65mm为宜,一般尽量不选用40mm以上的纤维。束状超细纤维革用的PE/PA海岛纤维的长度可在65~150mm。

合成革用非织造布最常用的纤维有锦纶、涤纶等,这几种纤维有的是单独使用,有的是多组分混合使用。束状超细纤维革则是采用的是海岛纤维,用得较多的是PE/PA海岛纤维(聚乙烯为海组分,锦纶为岛组分),也有采用COPET/PET海岛纤维(碱溶性共聚涤纶为海组分,常规涤纶为岛组分)的。

2. 结构要求 合成革用的非织造布必须具有致密的三维结构,目前主要采用针刺法或水刺法生产。

3. 性能要求 见表12-1。表面要求平滑,无针迹和明显的针孔存在,密度要求均匀一致,无过密或过松现象。

非织造布的拉伸强度及伸长率大小,与选择的纤维种类、长短及是否进行上浆处理和上浆浓度大小有关,这些一般都是根据实际需要和工艺上的可能性而定。合成革所用的非织造布的拉伸强度和伸长率是指经过上浆处理后的实测数。

表12-1 合成革用非织造布物理性能要求

项 目	实控范围	通常适用范围
厚度(mm)	(1.41~1.95)±0.1	1.0~6.0
密度(g/cm^3)	0.20±0.02	0.13~0.30
拉伸强力(N/2.5cm)	经向≥206 纬向≥157	—
伸长率(%)	经向20~80 纬向40~100	—

二、合成革用非织造布的生产

1. 工艺流程 合成革用非织造布的主要生产方法是短纤维针刺法。后来开发了短纤维水刺法技术,其产品手感柔软,发展迅速。长丝水刺法技术也引起了人们的重视,目前尚处于开发阶段,未形成工业化规模。现将工艺流程分别简述如下。

(1)短纤维针刺法:混配好的短纤维→混和开松→梳理成网→交叉铺网→花辊牵伸→预针刺→多道主针刺→成卷。

(2)短纤维水刺法:混配好的短纤维→混和开松→梳理成网→交叉铺网→花辊牵伸→预湿及加固→多道水刺→滚筒式烘干机烘干→成卷。

(3)长丝水刺法:选定的聚合物切片→熔融纺丝→气流牵伸→分丝铺网→预湿及加固→多道水刺→滚筒式烘干机烘干→成卷。

2. 主要工艺说明

(1)气流成网。合成革用非织造布一般选用机械成网,因为机械成网的均匀度比气流成网高,这对合成革至关重要。但机械成网要注意克服纤维方向性过强的问题,现在一些先进的非织造布设备已在机械上采取杂乱措施以克服这些缺陷,如花辊牵伸,使纤维网纵横向强力比接近1:1。

(2)针刺。合成革用非织造布对针刺的要求是相当严格的,不仅强力要高,还要结构密实,而且布面还不得有纵横向或斜向的针迹和针孔,纵横断面处于立向的纤维密度也应均匀一致。高质量的合成革用非织造布,在透射光条件下检查,不能有云状密度不匀的现象。为防止这些缺陷,针刺机上需装有制动装置,当针向纤网刺入时使纤网暂停前进。有的针刺机还带有制动微调控制系统,可以防止重复针刺。迪罗公司的DI— LOOM HSC,HV系列针刺机的针梁采用椭圆形运动轨迹,可使刺针与纤网同步移动,除了可获得高车速之外,还可大大减少牵伸并改善针刺产品的表面平整性,减少纵、横向牵伸和断针现象。

表12-2列出了德国迪罗公司DI—LOOM系列针刺机的性能,该系列针刺机常用于针刺要求比较高的合成革基布等产品的生产,图12-1为DI—LOOM OUG—IS针刺机的结构示意图。为了提高生产效率,满足质量要求,生产合成革用非织造布时,一般需要将主针刺与预针刺连成一条流水线,经过预针刺的纤网直接喂入主针刺机,使生产连续化。表12-3为德国迪罗公司推荐的部分生产流程。

表12-2 DI-LOOM系列针刺机的性能

型号 \ 性能	针刺方式	工作幅度(m)	布针密度(枚/m)	针刺频率(次/min)	针刺动程(mm)
DI-LOOM OD-Ⅰ	▽	1.5~7.5	2000~5000	1200	40/50/60
DI-LOOM UD-Ⅰ	△				
DI-LOOM OD-Ⅱ	▽▽	1.5~7.5	4000~10000	1200	40/50/60
DI-LOOM UD-Ⅱ	△△				
DI-LOOM OD-ⅡS	▽▽	2.5~6	4000~15000	2200	25~60
DI-LOOM UD-ⅡS	△△				
DI-LOOM OUG-Ⅰ	▽ / △	1.5~7.5	4000~10000	1200	60
DI-LOOM OUG-Ⅱ	▽▽ / △△		8000~20000		

续表

型号＼性能	针刺方式	工作幅度（m）	布针密度（枚/m）	针刺频率（次/min）	针刺动程（mm）
DI－LOOM OU－Ⅱ	▽ △	1.5～7.5	4000～10000	1200	40/50/60
DI－LOOM UO－Ⅱ	▽ △				
DI－LOOM OUO－ⅡS	▽▽ △△	2.5～6	5000～30000	1500	60
DI－LOOM OD－ⅡS C	▽▽	2.5～6	4000～15000	3000	25～60

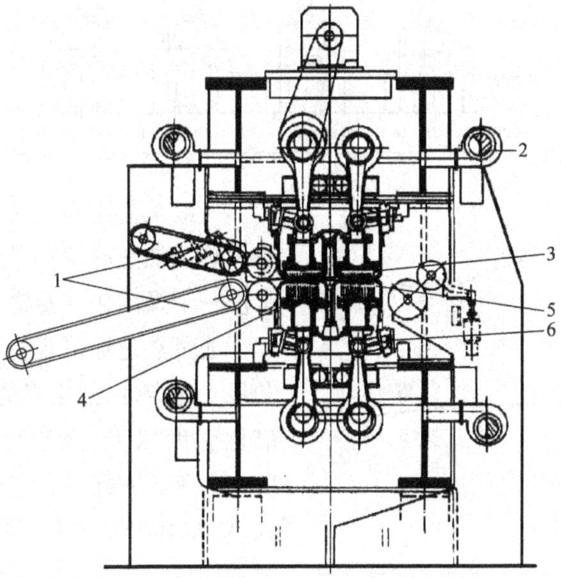

图 12－1　DI－LOOM OUG－IS 针刺机（附带 CBF）

1—CBF 送网装置　2—风机　3—针板　4—剥网板　5—托网板　6—摇臂装置

针刺工艺对布的性能和质量有至关重要的影响，其中针刺密度（刺/cm^2）是最重要的工艺参数。一般说来，针刺密度越大，产品的强力越大，越硬挺。但是，如果纤网已足够紧密的话，再针刺就会造成纤维的损伤或断针，反而会使产品的强力下降。图 12－2 为纤网的强力与针刺密度的关系曲线，充分说明了这一点。值得注意的是，如果原料等发生变化，关系曲线和最佳针刺密度也会发生相应的变化。

由于布针密度（枚/m）往往是固定的，因此针刺密度一般是通过调整针刺频率（刺/min）和输出速度（m/min）来实现的。产品的针刺密度是根据产品的用途和要求确定的，不同的产品往往会有很大差异。通常束状超细纤维革用非织造布的针刺密度在 400～500 刺/cm^2。

（3）针刺基布的后处理。针刺后的非织造布，在浸聚氨酯之前还需要进行相应的后处理，一是为了增加非织造布的强度和尺寸稳定性；二是增加密度，消除针孔；三是增加表面平滑性。

表 12－3　德国迪罗公司推荐的部分生产线

生　产　流　程　图

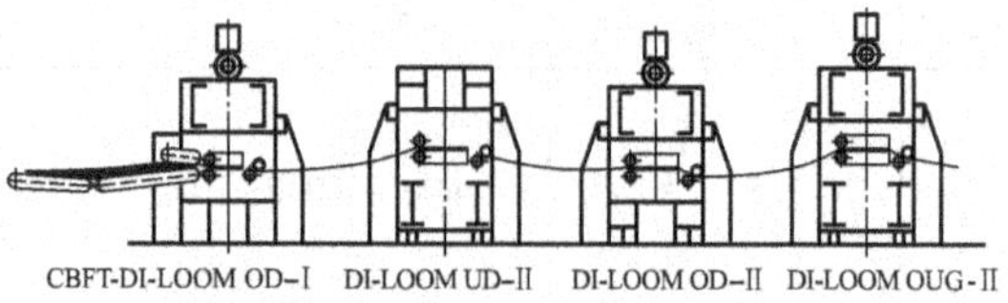

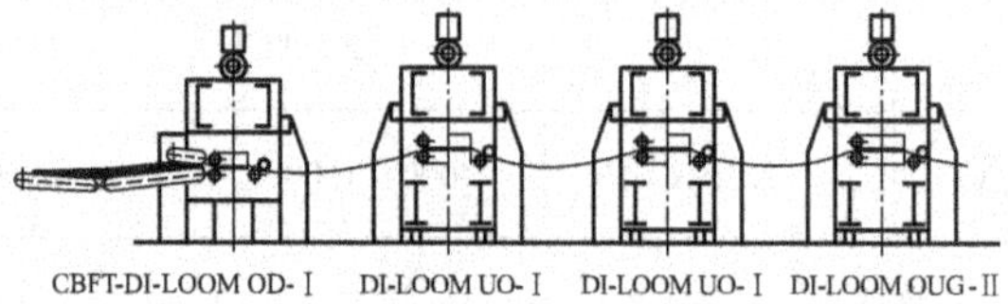

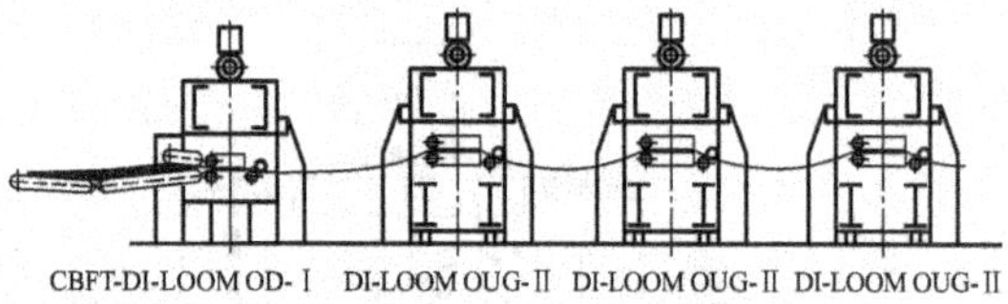

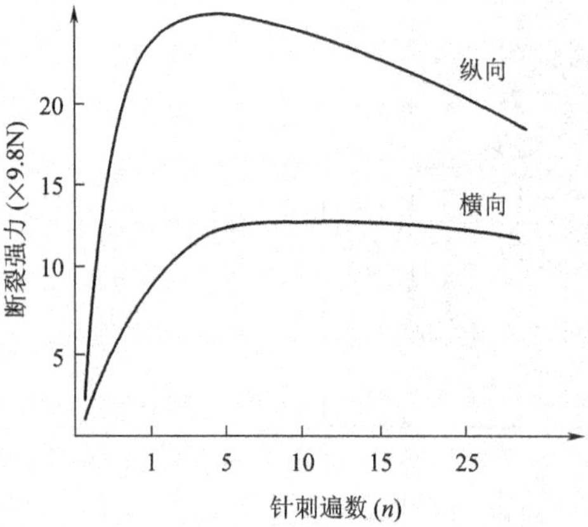

图 12－2　针刺密度与产品断裂强力的关系

一般工艺流程为：针刺非织造布卷材→经热水热风加热收缩→热压烫平→化学上浆→水洗→干燥固化→卷绕。

通过热定形可提高非织造布的整体性能和尺寸稳定性，热定形的温度应达到纤维的玻璃化温度以上，涤纶可以达到 180℃ 左右，PE/PA 海岛纤维非织造布的热定形温度不能太高，在 100℃ 左右，因为其中的海组分聚乙烯的熔点仅为 130℃ 。

化学上浆一般都是用聚乙烯醇(PVA)，通过上浆处理，在纤维表面形成一层 PVA 膜层，从而使非织造布中纤维与后来浸渍进去的聚氨酯隔开，为合成革具有离型结构作准备。PVA 将在以后的抽取工序中，用热水溶解掉，抽取掉 PVA 后，合成革中的纤维与聚氨酯之间将产生一种离型效果，可增加合成革的柔软性和撕裂强度。

如果是生产束状超细纤维合成革，可不必对其进行化学上浆，因为生产束状超细纤维合成革需用海岛纤维，如 PE/PA 海岛纤维，其中的海组分(PE)将在后道抽取工序中用二甲苯溶解掉，所剩下的超细纤维束(岛组分)与聚氨酯之间即呈离型结构。

三、合成革的生产

合成革的生产方法大致可归纳为干法和湿法两种。

1. 干法　干法是指 PU 树脂因其中的溶剂挥发和水分蒸发而凝固成膜的方法。先将经过后处理的非织造布浸渍 PU 浆液，再经热风干燥，使有机溶剂和水分排出。经这样处理后，即可得到非织造布与聚氨酯复合成一体的片状材料。其中，三维结构非织造布为骨架，聚氨酯则因为溶剂和水分的扩散而在片状材料中形成具有连续、开式微孔结构，从而使之具有天然革的结构和丰满感，再对该片状材料进行表面涂层（或贴膜）和整饰处理，即得到合成革产品。图 12－3 为干法合成革结构示意图。

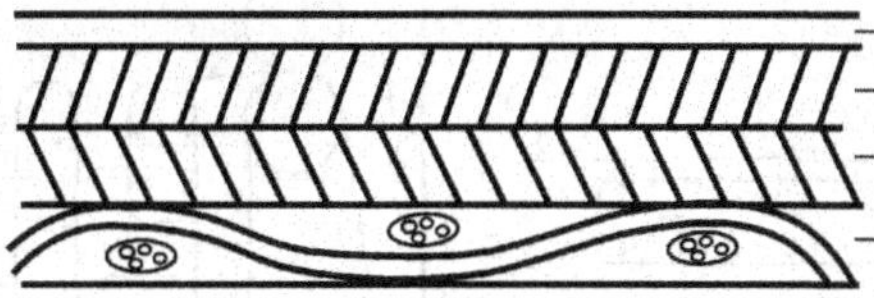

图 12－3　干法合成革结构示意图

干法更多地用在合成革的终端造面工序上，它是把 PU 树脂配成具有一定含固量、一定黏度的浆液，先将浆液涂布在作为转移载体的离型纸上，离型纸上可事先压上各种凹凸不平的花纹图案，通过烘箱，并控制工艺条件（温度、车速等），使溶液挥发形成柔软且富有弹性的膜，再在其上涂布黏合层，然后与底布复合在一起，经干燥、固化、冷却后进行卷取和一段时间的熟化，将离型纸剥离，即在底布上复合了一层 PU 膜层，该膜层留有离型纸纹路，再经印刷处理等工序，即得干法 PU 合成革产品。底布可以是各种布或浸过聚氨酯的片状材料。

2. 湿法　湿法是指 PU 树脂在凝固浴中与水反应，同时扩散渗出而凝固成膜的方法，主要有单涂法、浸渍法、浸涂法三种。这三种方法法在工艺流程上基本相同，主要区别在于上浆工艺的不同。

单涂法是最一般的制造方法。它是先将基布浸渍 DMF 水溶液，再通过压力辊压去多余的 DMF 水溶液，然后直接刮涂按一定配方实现配制好的工作浆——PU 树脂的混合液，然后进入凝固浴中凝固成膜。

浸渍法是把基布直接在工作浆中浸渍，再通过刮刀刮去多余的浆料，然后进入凝固浴中凝固。

浸涂法则是结合了浸渍法和单涂法的特点，先将基布在 PU 浸轧液中浸渍，通过压力辊轧去多余的浆液，进入预凝固槽预凝固，然后再刮涂涂层浆，进入凝固浴。其生产流程如图 12－4 所示。

凝固液的主要成分是水，由于连续法生产中，DMF 从浆料中浸出，凝固液是 DMF 和水的混合物。为了兼顾凝固时间、皮膜质量、降低成本及提高 DMF 回收率等几个方面，凝固液中 DMF 质量分数应控制在 15% ～30% 之间。凝固液中 DMF 质量分数大于 30% 时，涂层的凝固速度减慢，表面少成膜较薄，容易出质量问题，过小则影响回收效率。一般控制 DMF 质量分数在 20% 左右。凝固温度可控制在 20 ～35℃左右，凝固时间可控制 15min 左右。

水洗是以 50 ～65℃水做脱溶剂媒体，随着 PU 树脂的凝固，水浸入到 PU 树脂中，萃取残留的 DMF。然后再进行定幅干燥，形成微孔层的贝斯。根据需要可进行仿麂皮、干式贴合、

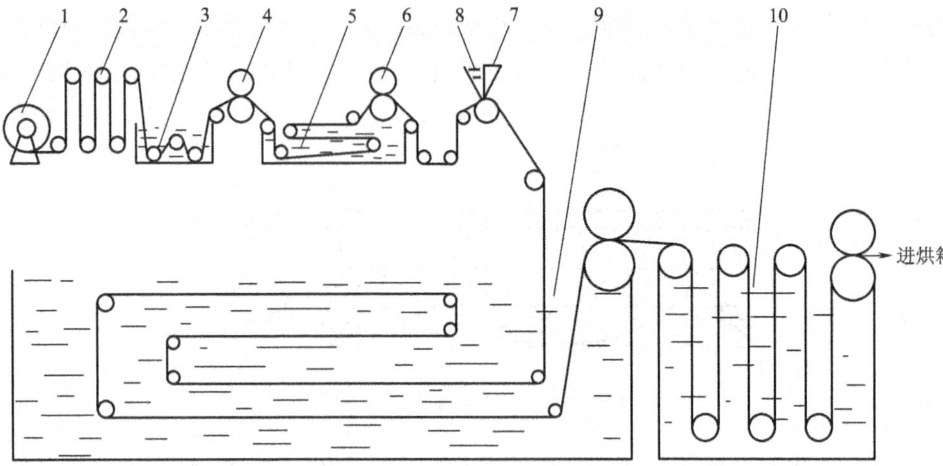

图 12-4　浸涂法生产流程示意图

1—基布　2—储布架　3—浸浆槽　4—压力辊　5—预凝槽　6—压力辊

7—刮刀　8—涂层浆　9—凝固槽　10—水洗槽

印刷、压花等后加工整理。无论是浸渍法、单涂法还是浸涂法，制得的 PU 革都具有透气的微孔层，使制品具有透气性、透湿性、良好的柔软性，丰满弹性的触感，酷似天然皮革。

无论是干法制得贝斯还是湿法制得贝斯，其外观和手感都难以达到直接应用的要求，通常都要根据产品的用途和要求进行相应的后处理，主要有绒面处理、造面处理、印刷处理、压花处理等。

(1)绒面处理(仿麂皮革)：是通过 120# ~150# 砂带在磨削机上进行粗磨，然后再用 180# 砂带进行精磨而得。磨削砂纸的圆周速度和贝斯的送进速度应控制在核定的条件下进行磨削，绒面革的磨削量应为皮膜厚度的 10% ~15%。磨削后还要进行光滑、防水、防油的整理，提高产品的附加值。

(2)造面处理：通常是用带有花纹的离型纸在贝斯表面上复合上了一层的 PU 树脂，使合成革的表面更加亮丽，但经造面处理后，PU 革的透气性将大大降低。

(3)印刷处理：在贝斯表面上，用凹版辊印制有着色剂的配合液或底料印刷油漆，在 100℃下干燥 30s，应往复进行 2 次以上，形成印刷着色层。然后再用凹版花纺辊进行印花和印上各种图案。

(4)压花处理：在经过印刷处理的贝斯上，用各种花纹辊在(100 ±5)℃和 0.3 ~3MPa 压力下进行压花处理。

为了改善合成革的手感，使合成革中的纤维与聚氨酯之间形成离型结构，可事先对非织造基布浸轧 PVA 浆料，然后再浸渍聚氨酯胶液，形成一种复合片状物，将其导入由 DMF - 水组成的凝固浴中进行凝固，随着凝固剂的渗入和聚氨酯中溶剂的扩散，片状物中的聚氨酯逐步形成开式微孔结构。然后再对片状物进行热水洗涤，去除 PVA 及残存的 DMP 溶剂，使纤维与聚氨酯之间形成离型结构，再经柔软、疏水处理和表面装饰(干法贴面)加工，即得到从内部结构到外观手感均具有真皮感和性能的合成革。

束状超细纤维合成革近几年来发展非常迅速。山于采用的原料是海岛纤维(如PE/PA复合纤维),所以其湿法加工工艺有所不同。首先将经过热定型处理的海岛纤维非织造布用浓度为15%～18%的聚氨酯浆液进行真空浸渍,非织造布以5～6m/min速度通过浸渍液,使聚氨酯充分浸渍到纤维间隙中,浸渍量为非织造布质量的15%～50%,聚氨酯凝固后,用热水洗除二甲基甲酰胺,再用甲苯进行至少10段以上的逆流抽出海组分(PE),然后用水漂洗干净,留下的岛组分(PA)形成单丝纤度为0.001～0.003旦尼尔的纤维束,此时纤维含量一般在50%以上,最后再对其进行多级磨毛、染色、剖片和整饰处理,即制成绒毛着色束状超细纤维聚氨酯服装面料。如果生产光面革可以不经磨毛工序,直接进行切片和造面处理即可。图12-5为束状超细纤维湿法(绒面)合成革结构示意图。

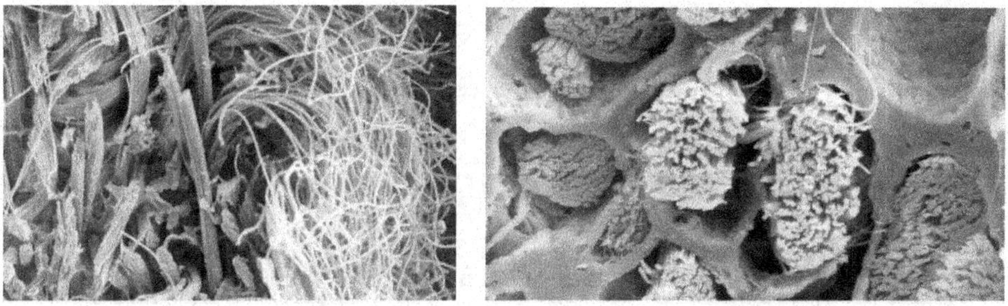

图12-5 湿法(绒面)合成革结构示意图

第三节 合成革的应用及其性能要求

一、合成革的应用

合成革的用途十分广泛,可简要概括为以下几方面。

(1)衣着方面:包括上衣、大衣、外衣、裙子、裤子、皮带、雨衣和帽子等。

(2)鞋靴方面:包括旅游鞋、休闲鞋、拖鞋、皮鞋以及层压鞋底等。

(3)箱包方面:包括旅行箱包、文件包提包、钱包、学生书包和文具包等。

(4)家具方面:包括椅垫套、椅套、沙发套、床围、床头修饰、客厅和卧室的装修装饰等。

(5)运输方面:包括火车、大客车的座套和靠背套、小汽车内装饰及飞机、轮船的内装饰等。

(6)工业方面:包括储油罐、输油管、高层建筑救火水管、层压的耐油耐磨运输带和导带、潜水服、飞机油箱、卫星转播站的气球、热气球等。

(7)体育用品方面:包括运动鞋、手套、防护套、各种球类、滑雪靴、滑雪鞋等。

QB/T 2888—2007《聚氨酯束状超细纤维合成革》(报批稿)将聚氨酯束状超细纤维合成革按用途分为五类,见表12-4。

表 12－4　聚氨酯束状超细纤维合成革的分类

类　别	用　途
Ⅰ类	鞋面革类
Ⅱ类	箱包、家具等工业用革类
Ⅲ类	球用革类
Ⅳ类	服装、手套及鞋里用革类
Ⅴ类	杂品类

二、合成革的性能要求

QB/T 2888—2007《聚氨酯束状超细纤维合成革》规定了聚氨酯束状超细纤维合成革的基本性能要求，见表 12－5，并相应规定了各类革的特殊要求，如Ⅰ类革除符合表 12－5 的规定外，还应符合表 12－6 的规定；Ⅱ类革除符合表 12－5 的规定外，还应符合表 12－7 的规定；Ⅲ类革除符合表 12－5 的规定外，还应符合表 12－8 的规定；Ⅳ类革除符合表 12－5 的规定外，还应符合表 12－9 的规定。也就是说，合成革的性能要求是根据其用途而定的，因此，合成革的用途不同，其生产工艺和方法也往往有较大差异。

表 12－5　聚氨酯束状超细纤维合成革的基本物理性能要求

序号	项　目		指标					
			光　面			绒　面		
			A 类	B 类	C 类	A 类	B 类	C 类
1	表观密度（g/cm^3）		≤0.70	≤0.70	≤0.70	≤0.70	≤0.70	≤0.70
2	拉伸负荷（N）	纵横向	≥35	≥65	≥100	≥35	≥60	≥90
3	断裂伸长率（%）	纵横向	≥15	≥25	≥25	≥15	≥25	≥25
4	撕裂负荷（N）	纵横向	≥15	≥25	≥35	≥15	≥25	≥35
5	耐折牢度	23℃，20 万次	无裂纹			无裂纹		
		－10℃，2.5 万次	无裂纹			无裂纹		
6	耐热黏着性（级）		≥4			≥4		

表 12－6　Ⅰ类革特殊要求物理性能

序号	项　目		指标	
			光面	绒面
1	剥离负荷（N/20mm）		≥35	—
2	崩裂负荷（N）		≥49	≥49
3	表面色牢度（级）	干摩擦	≥4	≥3
		湿摩擦	≥3	≥2
4	透湿度（$mg/cm^2 \cdot h$）		—	≥3.0

续表

序号	项　　目	指　　标	
		光面	绒面
5	吸水率(%)	≥15	≥15
6	耐水度(水压 14.7kPa,1min)	表面无水珠	—

注　对有耐水解性(耐碱性)和耐黄变性(浅色品种)要求的鞋面用革,增加耐水解性(耐碱性)和耐黄变性的项目。

表 12-7　Ⅱ类革物理性能

序号	项　　目		指　　标	
			光面	绒面
1	剥离负荷(N/20mm)		≥25	—
2	表面色牢度(级)	干摩擦	≥4	≥3
		湿摩擦	≥3	≥2
		汗液摩擦	≥3	≥2
3	耐水度(水压 14.7kPa,1min)		表面无水珠	—

表 12-8　Ⅲ类革物理性能

序号	项　　目		指　　标
1	剥离负荷(N/20mm)		≥25
2	表面色牢度(级)	干摩擦	≥4
		湿摩擦	≥3
		汗液摩擦	≥3
3	耐水度(水压 14.7kPa,1min)		表面无水珠

表 12-9　Ⅳ类革物理性能

序号	项　　目		指　　标	
			光面	绒面
1	剥离负荷(N/20mm)		≥25	—
2	表面色牢度(级)	干摩擦	≥4	≥3
		湿摩擦	≥3	≥2

第四节　合成革性能检验

本节主要介绍 QB/T 2888—2007《聚氨酯束状超细纤维合成革》中部分性能的检验方法。有些项目,如拉伸负荷及断裂伸长率、撕裂负荷、颜色牢度等与常规纺织品的检验方法、步骤差异不大，不在此详细介绍。

一、取样要求

试样沿幅宽方向均匀裁取。试样尺寸、数量见表 12－10。

表 12－10 试样尺寸、数量

序号	试验项目		试样尺寸	数量（片）	序号	试验项目		试样尺寸	数量（片）
1	表观密度		50mm×50mm	3	7	耐折牢度	23℃	70mm×45mm	2
2	拉伸负荷及断裂伸长率	纵向	哑铃型	3			－10℃	70mm×45mm	2
		横向	哑铃型	3	8	耐热黏着性		60mm×90mm	2
3	撕裂负荷	纵向	100mm×25mm	3	9	吸水度		Φ(70±2)mm	2
		横向	100mm×25mm	3	10	耐水度		Φ60mm	2
4	剥离负荷		100mm×20mm	6	11	表面颜色牢度	干摩擦	220mm×25mm	2
5	透湿度		Φ57mm	3			湿摩擦	220mm×25mm	2
6	崩裂试验		Φ44.5mm	3			汗液摩擦	220mm×25mm	2

二、检验方法与标准

1. 厚度 使用厚度仪压脚的直径为 10mm，定重负荷为 0.98N，沿产品宽度方向平均测量 15 个点，结果以算术平均值表示，精确到 0.01mm 。

2. 外观 在自然光下目测，色差按照 GB 250—1995《评定变色用灰色样卡》规定执行。

3. 表观密度的测定 沿每片试样四周测量 4 点厚度平均值，准确至 0.01mm。称取试样的质量，精确至 0.1mg。

按式（12－1）计算，取三个试样测试结果的算术平均值，精确至 0.01g/cm^3。

$$\rho = 1000 \times \frac{m}{A \times b} \tag{12-1}$$

式中：ρ——表观密度，g/cm^3；

m——试样的质量，g；

A——试样的面积，mm^2；

b——试样的厚度，mm。

4. 剥离负荷 按 GB/T 8949—1995《聚氨酯干法人造革》中 5.9 条的规定进行检验。试样大小为 100mm×20mm，黏合长度为 70mm，黏合剂可用聚氨酯树脂，试样必须黏合牢固，干燥温度以黏合剂能够干燥为宜，剥开试样约 20mm，拉伸机速度为（100±10）mm/min。

5. 崩裂性 试样放置时，表面层向上，基体层与钢球正好相接，记录试样伸展 7.0mm 高时的负荷。

6. 耐折牢度 沿宽度方向裁取两组试样，每组2片，试样表面层向里折叠，分别将两组试样在(23±2)℃折叠20万次和(-10±1)℃折叠2.5万次，然后观察受折部分表、里的变化情况。

7. 透湿度 透湿杯中放入不少于20g粒径为2.3~3.5mm的氯化钙，试样表面层向下放入透湿杯，旋紧杯盖，称量后，放入(30±1)℃，相对湿度为(80±5)%的透湿试验箱内，1h后将透湿杯取出，立即称量，称量后继续放入试验箱内，以后每一小时称量一次，连续称量三次，均精确至0.1mg。按式(12-2)计算透湿度，取三个试样测试结果的算术平均值，精确至0.1mg/(cm²·h)。

$$P=\frac{(m_1-m_0)+(m_2-m_1)+(m_3-m_2)}{3A} \tag{12-2}$$

式中：P——透湿度，mg/(cm²·h)；

m_0——第一次称量杯和试样的质量，mg；

m_1——第二次称量杯和试样的质量，mg；

m_2——第三次称量杯和试样的质量，mg；

m_3——第四次称量杯和试样的质量，mg；

A——试样的透湿面积，cm²。

8. 吸水度 按GB/T 4689.21—1996《皮革 吸水性测定方法》进行测定。取两个试片测试结果的算术平均值，按式(12-3)计算，计算结果保留至整数位。

$$Q=\frac{V}{m}\times d\times 100 \tag{12-3}$$

式中：Q——吸水度，%；

V——试样浸泡规定时间后的吸水量，mL；

d——水的密度，1g/mL；

m——试样浸泡之前的质量，g。

9. 耐水度 按GB/T 4744—1997《纺织织物 抗渗水性测定 静水压试验》的规定进行试验。按表12-10裁取Φ60mm的试样两片，试样表面层浸在水中，浸水面为Φ50mm的圆。水温为(20±2)℃，以10mm/s的速度注水，当水的压力达到14.7kPa时停止注水，1min后目测试样表面有无水珠。

10. 耐热黏着性 将两片试样，表面层相对叠合在一起，夹在两块60mm×60mm×3mm的玻璃之间，再用质量为3kg的砝码压在玻璃上。将其放置在(100±2)℃的鼓风恒温箱内1h后取出，除去砝码，在室温下放置1h后，用手轻轻揭开对合的试样。

思考题

1. 简要概括聚氨酯合成革的原料及半成品要求。

2. 论述合成革用非织造布的生产方法。
3. 简述合成革的干法和湿法两种生产方法。
4. 分析合成革的性能要求。
5. 说明合成革的检验方法及标准。
6. 简述如何表征合成革的表观密度、透湿度、吸水度。

第十三章　用于建筑的膜结构材料

本章知识点

1. 膜材料的结构与性能要求。
2. 膜材料的组成与加工工艺。
3. 建筑膜材料的应用。

第一节　概　述

膜结构建筑是一种新型、时尚的建筑空间结构形式。20 世纪 50 年代，膜结构建筑作为别开生面的建筑形式开始在国际上出现。特别是 20 世纪 70 年代以后，膜结构得到了迅猛的发展。膜结构作为一种现代化的工程结构，它集建筑学、结构力学、精细化工、计算机技术于一体，创造了屋顶的革命，突出地体现了建筑的艺术创造性、实用性和多样性。

一、膜结构的发展历史

1956 年前后，美国产生了约五十多家的膜结构公司，制造各种膜产品，用作体育设施、展览场、设备仓库、轻工业厂房等，但多因设计不周全，或粗制滥造，或维护不当，造成许多不幸事件，大多数的工厂亦因此倒闭。

1960 年间，德国斯图加特大学的弗赖·奥托先生，先后于 1962 年和 1965 年发表了研究膜结构的成果，并同帐篷制造厂商合作，做了一些帐篷式膜结构和钢索结构，其中最引人注目的是 1967 年在蒙特利尔博览会的西德馆，在欧洲，尤其在德国开创了膜结构商业化的先河。

1968 年，美国纽约的建筑师布罗迪和哥伦比亚的大卫·盖格教授合力争取到了日本大阪世界博览会美国馆的设计权。原先经费是 2500 万美元，后被削减到 250 万美元，穷则思变，设计组改变原来构思，将基地挖了一个大坑，将废土堆在四周，筑成围墙，其上浇注一混凝土压力环，将钢索网固定在环上，再将膜布固定在钢索网上，加以充气，就做成了 $9290m^2$ 的展览馆，从而创造了膜结构的新模式，见图 13 - 1。1968 ~ 1987 年，有 8 座室内运动馆是以此方法设计建造的。

通过大阪世博会，盖格公司成功地向世人推出气承式膜结构新技术，并得到建筑工程界一致认可，但当时这种膜材的寿命只有 7 ~ 8 年，在阳光及风雨的交互作用下，膜布很快就变得硬脆、破裂，而失去结构性能。只有使用好的膜布材料，才能使这种大跨距的屋顶，成为永

图 13-1 日本大阪世界博览会美国馆(采用气承式膜结构)

久性的建筑。正在此时,美国福特基金会下属的教育设施实验室给盖格公司一笔资金,用来开发此种永久性的建筑膜。在盖格公司的领导下,美国的杜邦公司、康宁玻纤公司、贝尔德建筑公司和化纤织布公司共同努力,产品很顺利地就研制成功了。这种永久性建筑膜的基布为玻璃纤维编织,然后用硅胶浸泡,再多次浸渍聚四氟乙烯溶液,使坯布两面皆有均匀的聚四氟乙烯涂层。经过加速气候实验和物理检验后,盖格公司又开发了各种配件及设计程序。

二、膜结构的发展现状

膜结构建筑是21世纪最具代表性的一种全新的建筑形式,至今已成为大跨度空间建筑的主要形式之一,它代表了当今建筑技术和材料科学发展的水平和结构形式。膜结构材料可广泛应用于建筑、土工、交通、环保、广告等行业。随着计算机技术在膜结构设计和分析中的广泛应用和膜性能的不断提高,其发展的速度越来越快。

膜结构具有一系列不可比拟的优点。

(1)形式多样,造型自由轻巧、美观,具有较强的艺术性。

(2)透光性好,可自然采光,因而节能、环保。

(3)防紫外线,耐候性好,使用寿命长。

(4)自重轻、制作简易、安装快捷、使用安全、抗震性能优异。

(5)防火、阻燃、防潮,自洁性好。

(6)易于建造无柱的大型空间结构。

(7)结构经济性好。因而在世界各地得到广泛应用。

1981年建成的沙特阿拉伯吉达机场候机厅,是20世纪80年代末膜结构建筑的代表作之一,其面积达42750m^2。

1993年,美国新丹佛国际机场落成,其候机大厅、登机楼等均由膜顶覆盖,面积达35000m^2,柱跨115m,长度为305m,屋顶采用双层膜结构,外膜用聚四氟乙烯,内膜用聚酯纤维涂覆聚氯乙烯复合材料，外膜单位重量 $1185g/m^2$，内膜重 $265g/m^2$，这样轻型的屋顶材料和大跨度结构，是其他材料很难做到的。

1996 年，第 26 届美国亚特兰大奥运会上椭圆形主会场总面积达 $43710m^2$，平面尺寸为 235m × 186m，顶部全部由膜覆盖，人们称之为乔治亚穹顶(Georgia Dome)。

中国的膜结构建筑发展相对较晚。1997 年前国内只有少量小型和中型的膜结构建筑。1997 年上海举办第八届全运会，其八万人体育场的看台挑篷采用膜结构，挑篷面积达到 $36100m^2$，这是我国第一次在大型体育场馆采用膜结构建筑的屋顶，对我国膜结构建筑的发展具有重大的影响，如图 13－2 所示。上海采用的膜材料为玻璃纤维织物，外表进行聚四氟乙烯树脂涂层，全部是进口产品。我国第二个大型膜结构建筑是青岛颐中体育场，如图 13－3 所示，总面积为 $30000m^2$，采用的膜材料是由涤纶编织物与 PVC 复合而成的，其顶面层再涂聚偏氟乙烯。此后，膜结构建筑在我国得到了迅速发展。

图 13－2　上海八万人体育场

图 13－3　青岛颐中体育场

2008 年北京奥运会场馆——水立方，将我国膜结构建筑推向高峰。水立方是奥运会的游泳中心，它外表覆盖蓝色的气泡，材质是乙烯－四氟乙烯共聚物（ETFE）膜材，整个ETFE使用量达到10万平方米，透明度高达90%以上，使用寿命达25年以上，如图13－4所示。

图13－4 北京水立方游泳中心（采用气胀式充气膜结构）

随着建筑膜材料的发展，造就了一批有影响的专业开发建筑膜材的企业，目前世界范围内有影响的膜材料生产商有二十余家。

第二节 膜材料的结构与性能要求

一、建筑膜材料结构

建筑膜材料是一种复合膜片，它是由长丝或纱线编织的基材与高分子树脂复合而成，有的需要进行表面处理，如图13－5所示。其中，织物基材可以是涤纶长丝、玻璃纤维、芳纶等，而作为复合涂层使用的高分子树脂有聚氯乙烯树脂、硅酮及聚四氟乙烯树脂等。从力学角度上看，承担外力的主要是织物基材，它影响到膜材料的抗拉强度、抗撕裂强度、耐热性、耐久性等；从应用角度看，复合涂层树脂和表面涂层可影响到膜材料的耐候性、防污性、加工性、耐水性、耐化学药品及透光性等。

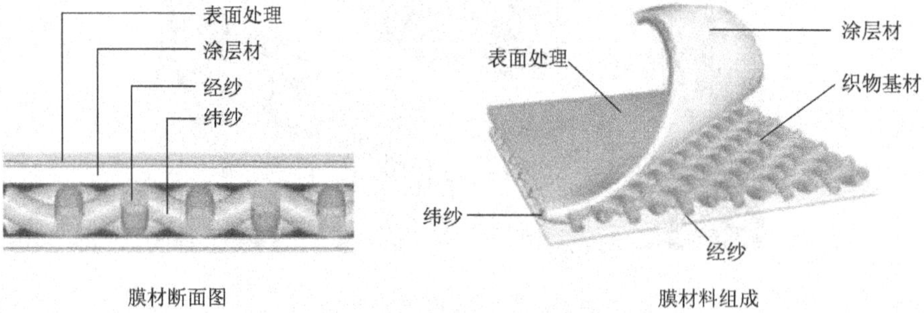

图13－5 膜的结构

表 13－1 为杜肯公司(Duraskin)的 PVC 膜的结构参数。

表 13－1 杜肯(Duraskin)PVC 膜的结构参数

项目		B6951	B6617	B6915	B6618	B6092	测试标准
基布		涤纶					DIN 60001
基布密度	根/英寸	9/9	12/12	10.5/10.5	14/14	14/14	DIN EN 1049
	根/cm	3.54/3.54	4.72/4.72	4.13/4.13	5.51/5.51	5.51/5.51	
线密度(dtex)		1100	1100	1670	1670	2200	
织法		L1/1	P2/2	P2/2	P3/3	P3/3	DIN ISO 9354
基布克重(g/m^2)		210	275	370	490	650	DIN EN 12127
涂层		PVC					
表面处理		不可焊接 PVDF					
总克重(g/m^2)		900	1000	1150	1400	1550	DIN EN ISO 2286－2

二、建筑膜材料的性能要求

1. 高强度 膜材料是一种柔性织物，施加应力才能获得刚度。因此，对于膜结构而言，任何情况下不允许膜处于无应力状态。在大跨度膜结构中，膜中应力往往较大，考虑到膜材料本身的强度和弹性系数存在较大变异，以及膜材料的老化、疲劳、划伤和折叠等因素，对膜的安全系数有较高要求。一般在长期荷载作用下，安全系数取 6～8；在短期荷载作用下，安全系数取 4。因此，膜材料必须具有较高的抗拉强度和抗撕裂强度。目前，中等强度的 PVC 膜，厚度仅为 0.61mm，但它的拉伸强度相当于钢材的一半；中等强度的 PTFE 膜，厚度仅为 0.8mm，但它的拉伸强度已达到钢材的水平。

2. 阻燃性 膜建筑作为永久性或半永久性建筑，膜材料本身必须完全满足建筑材料的防火要求。目前广泛使用的膜材料能很好地满足防火要求，具有卓越的阻燃和耐高温性能，达到法国、德国、美国、日本等多国标准。

3. 耐久性 膜材料的耐久性不仅与基布所用材料有关，而且还与涂层树脂有关，因为它对基布有保护作用，影响着膜材的使用寿命。目前，引起膜材老化的主要因素有紫外线照射、聚合物自身的不稳定、微生物引起的霉变等。

4. 自洁性 自洁性就是膜材料本身的防污自洁能力。由于 PVC 材料对紫外线不稳定，尤其在夏季阳光下，PVC 树脂中的有机物容易离析出来，而黏附尘埃，且不易被雨水冲掉，影响外观效果，减少使用寿命。因此，一般在 PVC 树脂涂层外，再涂一层聚氟乙烯(PVF)或 PVDF 或有机硅面层，以改善其自洁性。PTFE 膜材自身具有很好的防污自洁性能，对尘埃有一定的拒亲和性能，雨水会在其表面聚成水珠与浮尘一同流下，使膜材表面自然得到清洗，因此不需要作任何表面处理。

5. 隔音性 单层膜隔音仅有 10dB 左右。因此，单层膜结构建筑往往只用于隔音要求不高的活动场所，或者采用巧妙的设计、构造等手段来提高其隔音性能。一般膜结构对于低于60Hz的低频几乎是透明的。对于有特殊吸音要求的结构,可以采用具有Fabrasorb装置的膜结构,这种组合比一般建筑具有更强的吸音效果,能大幅度降低共鸣噪声。

6. 保温隔热性 单层膜材料的保温性能大致相当于夹层玻璃,如果对保温性能要求较高,可采用双层或多层膜,但双层或多层膜会影响建筑物的透光性能,一般来说双层膜的透光率在4%~8%。因此,膜建筑内部可考虑采用其他方式调节温度。如内部加挂保温层,运用空调采暖设备等。

三、几种建筑膜材料简介

根据建筑膜材料的基布和树脂涂层的种类,一般可将其分为三类:A种膜(玻璃纤维+PTFE涂层)、B种膜(玻璃纤维+硅酮涂层)、C种膜(聚酯长丝+PVC涂层)。其中A种膜在美洲和日本应用较多,C种膜在欧洲和亚洲最为常见,B种膜因为自身性能等原因,目前已经很少使用。

基布的变化不是很多,由于玻璃纤维的强度高、伸长小、成本低,目前应用较多。但是,涂层树脂的变化却非常丰富,根据涂层树脂可将建筑膜材料分为以下几种。

1. PVC膜材 PVC膜材是由聚酯纤维织物加上PVC涂层而成。PVC膜材在材料及加工上都比PTFE膜便宜,且具有材质柔软,易施工的优点。但在强度、耐用年限、防火性等性能上较PTFE膜差。虽然在PVC涂层上涂以数微米厚的丙烯酸或PVDF,以改善防污性,但经数年后仍会变色、污损、劣化。一般PVC膜的耐用年限,依使用环境不同为10年左右。

2.(100%PVDF+丙烯酸)膜材 材料顶面涂覆PVDF,材料底面涂覆丙烯酸。此类材料偏重于对材料顶面的保护,对材料底面的保护较差。涂有100%PVDF的表面处理具有以下独特的优越性:防止变色、防止白垩化、抗大气暴露(腐蚀,由紫外线引起的变质)、抗霉、持久保持良好的机械性能、保持建筑的透光性能。

3.(100%PVF+丙烯酸)膜材 材料顶面涂覆PVF,材料底面涂覆丙烯酸。此类材料偏重于对材料顶面的保护,对材料底面的保护较差。但由于PVF面层是用一种黏合剂黏着在膜材料表面,因此PVF膜材显得较硬。PVF与PVDF的其他各项性能均近似,从使用效果上看,聚氟乙烯的自洁效果略优于PVDF。

4.(100%PVDF+100%PVDF)膜材 材料顶面和底面均涂覆PVDF,使底面及顶面均得到较好的保护。

5. 丙烯酸+丙烯酸膜材 材料顶面及底面均涂覆丙烯酸,此类材料对膜材的底面及顶面均无妥善保护。

6. PTFE膜材 PTFE膜材是在超细玻璃纤维织物上,涂以聚四氟乙烯树脂而成的材料。PTFE膜最大的特点就是耐久性、防火性与防污性能好。但PTFE膜与PVC膜比较,材料费与加工费高,且柔软性低,在施工时为避免玻璃纤维被折断,须有专用工具与施工技术。

涂层材料PTFE对酸、碱等化学物质及紫外线非常稳定,不易发生变色或破裂。玻璃纤维在经长期使用后,不会引起强度劣化或张力降低。膜材颜色一般为白色,透光率高,耐久性在 25 年以上。

7. ETFE 膜材　ETFE 膜材的原料是一种乙烯—四氟乙烯共聚物，该膜材是由生料加工而成的薄膜，非常坚固、耐用，并具有极高的透光性。0.2mm 的 ETFE 膜材的密度约为 $350g/m^2$，且其抗拉强度大于 40MPa。2008 年北京奥运会水立方工程就是采用这种膜材料，ETFE 膜材的特点如下。

(1)由氟塑料制成，它也可和织物膜材一样施加预拉力，厚度通常为 0.05～0.25mm，且该膜质量很轻，只有 $0.15\sim0.35kg/m^2$。

(2)抗温度变化，能直接暴露于 -200～150℃下，寿命达 25 年以上，是用于永久性多层可移动屋顶结构的理想材料。

(3)ETFE 膜的透光率可高达 95%，通过表面印刷，可降低到 50%。根据几何条件及膜的层数，其 *K*(传质系数)值可高达 $2.0W/(m^2 \cdot K)$。耗能指数以一个三层印刷的膜为例，可达到 0.77。

(4)特有的抗黏着表面使其具有高抗污、易清洗的特点。通常雨水即可清除主要污垢。

(5)依据 GB 8624—2006《建筑材料燃烧性能分级方法》和 DIN 4102 防火等级标准对 ETFE 薄膜进行防火性能检测，其燃烧性能属于难燃 B1 级，燃烧时也不会滴落。依据 GA 132—1996《材料产烟毒性分级》对 ETFE 薄膜进行烟气毒性检验，该材料烟气毒性达到准安全一级。

(6)ETFE 薄膜可通过加热熔融、重新造粒而被回收，可焊接加工。

(7)耐腐蚀特性，同时又有对金属特有的较强黏着特性，克服了聚四氟乙烯对金属不黏合的缺陷，加之其平均线膨胀系数接近碳钢的线膨胀系数，使 ETFE(F-40)成为和金属的理想复合材料，具有极优良的耐负压特性。

表 13-2 为几种膜材料的规格和性能。

表 13-2　建筑膜材料的种类和规格

<table>
<tr><th>规格
材料</th><th>款号</th><th>厚度
(mm)</th><th>克重
(g/m²)</th><th>抗拉强度
(N/5cm)</th><th>抗撕裂强度
(N)</th><th>光反射率
(%)</th><th>透光率
(%)</th><th>耐温
(℃)</th><th>最大幅宽
(m)</th></tr>
<tr><td rowspan="2">玻璃纤维+
PTFE</td><td>1</td><td>0.7</td><td>1200</td><td>6000</td><td>550/500</td><td rowspan="4">71</td><td>9(±2)</td><td rowspan="8">-140～260</td><td rowspan="8">4.2</td></tr>
<tr><td>2</td><td>0.9</td><td>1600</td><td>7800</td><td>980/700</td><td>8(±2)</td></tr>
<tr><td rowspan="2">芳纶 1414+
PTFE</td><td>1</td><td>0.7</td><td>960</td><td>7200</td><td>640/590</td><td>9(±2)</td></tr>
<tr><td>2</td><td>0.9</td><td>1350</td><td>9300</td><td>1150/800</td><td>8(±2)</td></tr>
<tr><td rowspan="2">玻璃纤维+
硅橡胶树脂</td><td>1</td><td>0.7</td><td>1050</td><td>5500</td><td>520/480</td><td rowspan="4">68</td><td>11(±2)</td></tr>
<tr><td>2</td><td>0.9</td><td>1450</td><td>7200</td><td>940/650</td><td>10(±2)</td></tr>
<tr><td rowspan="2">芳纶 1414+硅
橡胶树脂</td><td>1</td><td>0.7</td><td>1100</td><td>7000</td><td>620/580</td><td>11(±2)</td></tr>
<tr><td>2</td><td>0.9</td><td>1400</td><td>9000</td><td>1020/780</td><td>10(±2)</td></tr>
</table>

表 13-3 为海德斯膜材料的技术指标。

表 13-3 海德斯（heytex）建筑膜材技术指标及执行标准

参数型号	克重（g/m^2）	抗拉强度（N/5cm）	抗撕裂强度（N）	防火性能	适用温度（℃）	涂层类型
H5571	650	2700/2500	250/250	B1	-30~70	PVDF
H5572	700	3000/3000	300/300			
H5573	900	4200/4000	550/500			
H5574	1200	5800/5400	1000/900			
H5577	1400	7000/6000	1100/1100			
H5578	1800	8000/7000	2000/1500			
执行标准	DIN 53352	DIN 53354	DIN 53363	DIN 4102	DIN EN1876-1	—

第三节 膜材料的加工工艺与应用

建筑膜材料生产工序主要为：基布编织→树脂复合→表面涂层处理。

一、基布编织

理论上，基布可以是各种编织物，如机织物、经编和纬编针织物等。由于建筑膜材料要求高强力、伸长小、抗撕裂性能好。因此，目前基本上都是用经编双轴向或多轴向织物。

经编双轴向织物有三个系统的纱线，即衬经纱、衬纬纱和编织纱。衬经纱和衬纬纱之间没有交织，两个纱片层呈正交配置，由编织纱将其捆绑在一起。经编多轴向织物是由一层或多层无交织纱线层按照设计的多个方向相互交错叠合在一起，形成纱线片层，再用编织纱以经平组织或编链组织将纱线片层捆绑在一起。多轴向经编织物在 0、90°和 ±45°方向上都有纱线。经编双轴向和多轴向织物都是在专门的设备上编织的。双轴向衬纱经编针织物如图 13-6 所示，多轴向经编织物如图 13-7 所示。

图 13-6 双轴向衬纱经编针织物

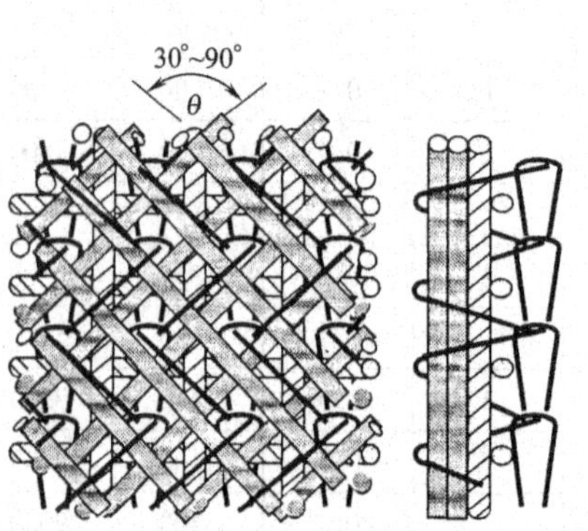

图 13-7 多轴向经编织物

二、树脂复合

此工艺是解决将高分子树脂与基材合二为一的方法。高分子树脂的涂层方法很多，如挤出成型、注射成型、压延（复合）成型、涂刮成型、模压成型（针对热固性塑料）、差压成型、挤出吹塑成型、浇铸成型等。建筑结构所用的膜材大多是以压延（复合）成型和涂刮成型复合而成的。

1. 压延（复合）成型 将选定的 PVC 塑炼料投入压延机，按照所需厚度、宽度压延成膜片，然后将其与布基黏合，再经过轧花、冷却即可制得压延（复合）膜材。压延法生产膜材可以分为贴胶法和擦胶法两种。德国梅勒公司（MEHLER）采用此法加工。

2. 涂刮成型 将 PVC 糊（PVC 树脂在增塑剂或非挥发性液体中的悬浮分散体）均匀地涂刮在基布上，再加热处理即可获得涂刮膜材。涂刮 PVC 糊，最常用的是刮刀直接涂刮法，也有采用辊式涂刮的。涂刮 PVC 糊后必须经过烘燥，将其加热到足够高的温度，使糊层完全熔融塑化，冷却后 PVC 糊就能均匀地紧贴在基布上。法国法拉利公司和韩国秀博公司的膜材料是以这种方法加工的。

三、表面涂层处理

为了改善 PVA 树脂的各项性能，可以在其表面涂覆几微米的含有 50% ~100% PVDF 的表面涂层，可抗腐蚀、抗玷污、防霉、抗紫外光降解和颜色变化。涂层的方法可以是涂刮法、浸涂法等。

四、建筑膜材的应用

1. 膜建筑的结构种类 膜建筑的结构种类很多，分类和命名也不统一，有的是根据主体结构的材料来分类命名，有的是根据受力形式来分类命名，同一个结构往往会有很多名称。下面介绍几种常见的结构。

(1) 纯钢拱形结构。该结构采用传统的梁柱系统，屋顶为圆拱式，柱梁间距一般为 8m 左右，如图 13－8 所示。

图 13－8 纯钢拱形结构

（2）混凝土结构主体加钢拱结构。该结构膜可以是平面的，如方形、菱形等，拱的间距依膜材强度、设计荷载、风力等确定。

（3）混凝土主体加钢索结构。该结构脊索和谷索在膜的两面，弯向相反，张拉后造成相反方向的垂直力，使膜布受到垂直方向的张力，膜布中水平方向的张力直接张拉形成。

（4）挂膜结构。该结构利用桅杆或独立支架以及柔性钢索使膜成品形成张挂状的稳定空间曲面的膜结构形式，如图 13－9 所示。

（5）张拉式膜结构。该结构是利用柔性钢索配以支撑杆结构，使膜材料张拉成稳定的空间曲面结构体系，如图 13－10 所示。张拉膜结构特别适合用来建造城市标志性建筑的屋顶，如体育与娱乐性场馆，需要有广告效应的商场、餐厅等。城市的交通枢纽是城市命脉的关键性建筑，使用功能要求建筑物各组成单元的标志明确。

图 13－9　挂膜结构

图 13－10　张拉式膜结构

（6）气承式膜结构（单层薄膜充气结构）。该结构是将膜材固定于屋顶结构周边，利用送风系统让室内气压上升到一定压力后，使屋顶内外产生压力差，以抵抗外力，如图 13－1 所示。这种建筑，结构简单，施工方便，经济效益高，无需维修。但需维持 24h 送风机运转，持续运行及机器维护费用的成本较高，进出较不便（需用旋转密封门），现已不再新建，但仍不失为一种大跨度结构（200m 以上）的好形式。

（7）钢索穹顶膜结构。中央张力环经由数目为四的倍数的脊索、环索、中继斜拉索、压力杆和斜拉索而到达压力环梁，形成一个完整封闭的张力拱结构系统，如图 13－11 所示。

图 13 - 11　钢索穹顶膜结构

(8)气胀式充气膜结构。首先将膜材通过热熔焊接(高频焊接或超声焊接)成气垫(或称气枕),然后向气垫内充气使之胀起,利用气体压力来支撑膜面,气垫的形状可以是圆形、椭圆形、三角形、矩形、六边形或其他任意的形状,通过铝合金构架或索网将多个气垫连接在一起组成大覆盖空间,如图 13 - 4 所示。每个气垫上都有连通管连接到控制系统及充气设备上,气垫的内压可以根据外荷载的不同,在 200 ~ 800Pa 时由专用设备不间断地监控、调节。

2. 膜材料的应用范围　这种结构形式特别适用于大型体育场馆、入口廊道、公众休闲娱乐广场、展览会场、购物中心等领域。

(1)体育设施:包括体育场、体育馆、网球场、游泳馆、训练中心、健身中心等。

(2)商业设施:包括商场、游乐中心、酒店、餐厅、商业街等。

(3)文化设施:包括展览中心、剧院、表演中心、水族馆等。

(4)交通设施:包括飞机场、火车站、码头、停车场、天桥、加油站、收费站等。

(5)景观设施:包括标志性小品、广场标识、小区景观、步行街等。

(6)工业设施:包括工厂、仓库、污水处理中心、物流中心、温室等。

3. 膜结构设计的内容

(1)初始态分析。预张力的大小及张拉方式,确保生成形状稳定、应力分布均匀的三维平衡曲面,并能够抵抗各种可能的荷载工况,这是一个反复修正的过程。

(2)荷载态分析。膜结构的控制荷载通常是风雨雪。在荷载作用下膜结构的变形较大,因此要用几何非线性的方法精确计算。根据计算出的索、膜、梁、杆等结构构件中的应力分布来选定索、膜等材料的型号及尺寸,确定详细的节点做法及构造措施等。荷载分析的另一目的是检验确定索、膜中初始预应力,判定其能否在最不利的工况下满足使用要求、位移要求及排水要求等。由于目前观测资料尚少,故对膜结构的设计通常采用安全系数法。

(3)主要结构构件尺寸的确定,及对支撑结构的有限元分析。当支承结构的设计方法与膜结构不同时，应注意不同设计方法间的系数转换。注意关键节点的设计，以避免应力集中，包括螺栓、焊缝和次要构件尺寸。

(4)膜结构的找形分析与裁剪剪裁设计。膜材料本身没有抗弯刚度，其曲面形状与预应力值的大小和分布直接相关，在控制点坐标确定后，调整预应力值的大小及其分布，也就调整了膜的曲面形状，反复调整的过程叫做找形分析。

剪裁分析就是将预应力状态下的三维曲面通过合理的裁剪线位置及其分布，将其展开为二维平面。由于膜材料双向异性，故裁剪线的布置要与计算时所设定的膜材经纬向一致，才能保证计算结果与实际相符。膜材料的裁剪下料通常是在无应力状态下进行的，为此国内外学者已进行了较为深入的研究，提出了诸如几何法、最小二乘法、动态规划法与平面热应力原理相结合的有限单元法等多种方法。但同时，还必须考虑以下几点。

①必须保证索边界的工作点不变。对于其他硬性边界，由于构件本身存在一定的空间尺度，可根据实际情况改变膜的工作点或保持膜的工作点不变，变换连接构件的做法，但一般说来后者较困难一些。另外，边角处膜的剪裁应严格按照实际结构构造做法、尺寸进行裁剪。

②确定膜的经纬向布置及膜片之间现场拼接缝位置。膜的经纬向布置会影响外观、膜材的利用率、制作的工作量等，还需与计算模型相吻合。现场拼接缝处理不当容易漏雨，所以一般选脊处作为现场拼接缝比较合适。

③膜材与硬边界的连接点处，应考虑特殊的补偿值，以便于安装。

④膜的剪裁要充分利用膜材料的幅宽，提高膜材的利用率。

找形分析与裁剪剪裁设计是一个整体过程，需借助于专门的软件进行，在找形时就要考虑裁线的布置及膜材的经纬向，并在计算模型中考虑膜材经纬向（弹性主轴）与单元主应力之间的夹角，将材料的各向异性考虑在内。这一过程应具备必要的试验数据，包括所选用膜材的杨氏模量和剪裁补偿值。

随着膜结构建筑形式逐渐被国人接受，膜结构在国内迅速崛起，膜材的应用前景将十分广阔。目前国内生产的膜材只有 PVC 在强度上基本达到国际同类产品的标准，但自洁、耐火、耐久等性能较差，其寿命一般不超过 10 年，而且国内的膜结构公司也只能加工 PVC 膜材。因此我国膜材料急需改善，以适应我国迅速发展起来的膜结构技术，由于目前中国的膜结构研究水平整体上还不高，我们还需继续引进国外的先进技术，让膜结构在国内得到更好的发展。

思考题

1. 简要概括建筑膜材料的性能要求。
2. 建筑膜材料可分为哪几种？
3. 说明建筑膜材料的生产工序。
4. 论述建筑膜材料的应用。
5. 简述膜结构设计的内容。

第十四章　车辆安全气囊及气囊用织物

本章知识点

1. 车辆安全气囊的种类。
2. 车辆安全气囊系统的组成及工作原理。
3. 车辆安全气囊用材料。
4. 安全气囊用织物的性能测试。

第一节　概　述

安全气囊亦称空气袋，是车辆的一个安全装置，它与安全带配合使用，在车辆交通事故中为拯救司乘人员的生命做出了重大贡献。安全气囊分为胸部安全气囊、连接头部和胸部的安全气囊以及仅用于头部的安全气囊。在车辆正常行驶的情况下，安全气囊折叠并隐藏在衬垫里，而当车辆正面迎接并达到一定的冲击强度时，安全气囊利用由电子脉冲引发的空气发生器，在千分之二秒的时间内迅速被高温、高压、高速气流充胀，从而减弱因剧烈碰撞产生的强大冲击力，以保证司乘人员的人身安全。图 14－1 为安全气囊的效果图。

图 14－1　安全气囊的效果图

一、车辆安全气囊的发展现状

1952 年美国车辆生产者联合会在理论上阐述了这样一种车辆安全系统的必要性，几乎同时，这种系统的原理图也绘制了出来。1953 年，John Hetrick 设计了一个名为“车辆用安全垫”的装置，在他的专利中描述了一种类似于当今的安全气囊的设备。这篇专利的发表标志着安全气囊的研究及应用的开始。但是，由于当时技术水平的限制，还不能把这种想法或专利付诸实现。20 世纪 70 年代，美国、德国、日本、瑞典的各大汽车公司均开始投入大量资金和人力研究与发展安全气囊，其中 1971 年 5 月德国的一个研究小组成功地将火箭推进技术应用于汽车安全气囊。到了 1980 年，德国默谢台斯公司开始实现这种设想，它在自己生产的部分车辆上安装了安全气囊。随后，许多车辆制造公司（包括福特、大众）的研究中心都投入了大量的经费用于安全气囊的研制开发。1969 年，美国政府规定前排司乘人员必须使用安全带和安全气囊，西欧和日本虽未立法，但也普遍使用，这大大地加速了安全气囊在原料及技术等各方面不断地升级换代。1984 年，美国国家高速公路交通安全管理局（NHTSA）在著名的“联邦汽车安全标准”中的 208 条款《乘员碰撞保护》（简称 FMVSS208）中增加了安全气囊的要求，这为安全气囊的发展和使用提供了一个明确的法则及指导方向。FMVSS208 条款是汽车安全气囊发展史上的一个重要的里程碑。此后，欧洲也颁布了 ECER94 法规，紧接着日本丰田、本田，美国福特、克莱斯勒，德国宝马，瑞典富豪等汽车公司纷纷开始销售配有安全气囊的汽车。从 1985 年起，供应美国市场的车辆全都安装了这种安全气囊系统。美国生产的轿车在 1995 年下半年开始全部装有气囊。欧洲、日本新生产的轿车也几乎都安装了安全气囊。20 世纪 90 年代后期，美国、欧共体、日本已正式立法在汽车上配置安全气囊，双气囊已成为绝大多数主流轿车的标准件。

安全气囊的生产技术已经历了四个发展过程：第一代是以聚氯乙烯为涂层的缝制型织物气囊；第二代是以硅酮为涂层的缝制型织物气囊；第三代是非涂层织物气囊，利用织物自身的结构产生阻气性，但仍为缝制型；第四代则为非涂层全成型气囊，这种气囊在织机上直接加工成袋状，无需缝制。

涂层型安全气囊是在气囊内表面涂覆薄薄一层合成橡胶或硅橡胶，气囊侧面设有许多孔，这些孔用来快速从气囊中排出气体，防止乘员被气囊推向后面或被气囊挤伤。与涂层型安全气囊织物相比，非涂层型安全气囊织物具有以下优点。

（1）气囊系统工作过程中，气囊中灼热空气的排逸采取织物过滤方式，这对减少车厢污染、保护环境卫生十分有利。

（2）减少涂层加工，缩短工艺流程，成本降低。

（3）气囊织物使用之后可以回收，符合环保要求。

车辆安全气囊作为一种设想提出到今天成为必须的安全装备广泛应用在车辆上，经历了整整半个世纪。随着车辆安全气囊的推广与应用，安全气囊系统的各关键技术环节均成为车辆安全研究领域的重点。当前安全气囊新技术的开发研究可以概括为向着智能化、小型化、无污染、多样化的方向发展。

1. 安全气囊的智能化 传统的正面碰撞安全气囊系统是根据前座乘员的常规乘坐位置和气囊的理想点火时刻为原则设计的。但是在实际的车辆碰撞事故中，影响气囊保护性能的因素很多，如乘员的身高和体重、乘员相对于方向盘或仪表板的位置、碰撞的剧烈程度等。不同的碰撞条件及乘员之间的位置变化会导致乘员不是在最佳时刻与气囊接触，从而降低对乘员的保护效果。为了充分发挥安全气囊的保护效果,自适应式或称为智能型安全气囊的概念也就应运而生。

2. 安全气囊的小型化 缩小安全气囊总的体积是当前发展的趋势之一。新型发生器工作时,压缩气体从气罐中喷出充满气袋。这种发生器气体产生率高,因而尺寸小,便于安装布置。

3. 环境保护型安全气囊 采用压缩气体的气体发生器对人体无毒害,且易于回收处理,没有环境污染的问题。

4. 安全气囊的多样化 驾驶员和前座乘员安全气囊已成为轿车生产中的标准设备,作为正碰撞事故中的安全措施。侧面碰撞气囊正在迅速发展。不同设计形式的侧碰撞气囊可分别安装在坐椅靠背外侧、车门中部、车身中立柱、车身顶部与车门交界部位。这些安装在不同部位的侧碰撞气囊可分别起到保护乘员头部、胸部和臀部的作用。

正在研制的新型保护气囊还有以下几种。

(1)安装在方向盘下方膝垫部位的安全气囊,可保护腿脚。

(2)安装在制动踏板下的安全气囊以保护脚和踝关节在正碰撞中免受伤害。

(3)安装在前坐椅靠背上的安全气囊以保护后座乘员。

(4)安装在车辆发动机罩下的安全气囊,保护行人。

(5)安装在前挡风玻璃边框的安全气囊以减轻行人在车辆碰撞事故中头部的损伤。

英国已研制出一种灵敏安全气囊装置,它可以根据乘客的体形、位置、坐姿及撞车的程度等,灵活的控制气囊展开的张力及速度,以达到最佳的保护效果。

多年来,世界车辆的产量一直呈上升趋势,尤其是小轿车和轻型卡车,再加之人们对行驶安全的日趋重视,安全气囊的需求量也呈现上升的趋势。因此,发展安全气囊具有非常广阔的前景。有人对安全气囊需求作出了预测,到 2010 年,我国车辆安全气囊的需求量将突破 2300 万套,如图 14－2 所示。

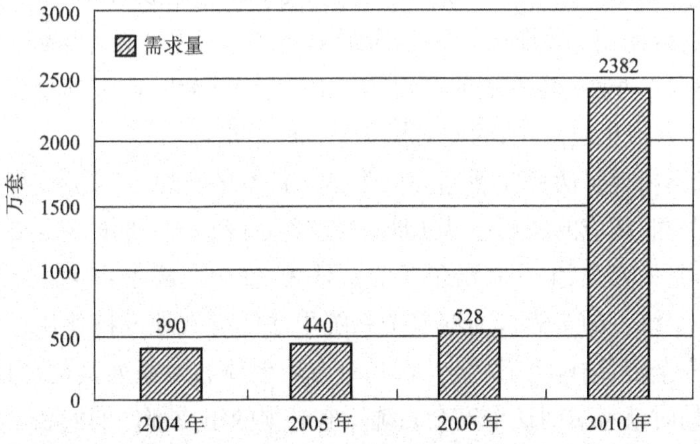

图 14－2 我国车辆安全气囊的需求量预测

安全气囊需求量的迅速增长,使其逐渐发展成为一个被众人看好的纺织品市场,其经济效益相当可观。2005 年,世界安全气囊丝的实际需求量约 10 万吨以上,西欧的需求量最多,为 3.4 万吨,占世界安全气囊用原丝的 40.5%,其次是北美 2.9 万吨、占 34.5%,亚洲 1.8 万吨、占 21.4%。亚洲现在的需求量不大,但已经成为新增长点,是世界增长最快的地区,预计在未来的 5~10 年内将会有较大的增长。到 2010 年,我国安全气囊总需求量将达到 2382 万套,比 2006 年增长 5 倍多。按每套安全气囊需用 1.2kg 织物计算,将需要安全气囊丝 2.8 万吨,使相关的纺织厂和化纤厂受益匪浅。

多年来,我国安全气囊丝一直依靠进口,现在,神马集团已在河南平顶山建设了国内第 1 套 6000t/a 的汽车用锦纶 66 安全气囊丝生产装置。随着我国汽车工业的发展,我国的安全气囊丝生产也将跟着发展。同时,安全气囊的迅速发展也必将进一步促进纺织新材料和气囊零部件,如控制单元(ECU)、气体发生器的开发与研究。

二、车辆安全气囊的种类

根据不同的使用要求,安全气囊有不同的形式。一般说来,安全气囊有以下 4 种不同的分类方式。

1. 主动型和被动型 在车辆的安全性措施中,有安全带与安全气囊两种。在安全气囊系统的开发中,根据安全带与安全气囊主从关系的不同,形成了两种不同的开发设想,即主动安全气囊和被动安全气囊系统。

主动型安全气囊系统是将安全气囊作为安全带保护能力的扩充,当安全系统作用时,由于安全带吸收了大部分能量,安全气囊仅作为头部和面部的小范围保护。被动型安全气囊系统具有较强的保护能力,即使在未系安全带的情况下,安全气囊对乘员仍具有保护作用。

主动型安全气囊系统与被动型安全气囊系统相比较,主要有以下两点不同。

(1) 安全气囊容积:主动型安全气囊只起辅助作用,所以要求气囊容积较小,仅为被动型安全气囊的 1/2,使用较小的充气机即可满足充气要求。而被动型安全气囊系统要求在较大范围内对乘员进行保护,吸收乘员的全部动能,因此,要求气囊容积较大。

(2)点火车速:主动型气囊系统的点火车速高,为 30km/h,比被动型安全气囊系统的点火车速高 10km/h,误点火危险小,因此对控制系统的要求低。

当前,安全气囊出现了两种发展趋势。美国和日本的车辆公司正在努力增大气囊尺寸来保护乘员。在美国,相应的法规已从 1989 年起实施该法规,要求一定要安装大尺寸的气囊。而欧洲的公司,如奔驰、宝马和沃尔沃等则认为,安全气囊本身决不是保障乘员的灵丹妙药,它必须在一个统一的车辆被动型安全系统中才能有效地发挥作用,在这个系统中,一定要具备紧缩式安全带、结构可靠的坐椅、儿童专用坐椅和一系列其他部件。而且,最好在车身结构设计开始时就考虑到这个安全系统所有必须的组成部件的安装。

2. 涂层型和非涂层型 涂层积物与非涂层织物相比,最突出的优点是透气率低,安全气囊在充气时,能精确地控制气体泄漏。涂层织物的这一特点使其适合用作司机用安全气囊的面料，缺点是成本较高。非涂层织物由于省去了涂料和涂层工艺，使安全气囊的加工工艺简化，成本降低。与涂层织物相比，非涂层织物的透气率较高，只能达到低透气效果。考虑到乘客对安全气囊透气性要求较低，因此，非涂层织物适合用作乘客用安全气囊的面料。

3. 缝制型和非缝制型　按加工方法分，安全气囊可分为缝制型和非缝制型两种。缝制型安全气囊是指用平面布裁剪，缝纫加工成袋状，其优点是成形方法简单，容易生产。因此，目前市场上该产品占有相当大的比例，但由于缝边的存在，不但使安全气囊的气密性与均匀性较差，而且不易折叠，折叠后的体积也较大。而非缝制型安全气囊采用在织机上直接制成袋状的全成形原理，避免了缝边的影响，不仅省去了裁剪缝纫工序，降低了成本，而且安全气囊的气密性与透气均匀度均有所改善，折叠后体积也减小。

4. 司机用型和乘客用型　安全气囊按用途分，有司机用型和乘客用型两种。在主动型安全气囊系统中，司机用型安全气囊能容纳25～35L气体，乘客用型安全气囊的体积约为司机用型的2倍。司机用型与乘客用型安全气囊的最主要区别是两者对透气性的要求不同。一般来讲，乘员用安全气囊对织物的透气性要求较低，一般低透气效果即可。

第二节　车辆安全气囊系统的组成及工作原理

一、车辆安全气囊系统的组成

车辆安全气囊系统主要由控制系统、气体发生器和气囊三部分组成，如图14－3所示。

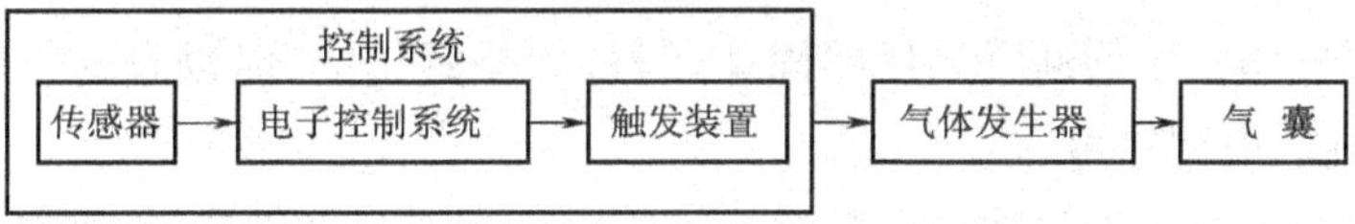

图14－3　安全气囊系统的组成

控制系统是传感和判断车辆发生碰撞的剧烈程度，决定是否应该打开气囊的专门装置，并在条件满足时启动气体发生器。控制系统主要由传感器、电子控制系统和触发装置三部分组成。传感器用来检测车辆发生碰撞事故的严重程度，它将感测到的信号传给电子控制系统。传感器通常有三种类型：机械式、机电一体式及电子式。电控系统通过对传感器信号的计算和分析来决定是否要启动安全气囊，如果车辆碰撞足够剧烈，达到了启动安全气囊的条件，电控系统就给触发装置发启动信号。触发装置接到电控系统的启动信号后便点爆气体发生器，使安全气囊进入工作状态。由于车辆事故的突发性和瞬时性，电控系统不仅要反应快还要反应准确，通常从传感器感测到碰撞事件到触发器工作，这段时间只能在几毫秒。要判断准确，不仅要采用科学、严密的计算理论和方法，还要了解车辆本身的冲击特性，以便准确地判断由于急刹车、过路坎和其他非破坏性碰撞时引起的冲击信号。正因为这样，车辆安全气囊一定是因车而异的，这样才可能获得最佳的保护效果。

二、车辆安全气囊系统的工作原理

安全气囊系统要求气体发生器能够在较短的时间内(30ms 左右)产生大量的气体充满气囊,产生的气体必须对人体无害,且不能温度太高,同时要求气体发生器有很高的可靠性和稳定性。

图 14-4 为车辆正面碰撞时安全气囊发生作用的过程。

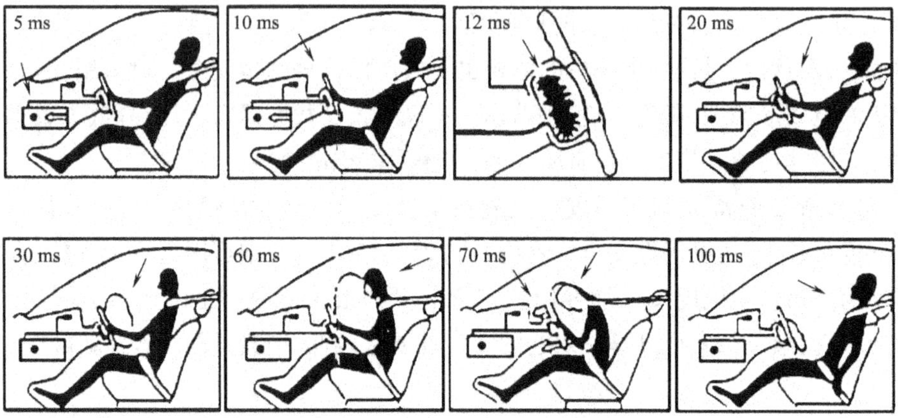

图 14-4 车辆正面碰撞时安全气囊发生作用的过程

气体发生器主要有压缩气体式、烟火式和混合式。

(1)压缩气体式。将压缩气体瓶与机械传感器及控制器相连。由于其产气量少、充气速度慢等缺点,应用较少。

(2)烟火式气体发生器通常采用的固体燃料,如叠氮化钠,但也有的使用硝化纤维。产气量大,容易控制,应用较多。

(3)混合式气体发生器是压缩气体式和烟火式相结合的发生器,也是目前广泛应用的一种气体发生器。气体发生器的重要特性指标包括单位时间内产生的气体量、温度和压力以及它能产生的气体总量。

气囊则用来接受气体发生器所产生的气体,控制气体的压力和气囊所占据空间的位置,并接受乘员的碰撞,吸收碰撞动能,从而达到减少和减轻乘员伤亡的目的。在气囊的内表面固定有专门的带子,这些带子在气囊充气时能使其保持一定的形状。

第三节 车辆安全气囊用材料及其织物的性能检测

一、车辆安全气囊用材料

1. 车辆安全气囊用的纤维材料 用于安全气囊的纤维原料主要是聚酰胺纤维、聚酯纤维、聚烯烃纤维、聚丙烯腈纤维、碳纤维、陶瓷纤维、玻璃纤维,天然纤维经过适当的处理也可用于制气囊。对于综合性能要求较高的织物,可采用多组分原料。

其中 PA66 具有良好的耐热性,强度高,又有适当的伸长率,柔软性较好,因而在安全气囊这一市场获得巨大成功。2005 年,世界安全气囊消耗 PA66 原丝为 8.4 万吨,占安全气囊用丝的 84%,其余的是 PA6 和聚酯纤维。

PA6 长丝的熔点、热焓均低于 PA66,但经特殊处理的 PA6 长丝也能成为较好的安全气囊用原料。如 Allied Signal 公司生产的 PA6 纱制作的安全气囊与使用 PA66 纱制作的安全气囊相比,有较大的抗撕裂性、较佳的可折叠性、优良的强度保持性,在冲击、老化和燃烧试验中的表现与 PA66 相差无几。

随着非涂层气囊的发展及热轧阻气工艺的应用,聚酯纤维也已成为现今气囊原料的研究热点。聚酯长丝织物具有轻薄、高强耐磨、化学性质稳定等优点,并且不用上浆上胶、水洗定形等加工处理,成本低、易回收利用。由于聚酯的回潮率比聚酰胺低,在热轧后经过 5~10 年(相当于安全气囊的使用寿命),聚酰胺因吸湿回潮易恢复至轧光前的纱线构型,造成织物透气性增强,而聚酯纤维在安全气囊的使用寿命内仍能保持较低的空气渗透率。目前,欧美车辆市场上已普遍采用高强聚酯长丝。表 14-1 比较了安全气囊用纤维 PA66、PA6、PA46 和 PET 长丝的特性。

表 14-1 PA66、PA6、PA46 及 PET 长丝的特性

原 料	PA66	PA6	PA46	PET
熔点(℃)	258	216	285	256
热焓(J/g)	620	507	771	303
密度(g/cm^3)	1.14	1.13	1.18	1.31

为改善气囊织物的综合性能,可以用多组分原料来制备安全气囊织物。原料的多组分化包含以下三方面的内容。

(1)由不同组分或不同结构的多种纱线构成织物。如在以聚酰胺或芳族聚酰胺为主的织物中加入 2%~3%(质量分数)的高伸长丝(其伸长率为 400%~1000%,线密度为11.1~111dtex,如聚氨基甲酸酯)可大大提高织物的机械性能尤其是抗冲击性能,用来制备高柔软性及高耐用性的气囊织物。

(2)由多种不同组分的纤维构成复合纱。如将热塑性纤维与耐热性纤维混合。热塑性纤维可使织物通过热处理而达到规定的气密性,而耐热性纤维用于承受充气时的高温作用,从而使织物同时具有较高的气密性及耐高温性能。

(3)多种不同组分的聚合物构成复合纤维。如用聚酯作芯,聚酰胺作皮层的皮芯型复合纤维,对于改进气囊织物的物理机械性能尤其是增加稳定性及耐热性有很大的作用。

2. 车辆安全气囊用纱线和织物 车辆用安全气囊是被动的安全装置,是在车辆碰撞下工作的,整个作用时间短(50ms 以内),受冲击力大(以乘员体重的 25 倍力量撞击气囊),故对其工作性能和使用性能要求高。

随着安全气囊生产工艺的不断提高,人们在保障安全可靠的基础上,对安全气囊舒适性和节约性有了更高的要求。一些安全气囊用低线密度单丝纱应运而生。采用此纱可使织物孔隙率减小,有利于改善织物的透气性,而且细纱可改善织物的柔软性,使低透气性的织物也有较好的弹性。同时,细的纱线在一定程度上降低了织物的面密度,减轻了气囊的质量,使得气囊展开时加速所需的能量减小,对人体的冲击力减小,从而改善了气囊系统的整体性能。

对车辆安全气囊用织物的性能要求主要有以下几方面。

(1)机械性能:安全气囊在充气时要承受较高的膨胀力,因此要求安全气囊织物不但要有较高的强度,同时还要有良好的伸长性能、较高的弹性和回复能量吸收性,以保证安全气囊膨胀后既有弹性又不破裂。

一般要求气囊织物的抗拉强力为2000~3200N/5cm,接结处强力为2100~3000N/5cm;断裂伸长率为25%~55%。经向撕裂强力>110N,纬向撕裂强力>110N。

(2)透气性能:安全气囊要求不透气或微透气,以避免热空气逸出灼伤乘员。对各种安全气囊织物的透气性能要求:一般气囊正面(朝向司机的一面)的透气率<5L/(dm^2·min),而气囊背面(朝方向盘一侧)的透气率<10L/(dm^2·min),或在背面开一定的透气孔,要求整幅织物透气性均匀。乘客用安全气囊织物的透气率为10~15L/(dm^2·min)。

(3)耐热性、耐老化性:安全气囊在充气时,进气口附近的织物要承受高弹力与温度负载,气体把热能传给织物,使织物受到热负荷。在这个过程中,容易引起织物延伸和熔化。因此,安全气囊织物必须有一定的耐热性和耐老化性,以防止织物熔化或燃烧。

耐热能力:难燃,耐100℃高温。

耐冷能力:在-30℃可折叠和弯曲。

耐老化能力:在100℃环境温度和最大压力下,存放7天;或者在40℃和相对湿度为92%的条件下,存放6天,织物性能都不会有任何变化。

(4)轻薄柔软性:织物轻薄柔软,安全气囊易于折叠,折叠后体积小,装配性能好,减少充气时袋子向外的冲击力,以免对乘员造成伤害。

安全气囊织物的克重<260g/m^2。安全气囊织物的厚度<0.40mm。

二、安全气囊用织物的性能测试

车辆安全气囊的试验要求十分严格,国家标准GB/T 19949.1—2005《道路车辆 安全气囊部件 第1部分:术语》规定了道路车辆安全气囊部件在试验方法、环境试验程序以及对这些部件的要求中所使用到的术语及常用缩写。GB/T 19949.2—2005《道路车辆 安全气囊部件 第2部分:安全气囊模块试验》规定了道路车辆安全气囊模块的试验方法,以及安全气囊模块环境试验程序和要求,包括坠落试验、机械冲击试验、粉尘试验、温度试验、振动试验、湿热循环试验、盐雾试验、光照试验和温度冲击试验。GB/T 19949.3—2005《道路车辆 安全气囊部件 第3部分:气体发生器总成试验》规定了道路车辆安全气囊模块气体发生器总成的试验方法以及安全气囊模块气体发生器总成环境试验程序和要求,包括静电放电试验、电磁兼容性试验、压力容器试验、触发器试验和爆破试验。该系列标准内容上等同采用了ISO标准。

车辆安全气囊的大部分性能都与气囊织物有关,所以气囊用织物的性能检验和测试是十分重要的。

1. 安全气囊用织物气密性的要求及测试　织物的气密性是由透气量来表征的，透气量是空气通过织物的能力。气囊织物的透气量大小是决定其能否张满的主要因素之一，另外也是其形状稳定性的保证。

我国国标 GB/T 5453—1997《纺织品　织物透气性的测定》与国际上多数先进工业国家的同类标准基本等效，因而可采用 GB/T 5453—1997 规定的试验方法，选用中压透气量仪测试，测试时，织物两面压差为 500Pa。也可参照美国 ASTMD 5446—94 安全气囊测试标准进行测试。

2. 气囊织物力学性能的测试　气囊织物的断裂强力和断裂伸长的测试可参照 GB/T 3923. 1—1997《纺织品　织物拉伸性能　第 1 部分：断裂强力和断裂伸长率的测定　条样法》，它相当于国际标准 ISO 5081—77《机织物断裂强力和断裂伸长的测定》。接结部位取样方法如图 14 – 5 所示。图中 a 表示取平行于经向的试样，b 表示取平行于纬向的试样，c 表示取平行于纹路方向的试样。接结部强力取经向、纬向、纹路方向三者的平均值。

3. 气囊织物耐压性能的要求及测试　气囊的工作是在很短的时间内完成的，大约 20ms 内即充满气体（气囊的容积为 60L）。气囊在充气或因爆炸产生气体时，都有一定的压力；另外，当司乘人员在发生事故碰撞气囊时，气囊要承受一定的冲击力，所以气囊应具有一定的耐压性能，耐压性能的大小反映其安全保障能力的好坏。一般气囊织物的耐压性能标准为 1. 7kg/cm^2。

一般织物耐压性能的测试不能反映气囊的耐压性能。图 14 – 6 为气囊整体的耐压性能测试装置。

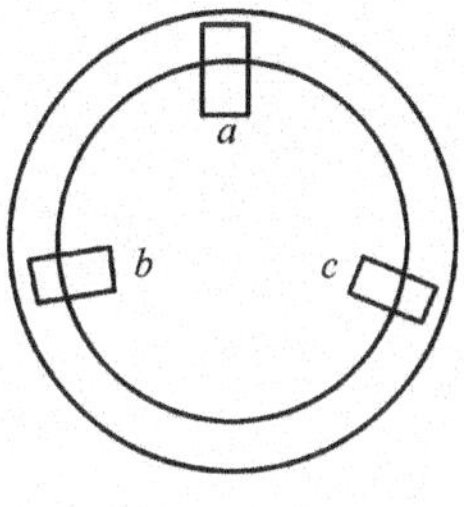

图 14 – 5　接结部取样方法示意

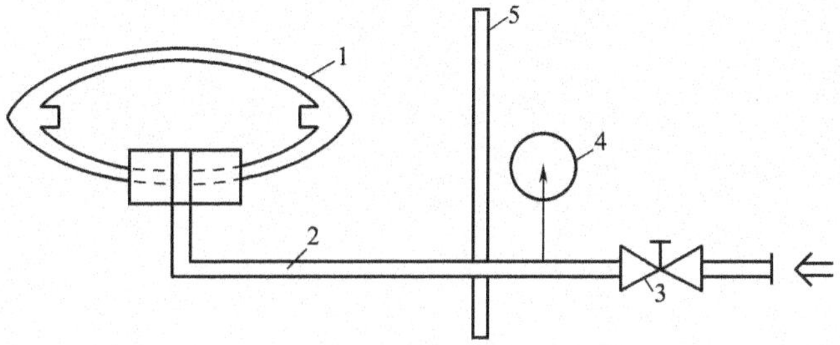

图 14 – 6　气囊整体的耐压性能测试装置

1—气囊　2—管道　3—流量调节器　4—压力计　5—阻挡板

其作用原理如下：管道 2 与气囊 1 的充气口相连接，用空压机将加压空气通过管道充入气囊，通过流量调节器 3 调节充入空气的流量（即调节气囊内气体的压力），从压力计 4 上读出气体的压力读数（即气囊内气体的压力），阻挡板 5 为保护装置。压力计上的读数值超过标准耐压压力值时，气囊的耐压性能为合格。

4. 气囊织物阻燃性能的要求及测试　阻燃性能是指材料具有减慢、终止或防止有焰燃烧的特性。气囊织物是在工作中因热量过高会造成自燃或灼伤乘员。因此,对气囊织物的阻燃要求应高于车内其他织物的阻燃性能。美国 MVSS 第 302 号法规中规定,气囊织物的燃烧速度≤102mm/min,我国的车辆行业标准 GB 8410—2006 规定车辆内饰材料的燃烧速度 < 100mm/min,火焰能在 60s 内熄灭,燃烧长度≤50mm。阻燃性能的测试可参照 GB/T 5455—1997《纺织品　燃烧性能试验　垂直法》规定进行测试。

5. 气囊织物耐磨性的要求及测试　一般要求气囊织物磨损 300 次不出现纱线绽开现象,因此要求其摩擦系数越小越好。气囊织物的耐磨性测试可根据我国标准 GB/T 13775—1992 所规定的方法,用 Y582 型圆盘式织物平磨仪进行测试。随着汽车工业的发展,对气囊需求量正在逐年增加,要求也越来越高。目前车辆安全气囊正向着安全、轻巧和价廉的方向发展,因此气囊用织物的设计、整理技术也必须符合这一发展趋势。

思考题

1. 简要概括车辆安全气囊的种类。
2. 简述车辆安全气囊系统的组成及工作原理。
3. 车辆安全气囊用的材料有哪些?
4. 论述安全气囊用织物各种性能的测试。

第十五章　浆粕气流成网产品

本章知识点

1. 浆粕气流成网产品的概念。
2. 浆粕气流成网的方法。
3. 产品的加固方法。
4. 浆粕气流成网产品的应用。

第一节　概　述

一、浆粕气流成网产品的概念

浆粕气流成网产品是以木浆纤维为主要原料，通过气流成网及不同固结方法生产一种非织造布的新产品。浆粕气流成网方法由于使用的纤维接近造纸所用的纤维，在欧洲和日本被称为 Air - laid paper，在美国则被称为 Dry - formed paper，即我们常说的无尘纸，又可称为无水造纸或干法造纸，而美国制浆造纸协会（TAPPI）和非织造布协会（INDA）都称之为 Air Laid Pulp Nonwoven，即浆粕气流成网非织造布。

这种短纤维成网不同于美国兰多公司（Randoweber）的气流成网，它使用的木浆纤维原料纤维极短，长度低至几毫米，而 Randoweber 气流成网采用 3. 8 ~4. 5cm 的涤纶和人造纤维等化学纤维。由于浆粕气流成网产品大部分是以木浆纤维为原料，因此吸水性能好，柔软性、蓬松性好，且原料成本低。

此外，浆粕气流成网技术还借助于胶乳、热熔纤维等材料，生产出不同厚薄、柔软度、吸湿性的材料。浆粕气流成网产品主要应用于生产婴儿纸尿裤、妇女卫生巾、高档桌布和擦拭布等方面。

通常，浆粕气流成网设备包括过去的 Dm - Web 和 M&J Fibretech，都只能适应 8mm 以下超短纤维的加工。纤维过长，纤维间容易缠结，不易加工。设计能够加工长纤维的设备也是今后的一个发展方向。最近，Dan - web Forming 公司首次展出了可加工纤维长度达到 3cm 的气流成网样机。另外，丹麦 Form Fiber Spike 公司推出了可加工 2 ~75mm 的气流成网设备，单位产量比一般成形头多 10 倍，并可用于代替传统成形头的新型成形头。意大利亚赛利纸业设备有限公司最近设计出了最新型的翼片式浆粕气流成网设备，这是一种全新的产品，实验设备幅宽 0. 5m，成网很均匀，厚度变异系数为 2%，每米幅宽的产量 500kg/h 左右，横向不匀率可控制在 ±2%。

二、浆粕气流成网产品的发展

浆粕气流成网产品的起源可能存在争议，早在20世纪40年代一些大公司实验性地将纤维与木浆混合在纤网上，20世纪50年代兰多公司也着手研究，还有俄罗斯、美国、加拿大、乌克兰、日本、芬兰、丹麦和瑞典都曾探讨浆粕气流成网技术，其最终目的是将浆粕纤维与合成纤维混合成网，从而加工成非织造布。20世纪60年代日本洪苏公司(Honshu)设计制造的香烟过滤嘴和揩拭布产品，即为浆粕纤维产品，与此同时美国的Chicopee及Johnson公司也开发了含有高吸水材料的妇女卫生巾。Chicopee在芝加哥建厂，20世纪60年代已发展为多条生产线，生产含有高吸水材料的婴儿尿裤，以后这些早期生产线均被淘汰。而加拿大的Scott DeSite对生产线加装修改，生产出木浆纤维揩拭布，并投放市场，现在这家工厂仍在生产。

导致浆粕气流成网技术发展并最终取得商业成功的关键人物是丹麦的卡尔·克劳耶(Karl Kroyer)。他利用了早期的专利及日本Honshu公司的一些思路，开始用静电方法来形成纤维素纤维网，但未能获得工业化应用。随后，他转向用气流—真空成型系统和胶乳黏合剂等开创出胶乳黏合的气流成网技术和产品，并于20世纪70年代初由金佰利公司投资在美国建立了气流成网工厂，生产低定量、高蓬松的柔软面巾纸，并结合采用气流穿透烘燥使产品成本大幅度降低。Kroyer公司研究的第一条生产线卖给了美国的WI研究中心。1970年Kroyer公司的第二条气流成网生产线(宽1.6m)卖给了丹麦造纸商，后来这一生产线被引进到美国Can公司及Fort Howard公司。加拿大Scott Paper公司投入大量资金改造气流成网Rando设备，使浆粕气流成网技术在北美逐渐成熟起来。可以说这三家公司及他们的擦拭布产品对推动浆粕气流成网技术的发展起到了关键作用。20世纪90年代Frot Howard与美国Can公司合并即现在的Buckeye公司。

丹麦的约翰·莫斯加得(John Mosgaard)工程师对浆粕气流成网技术提供了支持，于20世纪80年代初期创立Dan - web公司，他曾在丹麦Kroyer公司工作过，他的最大贡献就是发明了新的滚筒气流成网技术，并采用热粘合技术生产热粘合气流成网产品并把这一技术推向了发展高峰。这种滚筒成网技术在全世界许多生产线上得到应用。

丹麦M&J Fibertech公司采用克劳耶的带搅拌轴平面床气流成网技术，生产成套设备，成为当今世界浆粕气流成网设备的主要生产厂家之一。Dan - web和M&J浆粕气流成网机是最流行的两种机型。

浆粕气流成网产品在20世纪90年代迅速增长，1992年为11.6万吨，2002年为35.4万吨，2005年约为45万吨，如图15 - 1所示。

浆粕气流成网技术主要发展地区是北美、欧洲和日本，这三个地区的总产量和消费量占世界总产量的90%，除了这三个地区以外还有南美、中东和中国。世界各地浆粕气流成网工业发展状况，如图15 - 2所示。

北美的浆粕气流成网非织造布市场主要在美国和加拿大，是世界上最大的市场。因为靠近木浆供应地及几个早期发展起来的生产厂，北美有9家浆粕气流成网厂，20条左右的生产线，但产品还是供不应求，需要进口，产品类型主要集中在妇女卫生巾和擦拭布上。由于

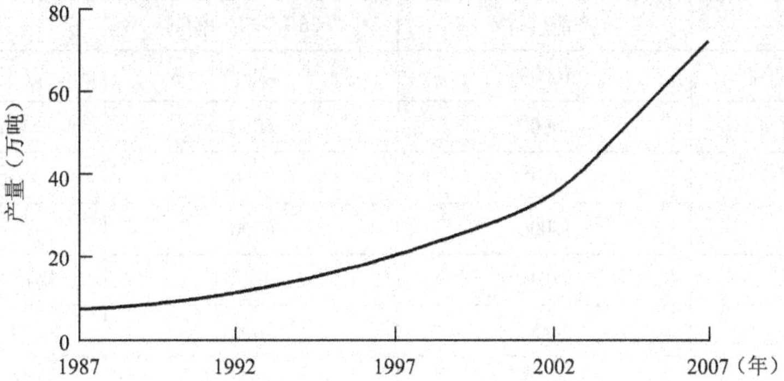

图 15－1　世界范围内浆粕气流成网非织造布的产量

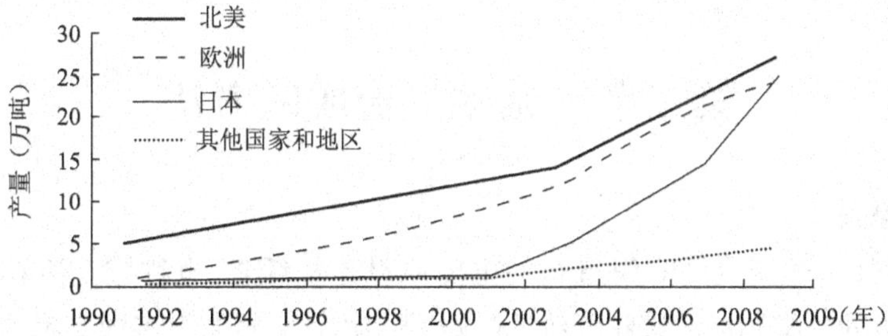

图 15－2　世界各地浆粕气流成网非织造布的产量

需求量大，促进了技术的发展和新产品的开发。20 世纪 90 年代是北美浆粕气流成网非织造布产量的迅速增长期。

欧洲是浆粕气流成网技术的发源地，德国、法国、意大利和爱尔兰已拥有这种技术，且生产能力不断提高，市场需求迅速增长，总体水平与北美相近，但在揩拭布方面仍小于北美。在欧洲，浆粕气流成网产品正在与水刺产品形成竞争。

亚太地区浆粕气流成网技术发展较快的主要是日本，已有 4 个生产厂，总生产能力为 3.5 万吨，市场情况接近欧洲。日本的浆粕气流成网产品主要市场是香烟过滤嘴，另一大市场是擦拭布。

近年来，我国浆粕气流成网技术得到长足发展，1996 年宁夏引进 3000t Dan－web 的二手设备，并首先在国内生产出产品。2001 年英国 BBA 在天津投资建了博爱（中国）膨化芯材有限公司（天津 BBA），引进了第一条浆粕气流成网生产线（M&J），2003 年广西从丹麦引进了 Dan－web 生产线。

我国浆粕气流成网非织造布的企业约有 40 个，其中规模较大，生产能力超过 6000t/a 规模的企业有 8 个，见表 15－1，规模较小的约 30 个。2005 年浆粕气流成网非织造布总生产能力约 14 万吨，实际产量为 5.01 万吨，比 2004 年增长了 11.3%，2006 年比 2005 年增长了 23%，约占非织造布的 4.4%。

表 15－1　我国生产能力超过 6000t/a 规模的企业

企业名称	产能(t/a)	2006 年产量（t/a）	设备情况
天津博爱膨化芯材	16000	12800	M&J Fibertech 1 条
广西侨虹新材料	10000	6000	Dan－web 1 条
上海亿利德	7000	2800	M&J Fibertech 1 条
广东洁新	15000	6500	自制 7 条
山东信成	6000	3200	国产 1 条 1.6m 2 头
宁波奇兴	8000	3000	自制 3 条
河南大宏	6000	1600	自制 1 条 1.6m 3 头
南京陶雨	6000	1500	自制 2 条
总　　计	74000	37400	—

第二节　浆粕气流成网方法

一、纤维原料

1. 浆粕　浆粕气流成网非织造布的主要原料是短纤浆，也称绒毛浆粕，或棉绒浆粕。它是用木材一类的纤维制成的浆粕纤维，尤以松木为宜，世界上很多国家都生长。美国佛罗里达佐治亚州南部约有百万亩，欧洲也种植造纸用浆粕的树木。除此之外，茶叶、竹纤维、豆腐渣、废纸、皮革、烟叶等也可作为其原料。

2. 复合纤维　气流成网工艺中用来黏结浆粕纤维的低熔点纤维一般都用复合纤维，多数为 PE/PP 复合纤维，并且是皮芯、偏心或并列三种形式的，PE 在外层，或 PE/PET 或 PP/PET 复合纤维。复合纤维仅作为一种粘结纤维，先开松然后喂入成网系统，再与木浆纤维及主体纤维混合。

3. 高吸水剂　高吸水性树脂（SAP），一般是粉末或颗粒状的，有的还利用高吸水纤维（SAF）来提高产品的吸水性能。它们的吸水能力是其自重的 10～100 倍，当然也要看吸收液体的种类及吸收时间。这种吸水剂广泛用于浆粕气流成网生产线中，用来生产卫生巾、尿布、成人失禁垫、运动裤中的芯吸材料。它可以减少木浆纤维的用量，使产品更灵巧，包装运输费降低。一般 SAP 在成形头中与短纤浆混合。

4. 胶乳　浆粕气流成网工艺中使用的胶乳即黏合剂，主要是聚丁二烯、聚丙烯腈及其他的聚合物，多数情况是以液态喷洒或泡沫的形式加入。

黏合剂的用量、种类对最终产品的性能影响很大，如悬垂性、强力、弹性、吸湿性、外观、柔软性、手感、防菌、防腐蚀性等。

二、浆粕气流成网工艺与设备

浆粕气流成网非织造布的主要原料为绒毛浆粕（或棉绒浆粕），根据工艺和产品的不同，有的需要混有一部分双组分粘合纤维，有的高吸湿用品其中还可混有一部分 SAP 或高吸液纤维（SAF）。

气流成网非织造布的工艺过程大致都需要经过三步：首先将浆粕和纤维开松，第二步是通过成形头气流成网，第三步是粘结加固纤网。即纤维分离机先将浆粕分离成单纤维，需要混入双组分热粘合纤维的纤包需经过预开松处理，然后都要经过计量系统喂入成形头。加入高吸液材料亦需经过专门的喂入系统，进入成形头混合。各个组分的多少，可以根据产品的需要增减或不用。这些物料输入成形头后通过成形头的打散机构使纤维混合物呈悬浮状态，由于上有风压，在输网帘下负压的联合作用下，纤维流通过筛网均匀沉降于输网帘上形成纤网。经过一定的热压紧后再进行固结（热粘合固结、胶乳固结或多效固结等）和后处理（如轧花切边、压光、冷却定形、消除静电、给湿等）做成浆粕非织造布。

目前国内外浆粕气流成网都是采用丹麦生产的 Dan - web Forming 和 M&J Fibertech 两种生产工艺和设备。下面就这两种机型的成形及固结方式作些简要说明。图 15 - 3 为 Dan - web 工艺过程。

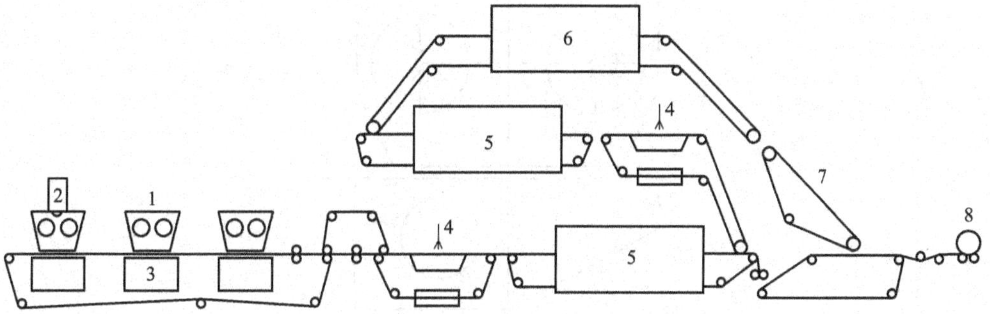

图 15 - 3　Dan - web 全套工艺流程

1—成形头（3 个）　2—SAP 添加　3—真空箱　4—喷胶　5—烘燥
6—转移烤花　7—冷却　8—卷绕

我国湖北省通山轻工机械有限公司和宁波奇兴无纺布厂有限公司生产的，及南宁侨虹新材料有限责任公司引进的浆粕气流成网机都属于上述这种类型。这类设备能实现浆粕纤维与常规纤维混合成网，及浆粕纤维与热熔纤维成网，并能实现粘合粉粘合、热熔纤维粘合、热轧粘合及喷洒胶粉剂的粘合，另外还可以施加高吸湿剂。

M&J Fibertech 型浆粕气流成网设备已由我国天津 BBA 有限公司引进，它的基本流程如图 15 - 4 所示。

原料一般是以浆粕板形式存在，有厚的，也有薄的（1 ~ 2mm），必须首先把它打松散，再磨碎成松散的极短的纤维，然后再送入成形头进行成网。成网系统主要靠一个成形头，利用气流引入成网。Dan - web 是利用筛鼓进行成网，如图 15 - 5 所示。

M&J Fibertech 的成形头与 Dan - web 的不同，如图 15 - 6 所示。

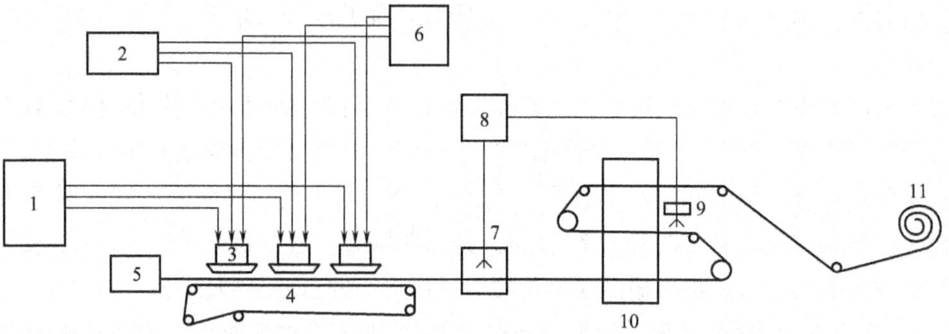

图 15－4　M&J Fibertech 全套工艺流程

1—浆粕锤磨机　2—纤维开松　3—成形头　4—传送带　5—退绕机　6—SAP 添加

7—喷胶　8—胶乳配制　9—喷胶　10—烘烤　11—卷绕

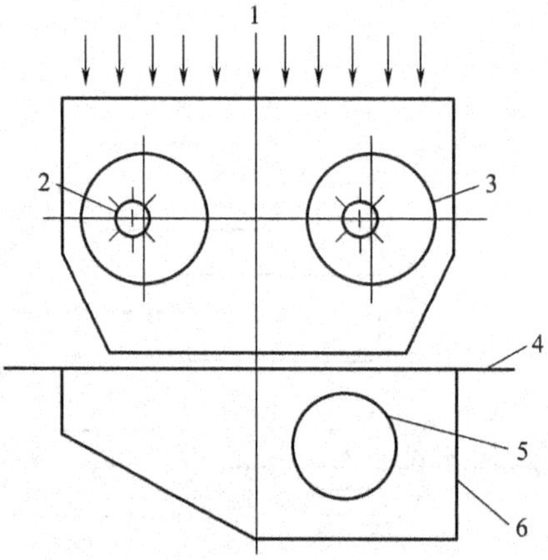

图 15－5　Dan－web 的成形头

1—进风口　2—钉辊　3—圆筒筛　4—网带　5—抽风口　6—真空箱

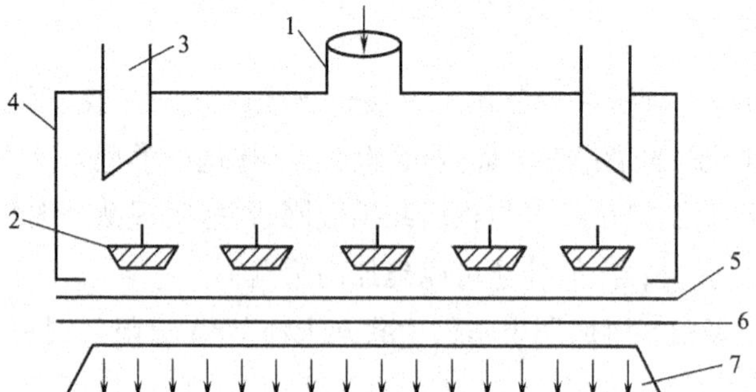

图 15－6　M&J Fibertech 的成形头

1—气流喂入口　2—成形头搅拌器　3—回流口　4—外壳

5—圆孔筛　6—成形网　7—真空箱

第三节　加固方法

一、胶乳粘合加固

胶乳粘合加固（Latex bonded air laid，即 LBAL）是目前用得较为广泛的一种固结方法，由 Kroyer 公司首先采用。该生产流程一般采用 100% 绒毛浆为原料，以水溶性胶乳作为黏合剂，如天然树脂——橡胶。1 个成形头箱一般用 2 台纤维粉碎机和 1 台高吸水树脂开包计量输送系统供料，从成形头出来的纤网先经过热紧压（如需要时可以轧花），然后将专用的胶乳经稀释后在压缩空气作用下通过专用雾化喷头对纤网的正反面进行喷洒。多个喷头沿横向均匀排列，被雾化的胶乳在真空抽吸作用下穿过布面，深入里层，并由热风穿透干燥设备予以烘干，最后经熟化处理，使非织造布更加蓬松、柔软，可制成擦拭布、桌布、医用产品、妇女卫生用品、肉类产品的保湿和包装制品。这类产品的克重一般不高于 $50g/m^2$。

二、热熔固结

热熔固结（Thermally bonded air laid，即 TBAL）方法最早由 Dan－web 采用，后来 M&J 设备也有采用。这实际上是在木浆纤维中混入一定量的 PP/PE 复合纤维（即 ES 纤维，也有用 PE/PET 或 PP/PET 复合纤维），中间亦可加入 SAP 或 SAF 以提高产品的吸液性能，以热熔纤维本身在加热过程中产生的表面熔化和流动形成与木浆之间的热粘合点，从而粘合成纸（一般用热风穿透设备）。单纯的热熔粘合不容易完全固结，容易掉毛，当混入 SAP 高吸液树脂后更容易掉粉，造成后序加工困难，对设备和环境造成污染。因此目前单纯采用热熔粘结的，在国际上所占比例不大，但国内采用仍较多。这类产品适合 $50\sim120g/m^2$ 的规格，产品多用于吸湿卫生用品、地板擦拭材料和医用服装。

三、多重固结

多重固结（Multi－bonded air laid，即 MBAL）方法是 20 世纪 90 年代初期开始采用的，把产品强度高、不易掉粉末的胶乳粘合加固和柔软性好、吸水性强的热熔固结结合起来，这种固结方法兼有前两种固结方法的优点，目前无论 M&J 或 Dan－web 的设备都以这种固结工艺为基础，原来单纯采用热熔固结或胶乳粘合加固工艺的，也可改成多重固结工艺。在改造后的设备上可以采用多重固结，也可以采用单一固结工艺。如果采用多效固结，要先混入一定量的热粘合纤维，在进行热熔固结的同时，再喷洒较少含量的胶乳，这样将有利于切边废料的回收利用。采用多重固结，大大丰富了气流成网产品的品种，满足了多方面的需要。

四、热轧点粘合固结

对于一些较薄的浆粕气流成网产品，还可用热轧辊压轧，进行点粘合固结，或用刻花辊轧光粘合。轧点处由于温度、压力的作用使纤维熔融，从而实现热粘合加固，这是一种具有特殊风格的产品，也有一定市场。

五、水刺固结

水刺固结是国际上最近几年才开发的，但发展很快，已形成商业化的专用设备。其中，M&J Fibertech 与 Rieter Pefojet 合作开发的专用设备称之为 Airlace－2000 及 Airlace－3000，Dan－web 与 Fleissner 合作开发的生产线称之为 Aquapulp。这几种浆粕气流成网水刺设备是将梳理成网的纤网，经过预水刺、真空吸水后，再在纤网上铺上气流浆粕纤维网（由纤维分离机处理后的浆粕纤维输入成形头后再梳理成网的纤网上），最后经第二道水刺固结，由于梳理成网的纤网是长纤维的，因此强度很高，而复合时上的绒毛浆吸湿性和柔软性又特别好，其最后的成品，比一般的浆粕非织造布有更高的使用价值。如果梳理成网的纤维是涤纶，则其最后产品的性能完全可和涤纶、黏胶纤维的水刺布相媲美。而由于浆粕纤维比黏胶纤维要便宜得多，因此其最终成本也就低得多，这也是这种技术和产品具有很强生命力的原因。

水刺固结还可以把纺粘非织造布和绒毛浆纤维复合固结，以提高浆粕非织造布的强度。

第四节　浆粕气流成网产品的应用

一、浆粕气流成网产品的应用领域

浆粕气流成网产品可用于许多领域。

（1）日常生活领域：干湿纸巾、餐巾、清洁用布、厕所用纸、桌布、卸妆用纸、婴儿纸尿裤、失禁垫、超薄型卫生巾以及卫生棉等。

（2）医疗卫生领域：手术服、面罩、一次性手术床单、敷裹与包扎材料、吸湿纱巾、医护棉等。

（3）装饰与服饰领域：衬料、鞋衬、合成革基布、服装的絮料和填料、墙布、装潢布、台布、地毯衬布等。

（4）汽车工业领域业及其他方面：绝缘材料、涂层基布、车内壁面料（代替毛毯做绝热防潮用）等、擦拭布、吸油吸墨和吸音材料、过滤材料（气体、空气、液体）、香烟过滤嘴、包装材料（水果或易损物）、电缆绝缘材料、禾苗生长基垫等。图 15－7 是浆粕气流成网产品应用比例。

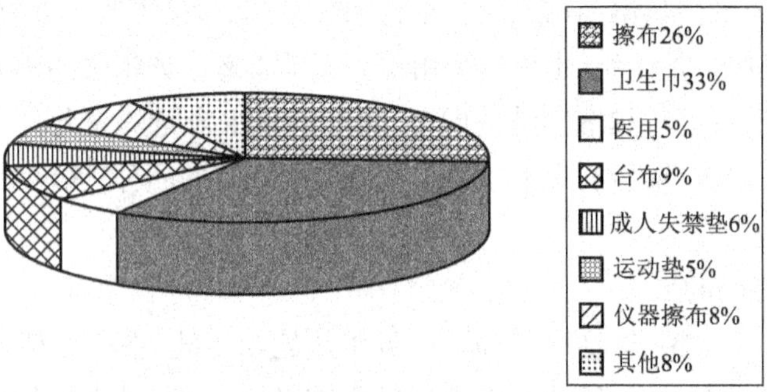

图 15－7　浆粕气流成网产品的应用比例

浆粕气流成网的终端产品还在迅速地扩大，主要原因是其蓬松性、强吸水性、柔软性好，另外其成本较低，经济又卫生，而且可压花、染色或印刷，可层压或复合，可添加多种纤维或粉末物质，而实现纸的功能化，如胶粘型产品能吸收自身重量的 8 ~ 10 倍水。因此，浆粕气流成网产品在以下三大类产品中会有大发展。

1. 卫生巾、儿童尿片及成人失禁垫　用于此类的浆粕气流成网产品在欧洲和北美等地区被人们普遍接受。因此 80% 以上的消费量主要集中在这些地区，并以每年 15% 的速度增长。我国由于经济实力相对较弱，各种生活用纸普及率还比较低。目前我国妇女卫生用品市场渗透率为 40%，儿童尿片仅为 1%。而在我国 11 ~ 55 岁妇女的人数约为 3.4 亿，2.5 岁以下儿童的人数约 0.65 亿，65 岁以上的人数约达 0.5 亿，因此，我国在妇女卫生巾、儿童尿片及成人失禁垫具有非常巨大的市场潜力。

2. 擦拭布　非织造擦拭布在美国已被广泛接受，销售量近占北美擦拭布市场的半壁江山，被推上了市场销售第一的位置。非织造居家擦拭布销售量上升的势头得益于新款地板清洁擦布、抗菌擦布、抛光擦布以及各式新产品的推出，其中地板清洁擦布占据了非织造居家擦拭布市场份额的 50%，该类擦拭布的市场销售额预计到 2010 年将超过 5 亿美元。

3. 食品包装材料　最近用于食品包装材料的浆粕气流成网产品的成功开发又提供了一个新的应用领域。据专家分析，进入 21 世纪以来，用于食品包装产品的产量已增长了 10 倍，特别是在多层层压纸材和吸液性垫材方面更为突出。预计美国用于食品的包装材料需求量将以年增长率 4% 的速度递增，到 2008 年销售额将达到 76 亿美元。另外，消毒硬面擦布也是发展迅速的应用领域。

二、浆粕气流成网产品的发展趋势

1. 产品向复合方向发展　非织造布的成网技术和固结技术不断地互相交叉、互相渗透，使非织造布的产品更加丰富多彩，技术水平不断提高。浆粕气流成网产品向复合化的方向发展也是一种必然趋势。含有两三层或多层三明治结构的产品可以利用不同材料的优点，如强力、蓬松性、柔软性、吸水能力等，开发出更多的产品。

气流成网复合产品可以方便地在气流成网设备上采用多成形头完成，各组成形头可以独立地混有多种新纤维、新材料，特别是功能性纤维和材料，赋予各层不同的功能，然后将几层同时一次固结。复合产品能显著改善性能的应变性，成本合理，表面涂层可控，并可添加表面活性剂。

(1)湿巾、擦拭布：我国湿巾大都是由 100% 胶合或者热合的浆粕气流成网制成。这类产品含有对人体健康有一定危害的胶黏剂；此外，作为擦拭布用时，短的木浆纤维易出现掉毛现象。

目前，很多的擦拭布都采用梳理成网—浆粕气流成网—梳理成网(CAC)三层复合，水刺加固方法加工。图 15 - 8 是丹麦开发了新的气流成网设备，复合产品的表层采用梳理成网，内层采用吸水性好的木浆纤维，然后用水刺来增加产品强力。

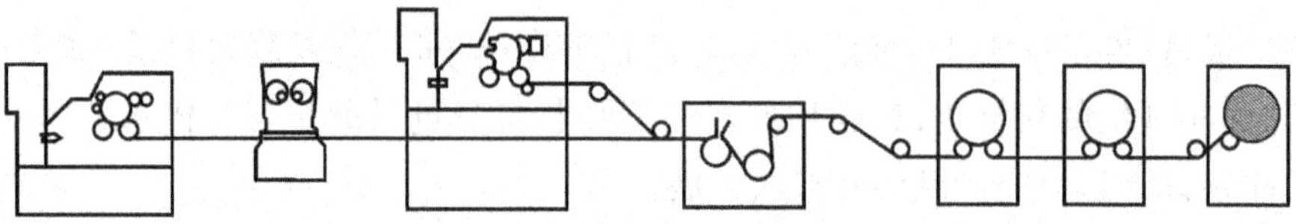

图 15 - 8　梳理成网—浆粕气流成网—梳理成网(CAC)工艺流程

还有一种有发展前途的产品,是纺黏—浆粕气流成网—纺黏三层复合水刺加固产品,即 SAS,生产流程如图 15 - 9 所示。SAS 相对于 CAC 的技术优势,主要在于生产速度和生产效率。纺黏和气流成网两种技术的生产速度和效率非常接近,SAS 生产线上可获得很高的产量及独特的产品均匀度,因此 SAS 生产线是一种非常有效的配置。此外,SAS 可生产各种擦拭巾产品,不需涂胶而无尘屑,产品有良好的吸水性、强力、耐磨性和很高的生产速度。生产线具有灵活性,并且不容易沾灰,可以减少停机清理的时间,同时水刺时绒毛浆纤维损失较少。

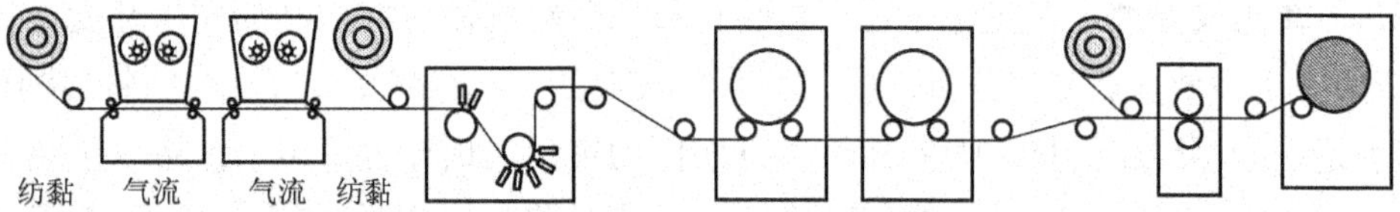

图 15 - 9　纺黏—浆粕气流成网—纺黏(SAS)工艺流程

(2)手术服、防护服:还有一种复合方式为纺黏—气流成网—熔喷—纺黏(SMAS),如图 15 - 10 所示,这种材料有很高的强力、防护性能和吸水性,适合制作手术服、防护服、手术围裙和面罩等产品。

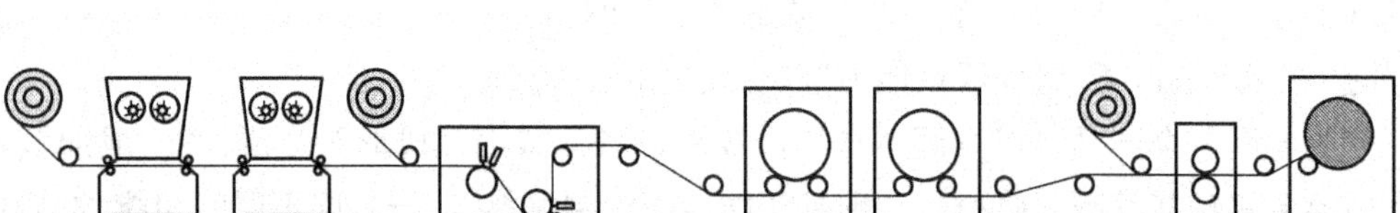

图 15 - 10　纺黏—气流成网—熔喷—纺黏(SMAS)工艺流程

(3)复合婴儿尿裤吸收芯层:婴儿尿裤是卫生吸收性产品中用量最大的。其中的吸收芯层包括接纳层、分布层、吸液芯体、强化吸液层以及增强层,如图 15 - 11 所示。每一层由一种或多种成分构成,它们分别通过气流成网设备相应的成形头,混合均匀输送至成网帘,并与其固结在一起。

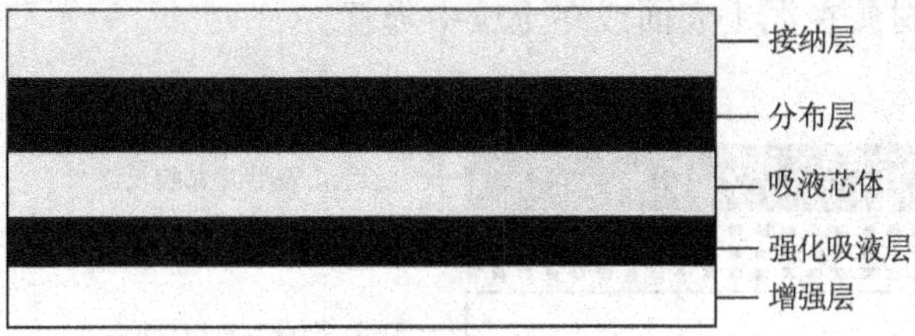

图 15－11　复合婴儿尿裤吸收芯层

(4)复合伤口敷料:如图 15－12 所示,复合伤口敷料不但具有常规产品那样的吸收血液功能,而且在与皮肤接触的一面有对伤口愈合有利的海藻酸钙纤维,还含有活性炭臭味抑制剂、SAP 等,保持创口处相对干爽,这种复合结构,用多种原料在成形机上可一次复合而成。

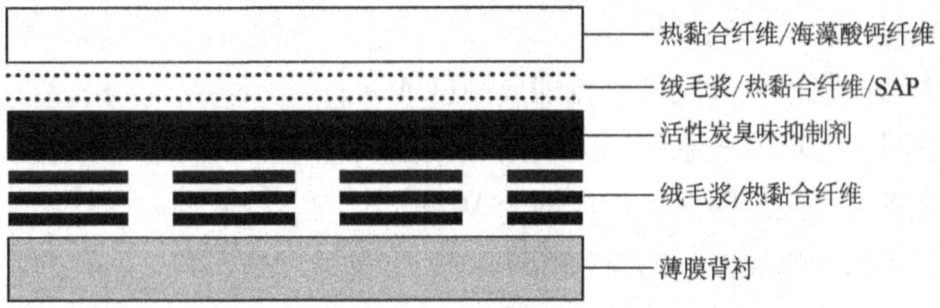

图 15－12　复合伤口敷料

(5)高档老人失禁用品:如图 15－13 所示,该产品把气流成网复合技术发挥得淋漓尽致,具有优异的接纳液流性、液流保持性及臭味抑制功能,并可加入皮肤调整剂、杀菌剂和经皮药物以及表面屏障涂层。这种高性能的失禁用品,可以作成多种形式的嵌衬、垫材,其控液速率和水平可根据用途而方便地在生产中进行改变,生产工序得到显著简化,总的生产成本富有竞争性。

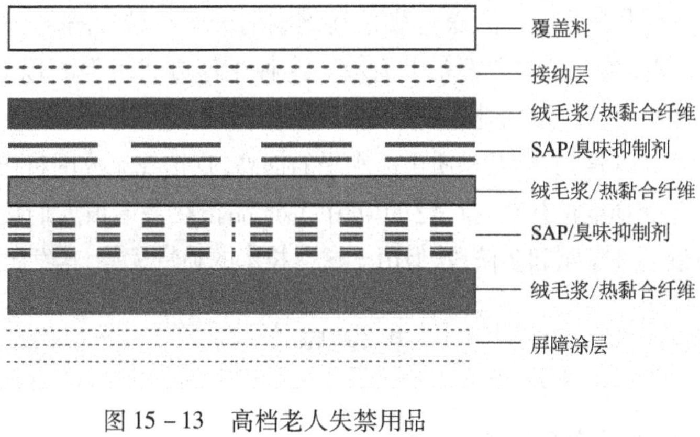

图 15－13　高档老人失禁用品

(6)复合农用材料:如图 15－14 所示,复合农用材料用于取代粗麻布的农用浆粕气流成网产品,顶层和底层为绒毛浆和黏胶纤维,具有一定的强度和保湿性,中间层为在线复合的钾超吸收剂,对覆盖的植物根部起到施肥作用,整个结构用生物可降解性的胶乳聚合物固结，经一定时期后，所有材质在泥土表面或在土壤中降解。

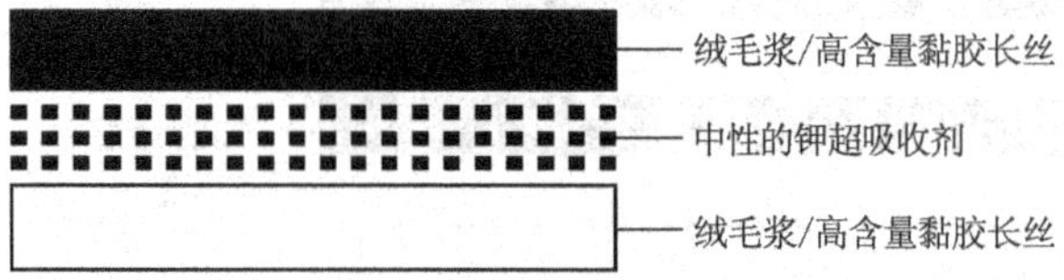

图 15-14　复合农用材料

可以预计在不久的将来，市场上将出现很多整合各种技术优点的高附加值复合产品，如：

①梳理成网—浆粕气流成网（CA）；

②梳理成网—浆粕气流成网—梳理成网（CAC）；

③梳理成网—梳理网—浆粕气流成网—梳理成网（CCAC）；

④纺黏—浆粕气流成网—梳理成网（SAC）；

⑤纺黏—浆粕气流成网—纺黏（SAS）；

⑥浆粕气流成网—纺黏—浆粕气流成网（ASA）；

⑦纺黏—熔喷—浆粕气流成网—纺黏（SMAS）。

通过不同的复合技术所制得的产品具有更好的耐磨性、不易掉尘、不起球，而且能够很好地提高产品的强度，降低胶乳对人体健康的危害，产品应用广泛，具有广阔的前景。

2. 生产线向大型化发展　从表 15-1 中我们可以明显看到，我国浆粕气流成网生产线年生产能力最大的是天津博爱膨化芯材，年产能力 1.6 万吨，而大部分国产设备年产能力都在 1 万吨以下。采用多组成形头、增加幅宽、提高输网帘速度，能大幅度地提高生产线的生产能力。在国外，5 万吨/年生产能力的设备已投入生产，10 万吨/年生产能力的设备也在设计中。此外，国外一些大企业正在酝酿将浆粕气流成网→生产尿布材料→包装成形→尿布成品，串成一条生产线，在一组生产设备上完成。这种生产方式不但可以减少投资，降低生产费用、节省运输成本，而且可以加快实现产品升级。

随着全球环保意识的增强，以及物质生活水平的提高，浆粕气流成网将作为非织造布发展中的一项新技术日益受到重视并获得广泛的应用，其产品正在普遍被人们接受。浆粕气流成网技术在我国的发展还处于刚起步阶段，但由于这一技术的独特优势，其发展前景非常乐观。

思考题

1. 简述浆粕气流成网产品的概念。
2. 概述浆粕气流成网的工艺与设备。
3. 简要概括浆粕气流成网产品的加固方法。
4. 说明浆粕气流成网产品的应用。

第十六章 造纸毛毯

本章知识点

1. 造纸毛毯的概念。
2. 造纸毛毯的分类及性能要求。
3. 造纸毛毯的加工制造。
4. 造纸毛毯的性能及测试。

第一节 概 述

一、造纸毛毯的分类及要求

造纸毛毯是现代造纸工业必不可少的耗材。它与生产的纸张质量、造纸的生产效率等有着直接的关系。随着造纸工业生产技术的发展,要求造纸毛毯具有强力大、滤水性好、平整性好、压缩回弹性好及尺寸稳定等特点。这就对造纸毛毯的结构、性能提出了很高的要求,而每条造纸毛毯都是订制的,是针对某台确定纸机、部位的技术要求,根据车速、生产纸种、规格等而设计制造的,难以批量生产,可以说造纸毛毯是典型的高附加值、高技术含量、单件加工的纺织品。

1. 造纸毛毯的分类 根据用途造纸毛毯可分为造纸湿毯和造纸干毯。湿毯是纸浆进一步滤水的主要脱水材料,具有初步张力的湿纸页在湿毯上成形;干毯是把已在湿毯上形成的湿纸页带入烘房进行干燥。湿毯的脱水能力表现在通过压榨时,湿纸页的水分被挤压到毛毯中去,其中大部分的水通过湿毯流掉了,其余少量的水被湿毯吸收带走。湿毯与湿纸页分离后,再经过冲洗及毯压榨脱水后再去承接成形网传来的湿纸页。无论是干毯,还是湿毯,在造纸机上都是呈环状,像输送带一样循环传动的,如图 16-1 所示。

按造纸毛毯的结构可分为传统编织毯、普通基布针刺毛毯(BOB)、无纬或稀纬针刺毛毯、底网针刺毛毯(BOM)、无基布针刺毛毯、接缝针刺毛毯等类型。目前 BOM 毯较为常用,它是由底网层和纤维层组成,其中底网层可分为单层、双层、叠层三种。底网一般由锦纶单丝或加弱捻合股丝,按一定结构交织而成;纤维层一般是由不同粗细的锦纶短纤维,经梳理成网,铺叠而成。纤维层与底网层通过针刺加工,形成一个稳定的复合结构体。

单层底网 BOM 毯多用于生产纸板。双层底网 BOM 毯多用于真空压榨、盲孔压榨及沟纹压榨,压力负荷高达 120kN/m,这种压榨毛毯稳定性好、无振动,能将纸压到很高的干度。

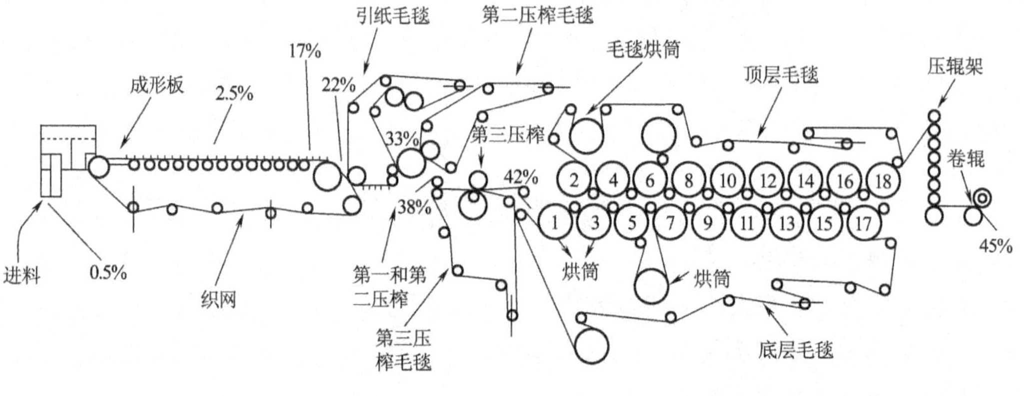

图 16－1　一种造纸机的纵剖面图

叠层底网 BOM 毯，是一种多层复合结构，具有透水性好、抗压能力强、表面平滑、耐磨性能好和不易产生印痕的特点。这种毛毯适用于高线压压榨，可延伸压榨区。

2. 对造纸毛毯的要求　现代纸机的特点主要体现在宽幅、高线压、高速等方面，因此对造纸毛毯的性能提出了更高的要求，可概括为：

(1)有足够的强度和抗变形能力，能承受压辊的挤压并带动压辊转动，在受到反复拉伸的条件下，保持较长的使用寿命。

(2)有较好的平整度，使受压的纸页表面有较高的平滑性并改进纸页的紧密程度。

(3) 有良好的厚度恢复性能和足够的空隙体积，能充分吸收和容纳从湿纸页中挤出的水分。

(4)有良好的透气性和滤水性，使容纳在其中的空气和水分易排出。

(5) 有良好的抗污、脱污能力和耐磨性，经得起高压水冲洗和打毯器的连续打击、摩擦或高压抽吸等作用。

二、造纸毛毯的发展现状

11 世纪，欧洲的手工造纸者最初将毛毯用到引纸和挤压上，他们将纸纤维经过捞取而分布在用网布作底的模框上以形成纸页，等大部分水脱掉以后，再将模子压到毯子上，纸页便从模子转移到毯子上，然后将纸页和毯子一起挤压以脱掉多余的水分，最后将纸页风干，这就是现代造纸的雏形。

1799 年，路易斯・罗伯特(Louis Robert)发明了第一台纸机。其后的 30 ~ 50 年里，手工抄纸已基本消失。1854 年，阿沙・舒勒(Asaschuler)在美国俄亥俄州的汉密尔顿开设的羊毛厂里首先给纸厂制作了单件毛毯，然后再把两头缝接起来做成纸机用的环形毛毯。20 世纪 40 年代中期以前，压榨毛毯都是选用羊毛纤维为原料，最初采用缠结方式，18 世纪末开始制造编织毛毯，即传统的机织造纸毛毯。这就是造纸毛毯的第一代产品，其结构特点是纵向和横向均由细纱织成，然后再用机械方法缩绒，做成最终状态的成品。

20 世纪 50 年代,合成纤维以其优良的性能被逐步用到压榨毛毯中,由于受到化纤不能缩绒毡化的限制,当时合成纤维的混纺用量一般不超过 30%。到了 1960 年,针刺技术的出现,使化纤毡化成毯成为可能,随之 BOB 毯得以发展,合成纤维的混纺用量也逐渐增加。BOB 毯是在基布的单面或双面刺上纤网而制成的,基布和纤网均为 100% 的合成纤维,因此,BOB 毯被视为第二代造纸毛毯产品。

1995 年前后,开发成功多轴向底网压榨毛毯,它能防止相邻层间纱线的嵌合,使压毯的耐压实性能得到改善。这种压毯至少包括两层独立的基布,组成的每层基布有各自独立的经、纬纱,且各层的经、纬纱与相邻层的经、纬纱间有一定的夹角。

目前,国外造纸行业继续向大型、宽幅、高速的方向发展,为适应纸机的各种宽度、速度、不同纸张的需要,国外造纸毛毯已由双重、多重底网针刺造纸毛毯发展到叠层复合造纸毛毯。

我国造纸毛毯的生产始于 1945 年。20 世纪 60 年代中期,我国已有上海、天津、青海 3 个造纸毛毯专业制造厂,20 世纪 70 年代开始发展 BOB 毯技术,20 世纪 80 年代以来,随着造纸工业迅猛发展和宽幅、高速、高线压纸机的引进,催化了全国造纸毛毯投资热。2001 年的造纸毛毯产量为 900t,只占生产能力的 60%。目前,我国造纸毛毯的发展远远落后于发达国家。造纸毛毯一般线压力为 10～39. 3kN/m,适用线速为 150m/min 的造纸机。

但是也应该看到,国产毛毯经过近几年的发展,已有了很大的提高。幅宽 8m 的造纸毛毯已能生产,复合底网已能编织,高档宽幅复合有底网造纸毛毯已能部分替代进口产品,压毯后整理工艺已得到重视,徐州工业用呢厂、上海金熊造纸网毯有限公司、成都环龙工业用呢集团有限公司、上海工业用呢厂、成都集团工业用呢公司、辽化工业用呢厂等大批造纸毛毯的骨干企业已有了长足发展。

当前我国造纸毛毯制造业的机遇与和挑战并存,机遇是我国的造纸市场有巨大的发展潜力。随着中国经济的发展,中国造纸行业的发展空间巨大。据预测,到 2010 年国内纸产品消费量将达到 750 万吨以上,年平均增长速度超过 8%,因此为造纸业的造纸毯业不但不会萎缩,而且还要进一步发展。挑战是国内造纸行业产品向高档次、造纸机向宽幅、高速方向发展,对造纸毛毯提出了更高的要求,国内各造纸毛毯企业都在向高素质化发展,国外同行争抢国内市场的竞争,随着我国加入世贸组织就变得更加剧烈。

第二节　造纸毛毯的加工制造

造纸毛毯生产的工艺流程比较长,一般工艺流程为:

短纤维开松混合→梳理成网→交叉铺网→预针刺→预刺网卷
单丝、合股丝→整经卷纬→织造→底网坯网→插接→底网
（以上两路）→针刺复合→清洗→化学处理→预压→热定形

下面仅就几个主要问题加以简要说明。

一、造纸毛毯的原料

生产造纸毛毯原料的选择极其重要。造纸毛毯专用纤维要求纤维具有相对分子质量高、拉伸强度大、伸长率低、耐磨损、耐氧化、耐化学药品腐蚀、耐水解等性能。目前国际上造纸毛毯所需的化纤原料主要由美国杜邦、赫斯特,德国恩卡,法国隆波列,瑞士 EMS 等公司专门生产。

现代压榨造纸毛毯绝大多数使用化纤原料,特别是锦纶,由于其优良的机械性能、化学性能稳定和抗水解性、良好的弹性回复性,因而锦纶成为生产造纸毛毯的首选原料。另外,生产造纸毛毯所用的原料主要还有羊毛和涤纶等。

锦纶的强度高,湿态下强度稍有降低,强度损失为 10% ~15%,耐磨性最佳、弹性回复率高、耐疲劳性能强,当伸长 3% ~6% 时,其弹性回复率可高达 100%。其优良的机械和抗化学、抗水解性能,理想的聚合度、良好的晶格组织和高度的纤维结晶度使之成为造纸毛毯的理想原料。锦纶的缺点是初始模量较低,只有 0.704 ~2.64N/tex,所以易于变形,耐热性不好,温度高时强度下降,摩擦因数大,加工时一般应添加助剂。对于特殊的需要、特殊的热稳定性以及化学稳定性的毛毯,可以使用经过添加剂处理的 PA66、PA610 单丝。PA66 及 PA610 具有较 PA6 更优良的热稳定性及抗化学降解能力。采用先进的聚合技术使用相对黏度大的聚合物生产的专用 PA6,分子量变化波动小,纤维质量比较稳定,并且采用化学添加剂提高纤维的抗氧化物和氯化物等的性能。专用 PA6 与普通 PA6 相比具有现代复合毯在压榨区所必需的耐磨性、回弹性和抗化学性能。表 16 -1 为常用锦纶规格。

表 16 -1 常用锦纶规格

常用锦纶品种	长度		线密度		卷曲数
	底网用	纤网用(mm)	底网用直径(mm)	纤网用(dtex)	纤网用(个/10cm)
PA6	单丝长丝或合股丝	51 ~120,常用 76	0.15 ~0.5,常用 0.2 ~0.25	3 ~65,常用 6 ~30	4 ~6
PA610					
PA66					

二、纤网加工

加工造纸毛毯的纤网要先将纤维开松、上油、加湿、闷毛、梳理、铺网。纤维上油、加湿的目的是减少因纤维的摩擦而产生静电,以达到柔软、湿润、平滑而又不易缠结的要求,便于梳理、铺网、针刺后续工序的进行。为聚酰胺纤维配制的专用合毛油剂含有平滑柔软剂、乳化剂、抗静电剂、渗透剂、添加剂和稳定剂等多种成分,以使纤维平滑柔软,减少加工时的损伤,提高纤维间的抱合力以及乳化、吸湿、抗静电、平滑、渗透、防霉变等作用。除给纤维上油外,给湿也要恰当。在纤维开松时将合毛油剂以雾点状均匀地喷洒到纤维上,然后堆放在密闭的闷毛仓内 24 ~48h,其间还要翻动 2 ~3 次,以使油水均匀地附着在纤维表面。

铺网就是纤维经两次梳理后叠制成网，与放在针刺机上的底网一起送入针刺机进行针刺。针刺毛毯一般分正反面，接触纸机导辊的一面为反面，毛层较薄，此毛层主要对毛毯骨架材料起保护作用，接触纸页的一面为正面，毛层较厚。这类毛毯在定量较低的情况下，仍能有效地保证纸页的平滑度。也可不分正反面，两面毛层厚度相同，它的优点是两面均可带纸，正反两面都能使用。缺点是定量较小时，容易在纸张上留下毯痕。纤维层中纤维的排列影响毛毯抗压、滤水、弹性回复等性能。传统的铺网生产工艺过程中，纤维在毯中的是近似横向排列的。通过对设备的改造，可生产出沿纵向排列的毛网，提高毛毯的脱水速度、微观均匀度和抗压实性，从而提高纸页的质量。

平整度是造纸毛毯的一个重要指标，毛毯的整幅平整和整条厚薄均匀性对所生产的纸张质量和滤水性能起到决定性的影响。以往所生产的铺网机，受当时的条件所限，从梳理机上出来的单层纤网，从往复摆帘铺在底帘上后的多层纤网会出现中间薄两边厚的情况，差异最大可达15%。一些先进的交叉铺网机，通过控制摆帘的往复运动，使铺到底帘上的纤网的不匀率可降至2%～3%。

图16－2所示的铺网机是采用双层平面夹持带夹持纤维网，可防止在高速运转时由于气流干扰所导致的纤网飘移和意外伸长。夹持带由聚酯长丝经纬交织而成，厚0.7～1mm，表面涂合成橡胶，涂层中混有少量炭粉，以减少帘子对纤维的静电吸附。导网装置附有一套反转装置，以便快速换向。

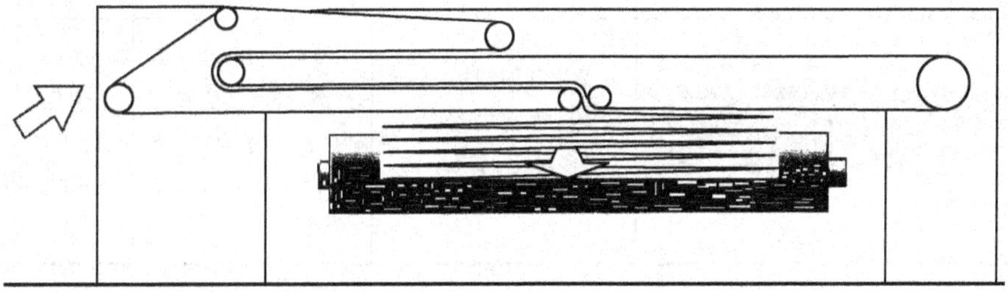

图16－2　双帘夹持铺网机

双层铺网速度可达80m/min，纤网不匀率在2%。新型铺网机增加了自动控制系统，使铺网层数、铺网宽度、铺网速度控制自如。

三、底网组织与材料选用

底网是造纸毛毯的骨架，起到增强和稳定尺寸的作用。因此，合理设计底网组织结构和性能是造纸毛毯开发的关键。底网可以是单层结构，也可以是两层或多层结构。底网与纤网通过针刺工艺结合起来。一般较粗的底网用在下层，提供足够的空隙体积和耐磨性能，而上层底网一般设计的比较细腻，以获得较平整的毯面。下层底网可以是单层的，或一起织造的双层、三层甚至四层结构，而上层底布一般是单层的。表16－2为部分底网结构与性能的比较。

表 16－2 底网结构与性能

项目	结构图和克重范围	结构特点及后处理方式	性能优势	适用范围
BOM 双层毯	 750～1400g/m^2	双层基网结构，多种设计，致密的经纬纱密度。分层毛网结构，采用清洗处理	优异的抗压缩能力，较大的空隙容积，很小的脱水阻力，表面细腻平整	长圆网文化用纸机的引纸毯。高车速板纸机引纸压榨毯，高车速达 200m/min 以上的卫生纸机
BOM 叠层毯	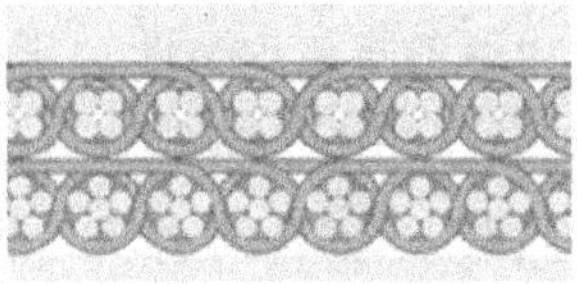 850～1400g/m^2	1＋1 叠层结构，多种组合。疏松的底层基网有利于脱水，细密的面层底网修饰纸面，多种毛网层结构，采用清洗处理	抗高线压 150kN/m 以上，保证良好的滤水性，理想的开孔度及抗压缩性能，底网结构及毛网结构均保证纸面效果，强力大、尺寸稳定、不打折	80kN/m 以上的线压力，100m/min 以上车速，各种纸机压榨形式，各部位抄造各种纸
BOM 多层复合毯	 1300～1800g/m^2	有 1＋2、2＋2、1＋1＋1 多种复合结构，空隙容积大，分层毛网结构，采用清洗处理及化学处理	耐高线压 200kN/m 以上，保证良好的滤水性、适应高车速、尺寸稳定、磨损小、易洗涤、抗污染，毛毯表面质量好	150kN/m 以上线压力，300～800m/min 以上的车速，各种压榨形式，各部位抄造各种包装板纸
BOM 单层毯	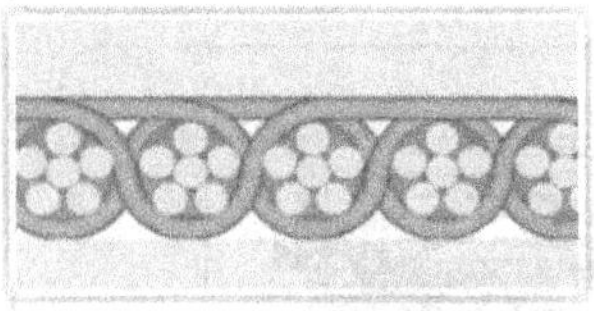 650～1200g/m^2	单层基网结构，多种设计，致密的经纱密度，多种毛网层结构，采用常规清洗处理	良好的开孔度、易洗涤、抗污性能好强力大、尺寸稳定、不打折、毯面平整、细腻	中低车速普通纸机，生产卫生纸、文化用纸、板纸

底网的织造方法有两种，一种是先按用户要求的宽度织成片状，然后按要求的周长裁剪下来，再插接成环状；另一种是先按用户要求的周长直接织成环状。底网织物组织结构有平纹、斜纹和破斜纹等不同结构，应根据造纸机的类型、抄纸品种等使用场合进行选择。另外，底网组织对各种纸机的压榨形式和使用部位影响极大。单层网只适用于＜150m/min 的车速，双层网只适用于 50～400m/min 的车速，而要适用车速为 1000m/min 左右的纸机就需要做 1＋1、1＋2、2＋2 等这类的叠层复合造纸毛毯。

一般来说，平纹组织的织物结构较稳定，在经纬纱密度相同的情况下，织物强力较其他组织结构大，但平纹交织点最多，纱线的弯曲部分较短，故表面不很平整，滤水性差。正斜纹没有平纹那么多的交叉点，表面柔软而弹性大，有优良的平整性和良好的脱水性。破斜纹的稳定性较好，耐磨、抗压缩、回弹性好，且这种组织比平纹织物的表面平整。缎纹经纱基本无屈曲，表面平整且具有良好的排水性能，耐磨损性能差。经重平组织具有更好的蓬松性和耐磨性。如$\frac{3}{1}$经重平组织结构稳定，在基布中经纱基本无屈曲，毛毯伸长变形小，规格稳定。

相对于平纹组织，它的厚度有所增加，毛网/底网的比值降低，同样的毛网和针刺工艺，它具有更多的空隙，流阻降低，可压缩性和回弹性有了很大提高。底网组织结构的选用要根据所生产的纸的品种、造纸机类型和压榨部位具体情况具体对待。

底网纱线原料为锦纶单丝，目的是利用锦纶单丝的不可压缩性及较强的刚度，使最终产品具有耐高压、硬挺、不打折、伸长小的目的。在压榨脱水过程中，有利于保持毛毯中间较大的容水空间。通常纬纱用单丝直接卷纬，经纱则采用单丝复捻合股丝。生产复合造纸毛毯要有专用的盘式整经机，整经筒子架有张力控制装置，以保证经纱张力一致。现在有一种趋势，用较细的多股单丝（12～14 股，每股单丝直径在 0.08～0.1mm）加捻而成，这样线径细，合股线很圆，底网与纤维层附着点多，针刺效率高，不易出现脱毛，不易出毯痕，耐压缩性好，滤水性能好且能够长时间保持，不易污染且自清洁功能强。

研究结果表明，约有 94% 的杂质积存在底网中，这些杂质大部分沉积在经纬线交叉点上，由于杂质的堵塞，增大了脱水阻力。因此，现在倾向于采用线密度大的单丝或复丝，适当降低经纬密度，在改善毛毯脱水性的同时又保障造纸毛毯的强度、尺寸稳定性和使用寿命。

四、针刺复合加固

针刺是最重要的加工环节。对有底网造纸毛毯来说，首先通过针刺制备预刺网卷，然后再通过针刺将底网预刺网卷复合到一起；对于无底网造纸毛毯来说，直接通过针刺加固纤网即可。图 16－3 为德国迪罗公司 PMF 造纸毛毯专用主针刺机，现将预刺纤网移至 PMF 主针

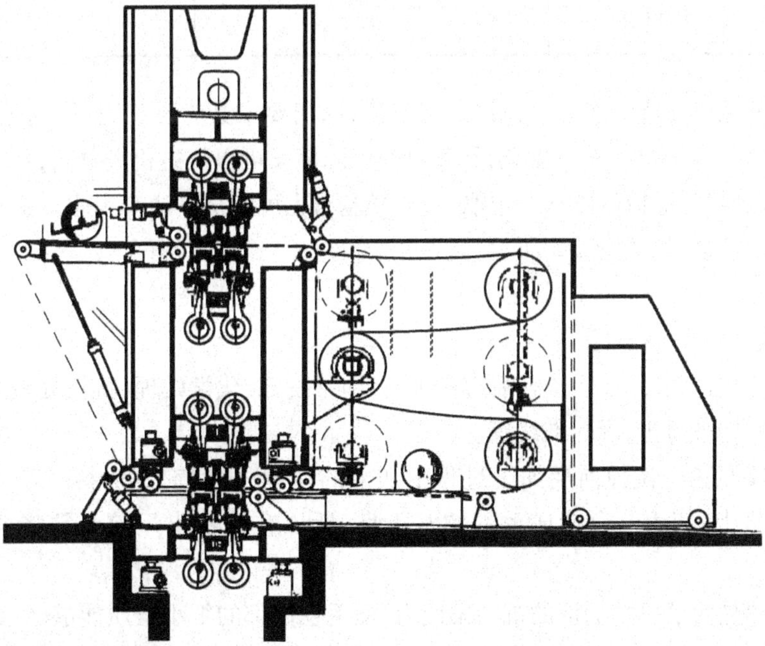

图 16－3 PMF 造纸毛毯专用主针刺机

刺机上一层或多层地铺在基布上进行主针刺。环状基布需事先在主针刺机上套好，为了对环状基布里外两面进行针刺，PMF 针刺机配有多块针板，有的针板从外向里刺，有的针板从里向外刺（表 16 – 3）。为了与 PMF 针刺机配套，迪罗公司专门生产了型号为 DI—LOOM OD—IP宽幅预针刺机，用于加工预刺纤网。

表 16 – 3　PMF 系列针刺机的型号与性能

型号 \ 性能	针刺方式	工作宽度（m）	布针密度（枚/m）	针刺频率（次/min）	针刺动程（mm）
PMF2—0—2—0	▽▽ (▽▽)	最大 16	3000 ~ 12000	800	60
PMF2—0—2—2	▽▽ (▽▽) △△	最大 16	4500 ~ 18000	800	60
PMF2—2—2—0	▽▽ (△△ ▽▽)	最大 16	4500 ~ 18000	800	60
PMF2—2—2—2	▽▽ (△△ ▽▽) △△	最大 16	6000 ~ 24000	800	60
DI—LOOM OD—IP	▽ 用于预刺 网卷加工	8 ~ 16	1500 ~ 3000	1000	60

因为造纸毛毯在造纸机上作为传送带使用，因而要求其为环状，且圆周很长，并要求环状无接缝。PMF 针刺机配有一支架，针刺机的中间横梁可以从主机上分离，并一边悬挂在支架上。这样，刺好的毛毯可以从一边取下，同样基布也可以从一边套上去。造纸毛毯在针刺过程中被游车拉紧，如图 16 – 3 所示。

五、造纸毛毯的后整理

造纸毛毯在针刺后，还要进行后整理加工，包括洗涤、化学处理（抗污处理）、脱水、干燥、预压、热定形、切边封边、画标准线等。

水洗主要是为了洗掉前期加工过程中加入的油剂、添加剂等辅料。若这些物质随毛毯带到造纸机上，使用时会造成毛毯滤水不良，所以在毛毯出厂前必须将这些物质清洗干净。

化学处理是为了提高毛毯的抗污染能力，使毛毯内部的细小杂质能够随水流自然排出，不附着在纤维上。化学处理还包括以减小摩擦因数为主要内容的耐磨整理和以提高回弹能力为目的的抗压整理。

热定形可以使毛毯解除内应力、表面平滑、尺寸形态稳定。

1. 抗污整理 目前,国内大部分企业都具有热定形能力,但往往忽视或不具备化学处理的能力。而国外生产的造纸毛毯绝大多数具有抗污能力,可用于各类高车速、高线压、高回收纤维比例浆料的造纸机上。实际上,化学处理对造纸毛毯有至关重要的影响。因为相当一部分(80%左右)造纸毛毯提前失去使用价值的原因,不是机械磨损,而是由于细小纤维及杂物将毛毯孔堵塞,增加了脱水阻力,造成脱水困难。因此,如何提高造纸毛毯抗污性能,有效延长其使用寿命,是对造纸毛毯制造技术提出的重大挑战。随着造纸原料中二次纤维原料使用的比率不断上升,纸浆中的杂质含量会更高、成分更复杂,研制抗污底网压榨造纸毛毯工作显得十分迫切。

研究表明,污染湿毯的杂质主要有:

(1)碱性可溶物,如木素、淀粉或树脂类。

(2)浆料中的细小纤维、杂质等,它们不能溶解在洗毯的任何化学品中,最好的办法是高压喷淋和用真空吸水箱等机械方法除去。

(3)灰尘,如二氧化钛、瓷土、砂、明矾、碳酸钙及硬水中含有 Ca、Mg 的矿物质。

(4)可提取物,即可溶于有机溶剂的树脂或聚合物,如松脂、石蜡、沥青(柏油)、胶乳、油墨等。

(5)薄页纸或特种纸中含有的湿强剂,如尿醛等。

造纸毛毯的拒污整理主要是针对废纸原料中的油墨与胶黏物质的污染而采取的措施。经抗沾污处理后,造纸毛毯一方面具有良好的抗沾污性能,即浆料中的填料、细小纤维、胶料等污物不容易吸附在纤维表面;另一方面,吸附在毛毯中的污物很容易被清水或洗涤剂清洗掉,从而保持毛毯良好的滤水通道和弹性回复性能。服用面料后整理的经验告诉我们,对于极性较强的纤维,如毛纤维,即使不进行抗污处理问题也不大。而对于非极性的合成纤维,则应采用亲水性的聚合物进行处理,以减少污物与纤维的结合力,提高纤维的抗污能力。但是,造纸毛毯的使用环境与服装毕竟不同,遇到的污物也不同,因此在服装后整理中积累的经验和开发的助剂难以直接应用于造纸毛毯,需要开发新的专用抗污整理剂。但是,到目前还没有标准的造纸毛毯的抗污能力测试方法。

中国专利 200410067278.7 公开了一种抗污造纸毛毯制造方法,它采用聚四氟乙烯为抗污剂对毛毯进行后整理。这种化学物质与毛毯的聚酯或聚酰胺纤维产生键合,赋予纤维表面一定程度的拒油、抗污的功能,使其一方面尽可能减少黏附物,另一方面即使有了黏附物也便于清洗。美国专利 US5569358 也叙述了一种抗污方法,它用含水分散型亚微米级聚四氟乙烯颗粒的溶液对织物进行浸渍处理。

含氟整理剂的防污性能与氟原子特性有关,氟原子是元素周期表中电负性最强的元素,碳氟键(C—F)键长短、键能高、表面能低,因而表现出优异的疏油性。含氟整理剂的分子结构通常由四部分构成:

(1)氟碳化合物:它是赋予拒污性的核心结构。

(2)缓冲链节:氟碳键的强极性易造成分子稳定性的减弱,因此常在分子中增加缓冲链节以增加分子内的稳定性。

(3)高分子链节:即含氟整理剂的“骨架”。

(4)改性部分:为使含氟整理剂具备某些特性,通常在分子中引入一些改性基团,如引入亲水基以赋予整理织物的易去污性和抗静电性能。

2. 热定形 热定形处理是将造纸毛毯在合成纤维玻璃化温度以上(此时纤维的分子间作用力减弱。分子链段开始自由移动,变形能力增大),施加一定外力使其变形,纤维内部分子链间部分原有的次价键拆开,而在新的位置上重建,消除在前道工序中产生的积聚在纤维和造纸毛毯内部的应力,迅速冷却后分子链相互位置即被冻结而固定,形成较多的无定形区,使毛毯丰满而有弹性,解除外力后,改善和提高了其物理机械性能。同时,热定形过程中,由于所使用合成纤维内部结构的变化和纤维受热后收缩而使毛毯结构紧密,因而提高了毛毯整体的尺寸稳定性。

因为在造纸毛毯的生产过程中,纤维要经过开松、混和、梳理、铺网和针刺,毛毯受到许多机械力的作用,不断地被拉伸、扭转、弯曲、压缩而产生一定的形变并积累一定的内应力。同样,底网中纱线也由于经过加捻、织造等加工而处于应力状态,使得毛毯未上机使用前已承受着一定的分布不均匀的负荷,从而影响其使用性能和寿命。为避免因应力不匀而造成织物的变形,造纸毛毯生产都要在前工序加工结束后进行热定形处理。

热定形的温度和时间直接影响到定形效果。热定形温度必须在高于高聚物玻璃化温度而低于熔点温度的范围内。对聚酰胺纤维来说需保证温度持续稳定在150℃左右,不能出现较大的波动。

毛毯经过热定形后,纤维产生收缩,毛毯结构变得紧密,透气性明显下降,断裂强度有所提高。定形温度越高,透气性下降越明显,当温度过高时,还能使毛毯表面的纤维部分熔融,形成小的不连续的片膜,导致毛毯透气性严重下降,并使毛毯强度下降。采用拉幅热定形,可控制毛毯的透气性在较大的温度范围内保持相对稳定。毛毯定形时的张力应控制在接近造纸机使用时的张力,否则在使用时会发生异常现象而达不到应有的效果。

造纸毛毯热定形加工的热处理方式有红外辐射、热风对流和金属表面接触传导三种形式。红外辐射的热穿透效果差,需通过适当的方式加以调整;热风对流的热穿透效果好,但毯面平整性差。国外早期(20世纪70年代)大多数造纸毛毯生产厂都使用红外辐射式热定形,后来陆续改用热风对流式或导热油加热金属接触传导式定形。无论采用什么样的热处理方式,造纸毛毯的热定形设备最好能满足以下要求:

(1)整个加热区域温度均匀,各点温差不超过4℃。

(2)加热的温度可调,偏差不应超过±2℃。

(3)毛毯在热定形时所受的张力可调,且恒定。

(4)对要求毛毯表面比较平整的,可利用压辊施压生产不同风格的毛毯,以满足不同的需要。

(5)整个热定形机最好采用预先设置,自动调节控制温度、速度和张力。

(6)可对毛毯进行冲洗和表面化学处理,满足造纸毛毯湿处理与热处理一体化的需要。

第三节　造纸毛毯的性能及测试

造纸毛毯的各项性能的优劣直接影响到纸厂的生产效率、产品质量和生产成本，长期的生产实践已积累了较为齐全的测试评价体系。

一、造纸毛毯的重量和厚度

毛毯在宽度方向的重量分布应该均匀，单位面积质量不匀和厚度不一致会使压榨力产生波动或跳动，厚度对毛毯磨损和压实特性有着重要作用，它影响其孔隙体积和脱水能力。运行时厚度变化取决于毛毯结构，在开始使用时期，厚度减薄得很快，经一段时间后，厚度减薄到一定程度，应将其从造纸机上换下。

二、通透性

造纸毛毯的通透性主要包括透气性、透水性和含水量等，是在生产和使用过程中评价造纸毛毯品质的重要物理性能指标。

1. 透气性的测试　造纸毛毯的透气性用透气量来表示，它是在稳流情况下，在试样两边保持一定压力差时，单位时间内通过单位面积试样的空气流量（mL）。可用 Y561 型透气仪测试。

造纸毛毯的透气量取决于织物中孔隙的大小和多少，而这些又取决于纤维的形状、生产方法、厚度及后整理方法。造纸毛毯所用的纤维越细，则空气透过的阻力越大，透气量越小。大多数异形纤维制成的毛毯透气性比圆形纤维的好。压缩弹性好的纤维制成的毛毯，其透气性也较好。吸湿性强的纤维，吸湿后纤维直径显著膨胀，孔隙减小，透气性下降。不同加工方法制成的毛毯，其透气性也有很大差异。一般来说，相同品种、相同定量的毛毯，越厚其透气性越差。经过后整理的毛毯，透气性一般都会下降。

2. 透水性的测试　造纸毛毯的透水性是指液态水从造纸毛毯一面渗透到另一面的性能。可用兜水试验测定。测试时，在试样一面维持一定水压的条件下，以单位时间通过单位面积试样的水量表征造纸毛毯的透水性。

通过检测毛毯的透水性，很容易检测毛毯是否磨损、压实和阻塞，可用于快速排除故障，同时提高了优化压榨部重要功能的可能性。现在已研发出在线检测装置，操作人员可在造纸机运行的情况下快速发现可能存在的问题（如毛毯缺陷），以免导致停机。通过定期比较毛毯透水性，操作人员可对毛毯的清洗和更换进行预测并安排计划。比较清洗前后得到的数据可优化清洁剂的使用量。

3. 造纸毛毯含水量的测试　毛毯含水量测试仪是借助独特的微波共振和双频测试技术，可以在非常高的取样速度下精确地测试毛毯的含水量。主要用于收集、分析、报告和储存有关压榨部毛毯和湿纸幅性能的数据，以便进一步地了解和控制压榨部。使用时可沿毛毯的横向和纵向进行手动测试。测试结果立即以横向和纵向分布曲线的形式显示在内置显示屏上，这样，纸机操作人员就可以快速发现可能存在的含水量问题，以免导致停机。利用测试结果，可确定是否更换毛毯，并优化化学品的使用量。

三、抗压缩性和压缩回弹性

抗压缩性是压榨毛毯基本性能要求。毛毯的压缩性受到所用纤维的刚度、粗细、底布或底网的结构、毛毯的厚度、生产工艺参数和针刺密度、深度等因素的影响。可压缩性是毛毯受载荷后压实程度的度量，而回弹性是取去载荷后的回复能力，是一个问题的两个方面。可用 YT—100 的织物压缩弹性仪测毛毯的压缩回弹性，仪器可显示不同负荷下的压缩量并打印出压缩曲线，用求积仪求出压缩曲线和回复曲线下的面积，相比算出压缩弹性回复率。

四、拉伸性能

造纸毛毯在造纸机上运行时，会受到反复的拉伸作用，造纸毛毯需要具有良好的抵御外力的能力。因此对造纸毛毯的拉伸性能进行探讨是非常必要的。一般可采用织物强力仪测毛毯的强度和伸长率，针刺造纸毛毯是由底网和纤网通过针刺复合在一起的。外界的拉伸作用由底网的强力、纤网中纤维的结合力和强力及底网与纤网之间的结合力共同承担。其中底网的强力起着最主要的作用。

五、耐磨性

毛毯在抄纸机上与压榨辊罗拉接触，受到很大压力，从而产生摩擦；另外，毛毯在冲洗时，也常常受到摩擦。因此，常在毛毯的表面，用耐磨性好的锦纶等纤维，并在毛毯的网状构造上采取相应的措施，使得纤维不易被拔出。可用圆盘式平磨仪测定毛毯的磨损量。

造纸毛毯还需具备一些其他的性质，如要求毛毯自身的表面要光滑，均匀致密。此外，毛毯要能够耐化学药品，并具有一定的耐热性。

思考题

1. 简述造纸毛毯的概念。
2. 简述造纸毛毯的性能要求。
3. 简述造纸毛毯选用的材料及加工方法。
4. 简述造纸毛毯透水性的测试方法。

第十七章 土工合成材料

本章知识点

1. 土工合成材料的种类。
2. 土工合成材料的性能表征。
3. 土工合成材料的应用。

第一节 概 述

一、土工合成材料的发展

土工合成材料是应用于岩土工程的，以合成材料为原材料制成的各种产品的统称。土工合成材料在早期曾被称为“土工织物”和“土工膜”。随着工程需要，这类材料不断有新的品种出现，如土工格栅、土工网和土工模袋等，原来的名称已不能准确地涵盖全部产品，这样，在其后的一段时期内，把它们称之为“土工织物、土工膜和相关产品”。1994 年在新加坡召开的第五届国际土工合成材料学术会议上，正式确定这类材料的名称为“土工合成材料”。

土工合成材料的最早应用可追溯到 20 世纪 20 ~ 30 年代。1926 年美国南卡罗林拉州公路部门曾采用过在棉布上洒沥青而制成的材料。后来，人们曾采用聚氯乙烯(PVC)土工膜作为游泳池的防渗材料。20 世纪 50 年代初，美国垦务局采用 PVC 土工膜作防渗衬砌。前苏联用聚乙烯膜进行渠道防渗也已有了较长历史。

以合成材料为原料的土工织物最早应用在 1957 年，荷兰用锦纶织物做成充砂管袋用于三角洲护岸和堵口工程，有效地抵御了各种海啸的冲击，用量超过 1000 万平方米，大大促进了土工合成材料的工程应用。1958 年，美国在佛罗里达州大西洋海岸防护工程中，用聚氯乙烯织物代替传统的砂砾石滤层置于土与块石之间，经过 27 年的使用，情况仍然良好。1959 年，在日本伊势湾修复围堤沉排时，采用维尼纶编织布替代沉排，5 年后检查未发现腐蚀现象，强度也没有明显下降。1967 年，英国、日本应用土工格栅修建加筋土堤，并予以推广。

聚酯非织造土工织物于 20 世纪 60 年代在美国和欧洲开始应用，它主要用作大坝上游抛石护坡下的反滤层，或土层与粗粒料之间的隔离层。20 世纪 80 年代后出现了排水带等。

我国开始应用土工合成材料比较晚，但发展速度很快。1974 年，在江苏省长江嘶马护岸工程中，首先使用由聚丙烯扁丝编织布为排体，结合聚氯乙烯绳网和混凝土块压重组成软体沉排，防止河岸冲刷。1999 年初，我国制定并颁布了第一个土工合成材料应用技术国家标准 GB 50290—1998《土工合成材料应用技术规范》以及水利部发布的 SL/T 225—1998《水利水电工程土工合成材料应用技术规范》和 SL/T 235—1999《土工合成材料测试规程》、铁道部发布的 TB 10118—1999《铁路路基土工合成材料应用技术规范》、交通部发布的 JTJ/T 019—1998《公路土工合成材料应用技术规范》和 JTJ/T 239—1998《水运工程土工织物应用技术规程(附条文说明)》6 个专门规范及规程。这些规范及规程科学地总结了国内外土工合成材料工程技术的经验教训,为今后在土建工程领域内全面推广应用该项技术提供了依据,成为我国土工合成材料工程技术发展的里程碑。

我国目前正在加强基础设施建设,长江三峡工程、长江中上游水土保持、沙漠改造、防止荒漠化、公路网建设等,均需要大量的土工布。有人估计过,仅大江、大河河道整修用土工布材料,每年需 11 万吨。由此可见,我国的土工布应用与销售市场较大。仅 2000 年后,国家开工的西部开发项目,总投资过万亿元,涉及水利、铁路、公路、机场、城市建设、生态环境等方面。所有这些建设都离不开土工合成材料。

目前几乎在各种类型的岩土工程和大量的水利及堤防工程中都有所应用。但与国外相比,不论是产品的规格类型,还是工程应用等方面,都有较大的差距。

二、土工合成材料的作用

1. 反滤作用 当土中水流过土工织物时,水可以顺畅穿过,而土粒却被阻留的现象称为反滤(过滤)。反滤不同于排水,后者的水流是沿织物表面进行的,而不是穿过织物。当土中水从细粒土流向粗粒土,或水流从土内向外流出的出逸处,需要采取反滤措施,否则土粒将受水流作用而被带出土体,发展下去可能导致土体破坏。土工织物可以代替水利工程中传统采用的沙砾等天然反滤材料作为反滤层(或称滤层)。

用作反滤的土工织物一般是非织造土工织物,有时也可以用织造土工织物。

2. 排水作用 水利工程中需要将土中水排走的情况很多,如堤坝工程中降低浸润线位置,以减小渗流力;挡墙背面排水,以消减水压力,提高墙体稳定性;土坡排水,减小孔隙压力,防止土坡失稳;隧道和廊道排水,以减轻渗水压力;软土地基排水,以加速土固结,提高地基承载力等。传统的排水材料多采用强透水粒状材料,土工织物用作排水时兼起反滤作用,同时,不致因土体固结变形而失效,它具有施工简便,缩短工期,节约工程费用等优点。

3. 隔离作用 隔离是指在两种物理力学性质不同的材料之间铺设土工合成材料,使它们不互相混杂。如将碎石和细粒土隔离,软土和填土之间隔离等。隔离可以为工程带来许多预期的良好效应,如通过隔离层,引起应力扩散,使地基土的沉降量得到一定程度的均化;通过隔离层可以切断毛细水上升,防止盐碱化,或减弱冻胀;隔离层还起一定的保温作用等。

用于隔离的土工合成材料最多的是织造和非织造土工织物。如果对材料的强度要求较高,有时还要求以土工网或土工格栅作为材料的垫层。当要求隔离防渗时,则需要土工膜或复合土工膜。

4. 防渗作用 防渗是防止流体渗透流失,也包括防止气体的挥发扩散。日常生活中要求防渗的事例很多,水利工程中要修建大量的挡水、蓄水、引水和输水等建筑物,更有防渗、防漏的要求。在水利工程中常见的防渗工程有以下几种。

(1) 堤坝的防渗斜墙或心墙。

(2) 透水地基上堤坝的水平防渗铺盖和垂直防渗墙。

(3) 混凝土坝、圬工坝及碾压混凝土坝的防渗体。

(4)渠道的衬砌防渗等。

5. 防护作用　为了消减自然现象、环境影响和人类活动对堤坡和岸坡造成的危害，常用土工合成材料进行防护。如江河湖海岸坡防护、岸坡防冲植被等。

土工合成材料用于防护的范围很广，为了进行有效的防护，根据工程需要，可以将土工合成材料加工成土袋、土枕、软体排、土工模袋和泡沫塑料板块等多种形式。

6. 加筋作用　加筋是在土体中的一定部位铺设水平方向的加筋材料，将土压实后，土与加筋材密切结合成一复合土体（加筋土），当在复合土体的表面施加荷载，由于加筋材与周围土之间有较大的摩阻力（有时还有咬合力），限制了土的侧向变形，可提高复合土体的承压能力。

加筋结构主要用于软土地基加固、堤坝边坡加筋和加筋土挡墙。加筋在于最大限度地限制受压土体的侧向变形，因此要求加筋材料与土之间的摩擦力与咬合力要大、蠕变小。土工带和土工格栅的蠕变小，是较为理想的加筋材料，只有当对强度和变形要求不高时，才采用非织造土工织物。

第二节　土工合成材料的种类

我国将土工合成材料分为土工织物、土工膜、土工复合材料和土工特种材料四大类，它们又各分为数种。

一、土工织物

- 土工织物
  - 机织物
    - 单丝织物
    - 复丝织物
    - 裂膜织物
  - 非织造布
    - 热轧粘合加固
    - 化学粘合加固
    - 针刺加固
  - 针织物
    - 经编双轴向（或多轴向）织物
    - 纬编双轴向织物

土工织物是一种透水性材料，按制造方法不同，可进一步划分如下几种类型。

1. 机织型土工织物　这类产品又称有纺土工织物，是最早的土工织物产品。它一般是以涤纶或丙纶裂膜长丝为原料，再以宽幅织机，如剑杆织机等，织成所需规格的产品。织物组织常采用平纹组织，不过，根据工程需要可以通过调整丝（纱）的材质、品种和织造方式等来得到符合工程要求的强度、经纬强度比、摩擦因数、等效孔径和耐久性等指标。在工程实施中应根据具体要求来优选产品,铺设时要注意材料的合理铺设方向。

2. 非织造型土工织物 根据加固方式的不同,非织造土工织物分为热轧黏合加固、化学黏合加固和针刺加固三种。

热轧黏合土工织物是借助于热轧机的热和压力作用,使纤维网部分纤维软化熔融,互相粘连形成片状物。该法主要用于生产薄型土工织物,厚度一般为0.5~1.0mm,克重在80~200g/m^2。纤维种类可以是涤纶、锦纶、维纶或丙纶,其中以涤纶和丙纶为最多。纤维长度可以是短纤维、中长纤维或长丝。

针刺加固是用特制的带有钩刺的刺针对纤维网进行反复针刺,使纤维互相穿插缠结,形成片状物。产品厚度一般在1mm以上,孔隙率高,渗透性大,反滤排水性能均佳,在水利工程中应用很广。纤维可以是短纤维、中长纤维或长丝。

习惯上,长丝成网法非织造布也称纺黏法非织造布,它是将聚合物原料经过熔融→纺丝→成网→加固形成的产品。根据加固方法的不同,可分为纺黏—热轧法非织造布和纺黏—针刺法非织造布两种。这类产品强度高、渗透性好、工艺流程短、成本低、用途广,近年来在我国发展较快。目前,常用的两个主要产品为丙纶纺黏—热轧非织造布和涤纶纺黏—针刺非织造布。

化学黏合法土工织物由于强力低、渗透性差,在工程中的应用较少。

目前水利和公路部门对非织造土工布的要求是:强力>400N/5cm,断裂伸长率>30%。土工布要有较大的幅宽,一般为2~6m,长度为20~100m/卷。根据不同要求,定量一般为100~750g/m^2。表17-1比较了几种土工布的性能。

表17-1 几种土工布性能的比较

品　种	丙纶纺黏法	涤纶纺黏法	丙纶短纤针刺法	涤纶短纤针刺法
定量(g/m^2)	200	210	220	450
抗拉强度(N/5cm)	650	730	290	570
断裂伸长率(%)	65	63	72	54
撕裂强度(N)	275	230	112	320

二、土工膜

土工膜是一种基本不透水的材料。根据原材料不同,可分为聚合物和沥青两大类。为满足不同强度和变形需要,又有不加筋和加筋的区分。聚合物膜在工厂制造,沥青膜则大多在现场制造。

制造土工膜的聚合物有热塑性材料(如聚氯乙烯)、结晶热塑性材料(如高密度聚乙烯)、热塑弹性体(如氯化聚乙烯)和橡胶(如氯丁橡胶)等。

土工膜的制造方法主要有挤出法、压延法和涂层法等。挤出法是将熔化的聚合物通过模具制成土工膜,厚0.25~4mm。压延法则是将热塑性聚合物通过热辊压成土工膜,厚

0.25～2mm。加涂层法是将聚合物均匀涂在纸片上，待冷却后将土工膜揭下而成。

现场制造土工膜是在地面喷涂或敷一层冷或热的黏滞聚合物而成。沥青土工膜用的是沥青聚合物或合成橡胶。

制造土工膜时还需要掺入一定量的添加剂，使在不改变材料基本特性的情况下，改善其某些性能并降低成本。如掺入炭黑可以提高抗日光紫外线能力，延缓老化；掺入铅盐、钡、钙等衍生物以提高材料的抗热、抗光照稳定性；掺入滑石等润滑剂以改善材料的可操作性；掺入杀菌剂可防止细菌破坏等。对于沥青类土工膜，其主要的掺入材料是一些填料或纤维。填料可为细矿粉，它能增加膜的强度且降低其成本；加入纤维，也是为提高膜的强度。

三、土工复合材料

1. 复合土工膜　复合土工膜是在布基上（包括织造和非织造两类）复合上一层膜。应用较多的布基是针刺非织造布，其单位面积质量一般为 200～600g/m^2。复合土工膜的制造可以采用压延复合法，也可以采用涂层复合法，根据复合的层数不同，可以有一布一膜、二布一膜、三布二膜等多种的复合土工膜产品。

复合土工膜既具有防渗的能力又具有一定的强力，在防水防渗工程和交通隧洞工程中有广泛的应用。

2. 塑料排水带　塑料排水带是在不同截面形状的连续塑料芯板外面包裹滤布而成。芯板的原材料为聚丙烯、聚乙烯或聚氯乙烯。芯板截面有多种形式，常见的有城垛式和乳头式等，城垛式如图 17－1 所示。芯板起骨架作用，截面形成的纵向沟槽供通水之用，而滤布多为涤纶非织造布，作用是滤土、透水。塑料排水带的宽度一般为 100mm，厚度为 3.5～4mm，每卷长 100～200m，每米重约 0.125kg。我国目前排水带的宽度最大达 230mm，国外已有 2m 以上的宽带产品。

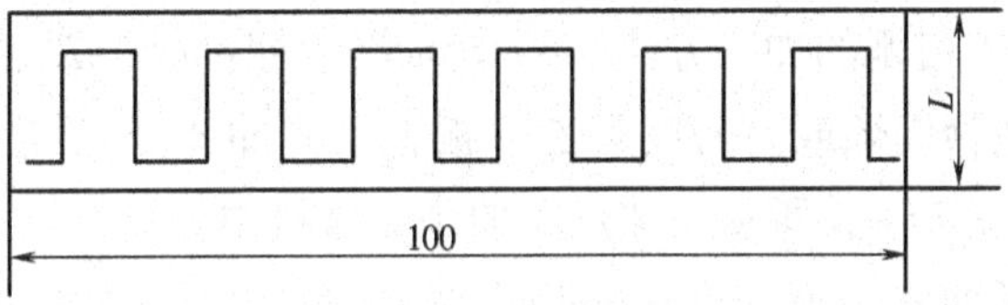

图 17－1　塑料排水带断面示意图

塑料排水带的施工是利用插带机将其埋没在土层中的预定位置。塑料带前端与锚靴相连，用插带机导杆顶住锚靴，插入土层中，达到预定深度后拔出导杆，但排水带仍留在预定位置，在高出地面一定高度（0.5m 左右）剪断排水带。插入深度可达约 25m，入土速率可达 6m/min。排水带的平面分布间距一般为 1～2m。排水带插入软基后，为排除土中的多余水量提供了捷径，多余水可水平向通过带的滤膜进入芯板沟槽，再向上由地表的透水料垫层排走。排水带在公路、码头、水闸等软基加固工程中应用广泛，以加速软土固结。

3. 软式排水管　软式排水管又称为渗水软管，是由高强钢丝圈作为支撑体以及具有反滤、透水及保护作用的管壁包裹材料两部分构成的,如图 17 - 2 所示。高强钢丝由钢线经磷酸防锈处理,外包一层 PVC 材料,使其与空气及水隔绝,避免氧化生锈。包裹材料有三层,内层为透水层,由高强涤纶纱或锦纶纱作为经纱,特殊材料为纬纱制成;中层为非织造土工织物过滤层;外层为与内层材料相同的覆盖层。为确保软式排水管的复合整体性,支撑体和管壁外裹材料间以及外裹各层之间都采用了强力黏结剂黏合牢固。目前市场出售的管径分别为 50.1mm、80.4mm 和 98.3mm,相应的通水量(坡降 $i = 1/250$)为 45.7cm^3/s、162.7cm^3/s、311.4cm^3/s。

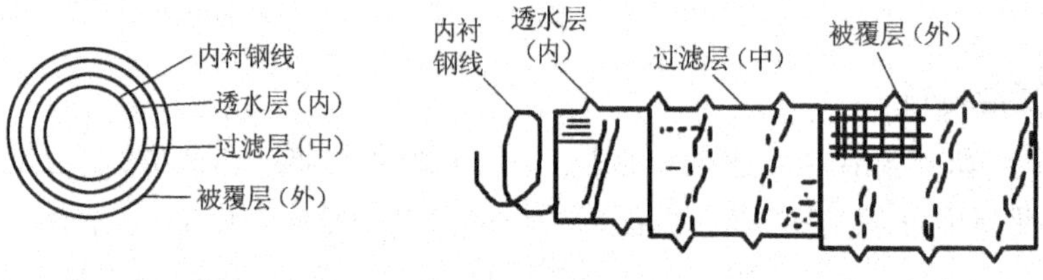

图 17 - 2　软式排水管构造示意图

软式排水管兼有硬水管的耐压与耐久性能,又有软水管的柔性和轻便特点,过滤性强,排水性好,可用于各种排水工程中。

4. 其他复合排水材料　现在已生产出各种形式的芯材和外包滤膜的复合排水材料。芯材有平板上立管柱的,有做成各种半球形的,有土工网的,还有用塑料丝缠成的网状体等,它们均具有较大的排水能力,可按工程需要选用。

四、土工特种材料

土木特殊材料是为工程特定需要而生产的产品,品种规格繁多。

1. 土工格栅　土工格栅的加工方法主要有高聚物拉伸法和玻璃纤维经编法。

高聚物拉伸法是在聚丙烯或高密度聚乙烯板材上先冲孔,然后进行拉伸而成的带长方形或方形孔的板材,如图 17 - 3 所示。加热拉伸是让材料中的高分子定向排列,以获得较高的抗拉强度和较低的延伸率。按拉伸方向不同,格栅分为单向拉伸(孔形近似矩形)和双向拉伸(孔形近似方形)两种。前者在拉伸方向上有较高强度,后者在两个拉伸方向上皆有较高强度。

土工格栅因其高强度和低延伸率而成为加筋的好材料,如英国奈特龙(Netlon)公司生产的坦萨(TENSAR)SR2(单向)的纵、横向抗拉强度分别为 80kN/m 和 13kN/m,延伸率分别为 9% 和 15%(常温下)。土工格栅埋在土内,与周围土之间不仅有摩擦作用,而且由于土石料嵌入其开孔中,还有较高的咬合力,它与土的摩擦因数可以高达 0.8 ~ 1.0。

玻璃纤维经编法是以玻璃纤维长丝束为经纬纱,以涤纶长丝为编链纱,在双轴向经编设备上编织成经纬无交织的格栅状结构物,为了防止玻璃纤维分散,增加摩擦力,通常需要对玻纤编织物浸渍改性沥青。

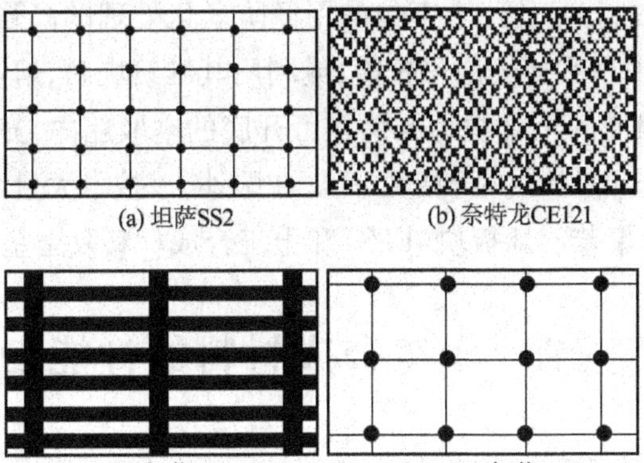

(a) 坦萨SS2　(b) 奈特龙CE121

(c) 坦萨SR2　(d) 坦萨CM1

图 17－3　土工格栅

2. 土工网　土工网是以聚丙烯或聚乙烯为原料，应用热塑挤出法生产的具有较大孔径和较大刚度的平面结构材料。可因网孔尺寸、形状、厚度和制造方法的不同而造成性能上有很大差异。一般而言，土工网的抗拉强度都较低，延伸率较高，以英国奈特龙系列为例，其抗拉强度仅为 2～8kN/m，延伸率一般达到 20% 以上。

这类产品常用于坡面防护、植草、软基加固垫层，或用于制造复合排水材料。一般说来，它只有在受力水平不高的场合，才能用于加筋。

3. 土工模袋　土工模袋是由上下两层土工织物制成的大面积连续袋状材料，袋内充填混凝土或水泥砂浆，凝固后形成整体混凝土板，可用作护坡。这种袋体代替了混凝土的浇注模板，故而得名。模袋上下两层之间用一定长度的尼龙绳来保持其间隔，可以控制填充时的厚度。浇注在现场用高压泵进行。混凝土或砂浆注入模袋后，多余水量可从织物孔隙中排走，故而降低了水分，加快了凝固速度，使强度增高。

4. 土工格室　土工格室是由强化的高密度聚乙烯宽带，每隔一定间距以强力焊接而形成的网状格室结构。典型的条带厚 1.2mm、宽 100mm，每隔 300mm 进行焊接。闭合和张开时的形状如图 17－4 所示。格室张开后，可填以土料，由于格室对土侧向位移的限制，可大大提高土体的刚度和强度。它可用于处理软弱地基，增大其承载力，沙漠地带可用于固沙，还可用于护坡等。

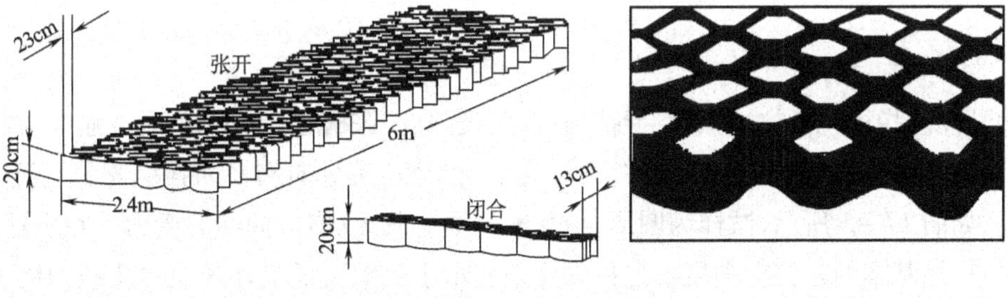

(a) 铺设前　(b) 铺设后

图 17－4　土工格室

5. 土工管、土工包 土工管、土工包是用经防老化处理的高强土工织物制成的大型管袋及包裹体，可有效地护岸和用于崩岸抢险，或利用其堆筑堤防，解决疏浚弃土的放置难题。土工包是将大面积高强度的土工织物摊铺在可开底的空驳船内，充填 200～800m^3 料物，将织物包裹闭合，运到一定部位，沉至预定位置。在国外，该技术大量用于环保。

土木特殊材料还有聚苯乙烯板块（EPS）和土工合成材料黏土垫层（GCL）等。

第三节 土工合成材料的性能表征

表征土工合成材料的指标一般可分为物理性能指标、力学性能指标、水力性能指标、土工合成材料与土相互作用指标及耐久性指标等。

一、物理性能指标

物理性能指标包括单位面积质量、厚度、孔隙率等。其中，孔隙率为非织造土工织物所含孔隙体积与总体积之比，以百分数（%）表示。该指标不能直接测定，由单位面积质量、密度和厚度计算得到。可按下式计算：

$$n_p = 1 - \frac{M}{\rho\delta}$$

式中：n_p——孔隙率，%；

M——单位面积质量，g/m^2；

ρ——原材料密度，g/m^3；

δ——厚度，m。

土工织物常用原材料的密度为：聚丙烯 0.91g/m^3，聚乙烯 0.94～0.96g/m^3，聚酯 1.22～1.38g/m^3，聚酰胺 1.05～1.14g/m^3，聚乙烯醇 1.26～1.32g/m^3，聚氯乙烯 1.39g/m^3。

孔隙率与厚度有关，所以孔隙率也随压力增大而变小。

有时织造土工织物和非织造土工织物的孔径和渗透系数很接近，但不能认为两者的水力性能相似。非织造土工织物的孔隙率远大于织造土工织物，因此其具有更好的反滤和排水性能。

二、力学性能指标

力学性能指标包括抗拉强度、握持强度、撕裂强度、胀破强度、CBR 顶破强度、圆球顶破强度、刺破强度等。在前 3 项试验中，试样为单向受力，其纵向和横向强度需分别测定；后 4 项试验，如图 17－5 所示，试样为圆形，承受轴对称荷载，纵横双向同时受力。在上述众多力学指标中，最基本的是抗拉强度。握持强度则表示土工织物抵抗外来集中荷载的能力，试验时仅 1/3 试样宽度被夹持，进行快速拉伸。土工织物对集中荷载的扩散范围越大，则握持强度越高，单位为 N。

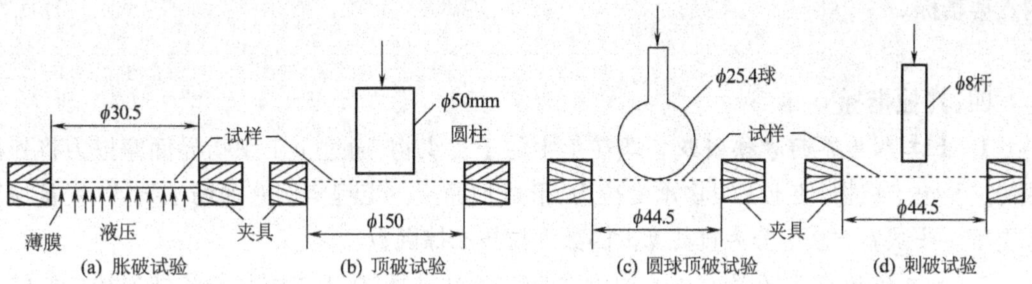

图 17－5　顶破类实验示意

三、水力性能指标

水力性能指标主要有等效孔径和渗透系数。

等效孔径(表现孔径)是以土工织物为筛布,用某一平均粒径的玻璃珠或石英砂进行振筛,取通过土工织物的过筛率(通过织物的颗粒质量与颗粒总投放质量之比)为5%(留筛率为95%)所对应的粒径为织物的等效孔径 O_{95},表示该土工织物的最大有效孔径,单位为mm。用同样的步骤,则相应得到 O_{85}、O_{50} 和 O_{15} 的孔径值。土工织物的孔径分布曲线形状与土的颗粒分布曲线相似,如图 17－6 所示。

垂直渗透系数为水力梯度等于1时,水流垂直通过土工织物的渗透速率,单位为cm/s;透水率为水位差等于1时的渗透速率,单位为L/s;水平渗透系数为水力梯度等于1时水流沿土工织物平面的渗透速率,单位为cm/s;导水率为沿土工织物单位宽度内的输水能力,单位为 cm^2/s。

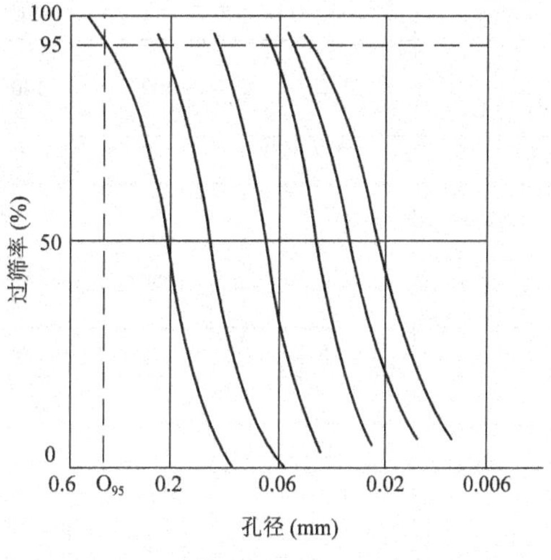

图 17－6　土工织物孔径分布曲线

由于土工织物是与土共同工作的,对织物的基本要求是既能保土又能排水,这就要求土工织物的孔径很小(能挡住土)而排水又很通畅,两者看来是有矛盾的,而土的多变性更增大了问题的复杂性。某一土工织物对这种土是合适的,而对另一种土未必也是合适的。目前常用保土准则和透水准则来选择土工织物的等效孔径和渗透系数,即将土工织物的等效孔径和土的特征粒径建立关系式,同时将织物的渗透系数与土的渗透系数建立关系式,以求达到既保土又排水的目的。保土准则和透水准则由实验得到,由于实验时控制的条件不同,得到的准则也有差异。可按具体情况选择准则,有条件进行模拟实验则更好。鉴于目前仍以保土和透水作用作为选择土工织物反滤层的准则,因此等效孔径和渗透系数两个水力特性指标是反滤和排水功能中的重要指标。

四、其他指标

1. 土工织物界面摩擦因数 埋在土中的土工织物，通过土工织物界面摩擦力将外荷载传递至土工织物，使土工织物承受拉力，形成加筋土。工程实例有加筋土挡墙、堤基加筋垫层等。按试验方法可分为直剪摩擦因数和拉拔摩擦因数。

2. 土工织物渗透特性 土工织物联合应用时，如何使土工织物能长期保持良好的保土及排水性能，不发生淤堵，目前还没有满意的理论准则。为判断织物是否会发生淤堵，可进行长期淤堵试验或梯度比试验，前者试验历时达500~1000h，后者需测试24h或更长。两种试验都还存在一些问题，有待积累经验逐步改进。

3. 耐久性能指标 耐久性能指标主要有耐磨、抗紫外线、抗生物、抗化学、抗大气环境等多种指标。大多没有可遵循的规范、规程，一般按工程要求进行专门研究或参考已有工程经验来选取。表17-2列举了几种土工合成材料的参考指标。

表17-2 几种土工合成材料的参考指标

（一）织造土工织物

经、纬纱[tex（英支）]	尺寸（cm×cm）	质量（g/m^2）	抗拉强度（N/cm）		CBR顶破强度（N）	摩擦因数f		渗透系数k（cm/s）
			经向	纬向		干	湿	
44.8×48.5（13×12）	95×55	100	140	130	1600	0.30	0.25	10^{-1}~10^{-2}

（二）非织造布土工织物

单位面积质量（g/cm^2）	幅宽（m）	厚度（mm）	抗拉强度（N/cm）		渗透系数k（cm/s）	顶破强力（N）		等效孔径（mm）
			经向	纬向		CBR	圆球	
350	2~5.4	3	120	150	>100	1300	500	>0.1

（三）一布二膜复合土工膜（两面覆PE膜）

幅宽（m）	抗拉强度（N/5cm）		伸长率（%）		顶破强力（N）	渗透系数k（cm/s）
	经向	纬向	经向	纬向		
2~6	170	120	15	8	600	<10^{-7}

思考题

1. 简要概括土工合成材料的种类。
2. 简述测试土工合成材料性能的方法。
3. 论述土工合成材料的应用。

第十八章 轮胎用帘子线与帘子布

本章知识点

1. 帘子布的基本知识。
2. 几种常用帘子布的性能。
3. 帘子布的生产工艺。

帘子线是轮胎的骨架材料，对轮胎构成和使用性能有着十分重要的作用。虽然其重量仅占外胎总重量的10%～15%，但成本约占轮胎生产成本的37%，是轮胎生产的主要原材料之一。帘子线同橡胶黏合在一起，以增强轮胎的强度和尺寸稳定性，技术含量高，质量要求严。

轮胎用帘子线绝大部分采用锦纶、涤纶高强丝和钢丝以及高强人造丝。近年来，轮胎向子午化、无内胎化和扁平化方向发展，这对轮胎帘子线的规格、品种、结构提出了更高的要求。随着汽车工业的发展，轮胎的需求量逐年增长。

第一节 概 述

1. 国外帘子布的发展现状 20世纪40年代，国外开始生产人造丝帘子线。它是最早的化学纤维帘子线，并最早应用于橡胶工业。由于人造丝帘子线具有模量高、耐热性好、原料易得、与橡胶黏合好等优点。因此在橡胶骨架材料中占有重要地位。1962年美国固特异(Goodyear)公司成功开发出了涤纶帘子线，并且以优良的性能获得了迅速发展。随着子午胎所占市场份额的提高，涤纶帘子线大有取代锦纶帘子线之势。20世纪80年代，美国Allied signal公司又研制成功高模低收缩涤纶帘子线(HMLS)，又称尺寸稳定型(DSP)涤纶帘子线。该产品的特点是伸长变形小、模量高、热收缩及滞后损失率小，应用该材料增强轮胎，尺寸稳定性好，特别适用于单层轿车子午线轮胎。随后，美国联信公司、荷兰阿克苏公司和日本东丽公司相继取得了HMLS涤纶帘子线的技术专利，其中以美国联信公司的生产量最大。美国轿车子午胎已全部使用涤纶帘子线。日本HMLS涤纶帘子线也占据了其乘用胎纤维骨架材料的90%。据报道，这种高模低收缩涤纶已经发展到第四代，其用量以每年4%的速度递增，而锦纶帘子线用量则以每年7%的速度下降。应当说，HMLS涤纶帘子线是替代人造丝帘子线和锦纶帘子线的优良材料。1988年，英国化学工业公司(ICI)在德国橡胶会议上介绍了低捻度锦纶轮胎帘子线。这种帘子线主要用于直径为2m以上的子午线合成橡胶轮胎。据介绍，ICI1392锦纶轮胎的尺寸稳定性、耐久性和抓着力在世界上名列第一，在降低成本的基础上仍然保持轮胎的高性能（因为加捻成本低，且质量比同类轮胎轻）。

随着轮胎子午化水平的日益提高，原来的锦纶帘子线市场日益萎缩，致使发达国家致力于锦纶新产品的开发。主要是开发差别化、高附加值、功能性新品种和特色纤维，以开拓锦纶的新用途，就帘子线来说，是进一步提高纤维强力，开发中、粗高强聚丙烯长丝。低捻锦纶帘子线为锦纶帘子线打入子午胎市场提供了可能性。杜邦公司最近开发了一种锦纶66单纤轮胎帘子线 Obround（呈带圆角的矩形）。这种纤维的模量比复丝高，甚至超过涤纶帘子线，但其热收缩率较大，尚未大批量应用。

近年来，钢丝帘子线在日本、美国的应用迅速发展。由于使用了子午线结构，钢丝帘子线轮胎的性能大大提高。芳纶帘子线是一种很有前途的骨架材料，它比涤纶帘子线有更高的强力、刚性、尺寸稳定性和耐热性。随着各种芳纶帘子线的进一步发展和成本不断下降，应用也将越来越广，完全有可能取代钢丝帘子线，但目前价格偏高，生产量小，应用受到限制。

到目前为止，还没有一种市售的帘子线能完全满足轮胎所要求的各种性能。为充分利用帘子线的优点，克服各种帘子线的固有缺点，已有专利提出采用锦/涤复合帘子线，这种复合帘子线的结构是以锦纶长丝作表层，涤纶丝作芯层。据称，这种复合帘子线具有集涤纶帘子线的弹性、强度等特性以及锦纶帘子线良好的黏着性于一身的优点。

2. 国内帘子布的发展现状 与国际发展历程相比，我国的化学纤维轮胎帘子布工业起步较晚，20世纪60年代末期，北京合成纤维实验厂及上海化纤十一厂等厂，依靠国内工程技术力量及装备，自主开发成锦纶6轮胎帘子布，开始了我国化纤帘子布制造的历史。与此同时，为配合二汽、东风轮胎厂的建设，结合当时国际和国内形势，在距湖北襄樊的山区，建设了我国唯一一家人造丝轮胎帘子布制造厂。20世纪80年代末，北京橡胶工业研究设计院率先在国内开发成功涤纶帘子布浸渍技术及专用黏合剂合成技术（实际上该技术早在70年代已开发成功，因条件不成熟未能实现工业化生产），并以技术转让的方式指导国内帘子布厂实现了工业化生产。到20世纪90年代，对帘子线性能的研究已较为深入，当时世界上应用量最多的三种化学纤维帘子布国内均实现了工业化生产。

近几年来，随着国内经济的飞速发展，人民生活水平的不断提高，路面状况的不断改善，人们对汽车的安全性、舒适性、燃料经济性和高速度等要求越来越高。涤纶帘子线用量将会明显增长，性能优异的钢丝载重子午胎也会得到较大发展。

第二节 帘子布的基本知识

一、轮胎的结构类型和性能要求

1. 轮胎结构的种类

（1）普通轮胎（斜交轮胎）：它主要是作为标准型轮胎来使用的，帘子布层中的帘子线从一侧胎趾到另一侧胎趾斜向配置，帘子线和轮胎中心线的夹角为30°~40°，帘子布的层与层之间斜向交叉配置。斜交胎具有较高的强力，帘子线与橡胶黏合性较好，耐磨性优良，这种轮胎适合在路面状况较差的公路上行驶。

（2）子午线轮胎：它有两组帘子布，一是胎体帘子布，二是带束层帘子布（也称缓冲层），其中，胎体帘子布的经线与轮胎的转动方向大致成80°～90°铺放，带束层则在胎体帘子线的最外围，它的经线与轮胎的旋转方向成15°～20°。这样，胎体帘子线与带束层帘子线呈现子午线配置，故称之为子午胎。对胎体帘子线，要求能耐弯曲、疲劳，对带束层的帘子线，要求初始模量高、延伸度小、蠕变小以提高其抑制轮胎膨胀的性能。由于子午线轮胎的重量轻、性能好，因此发展很快，不论是轿车还是载重车的轮胎子午化已成发展趋势。进入20世纪90年代，轮胎子午化程度越来越高，到2000年已达到90%以上。

（3）带束斜交轮胎：它和子午胎一样，在轮胎外周有低角度（15°～20°）的带束层，它和子午胎的不同之处在于胎体帘子线的斜度（30°～90°）和普通轮胎大致相同。此种轮胎性能不如子午线轮胎，但它的优点是可利用过去的轮胎成型机成形，因此产品价格比子午线轮胎便宜。图18－1为不同轮胎的结构。

(a)斜交轮胎　(b)子午线轮胎　(c)带束斜交轮胎

图18－1　不同轮胎的结构

2. 帘子线的性能要求

（1）强伸特性：帘子线的断裂强力和断裂伸长率是保证轮胎承受负荷的基本性能。一般1100×2dtex涤纶帘子线的断裂强力在140N/根左右，断裂伸长率和蠕变越小越好，断裂伸长率一般在15%左右。在轮胎设计时，其强度安全系数是根据帘子线的断裂强力计算的。

（2）耐疲劳性：由于疲劳而使帘子线强力降低，将直接影响轮胎的强度和耐用性。耐疲劳性与材料的种类有关，如锦纶的耐疲劳性要优于涤纶和人造丝。

（3）耐热性：通常，耐热性是指高温时伸长率等特性的变化情况。因轮胎经常处在高速运转中，因此，对轮胎及帘子线的耐热性有很高的要求。

（4）耐冲击性：因轮胎不光是在平滑的路面上行驶，有时路面凹凸不平，常受到外力的冲击，所以，要求轮胎有一定的耐冲击性。

轮胎中的帘子布层数使用偶数，如果是奇数则会造成负荷不均匀。通常载重车的斜交胎是8～10层帘子布，重型车胎可多达26层帘子布。

另外，还要求帘子布和橡胶的黏合性要好，成本要低。为了改善帘子布与橡胶的黏合性能，还需要对帘子布进行浸胶处理。

二、帘子线的结构与轮胎性能的关系

1. 轮胎结构性能与帘子线的应用 从轮胎的受力和结构来看，处在不同部位的帘子线，其性能要求是不同的。为了提高缓冲层的刚性，减少蠕变，缓冲层帘子线一般使用模量高的纤维，如黏胶丝、钢丝等，这样可充分发挥子午胎的特点。为了保障胎体帘子线抗冲击、耐疲劳性的性能，胎体帘子线常用锦纶、涤纶。带束层要求强力高、模量大，因此多用钢丝。

车辆的用途不同，对轮胎的要求也不同，如卡车和公交车用的子午胎，从胎体、缓冲层的耐久性方面考虑，多数使用钢丝帘子线，如果从发挥子午胎特性方面考虑，其中的胎体帘子线也可以使用锦纶或涤纶等。

表 18－1 列出了不同结构的轮胎和帘子线的种类对轮胎的适应性、耐磨性、耐疲劳性等性能的影响。

表 18－1　轮胎结构性能与帘子线的应用

项　目	胎　体	缓冲层	优　　点	缺　　点
斜交轮胎	黏胶丝	—	操纵性好，无法热变形，均匀性好	不平坦路面上以及高速行驶耐久性差
	锦纶	—	在不平坦路面上行驶耐久性好，高速耐久性好	发热变形大，均匀性差，耐磨损性差
	涤纶	—	无法热变形，均匀性好，操纵性好，乘坐舒适	不平坦路面以及高速行驶耐久性不如锦纶
带束斜交轮胎	涤纶 锦纶 黏胶丝	玻璃纤维 玻璃纤维 黏胶丝	与斜交胎相比耐磨损性好，操纵性好，回转阻力减小	乘坐舒适性差，不平坦路面上行驶耐久性不良（玻璃纤维），锦纶套管易发生热变形
子午线轮胎	黏胶丝	黏胶丝	耐磨损性良好，爆破阻力大，操纵性好，牵引力和制动力大，回转阻力小，发热低	低速，不平坦路上乘坐不够舒适，低速下操纵手感重
	锦纶	黏胶丝	除上述优点外，高速耐久性好	
	黏胶丝	钢丝	耐磨损性特好，其他与黏胶丝项相同	
	钢丝	钢丝	与卡车、公共汽车用子午线轮胎相同	用于轿车轮胎时，缺点较少

2. 帘子布的表征

（1）帘子布的密度：帘子线的密度决定了帘子布层与层之间的相互黏结力及浸胶液的黏附状态，经实验证明，纬纱密度越大，其相互黏结力越小。在轮胎中，帘子布因铺放在不同层次和部位，其经纬密的要求也不同。通常，经密和纬密有 P_1、P_2、P_3 规格之分，见表 18－2，不同生产厂家可以有所不同，但差异不大。

表 18-2　轮胎中不同层次的帘子布的规格

层次＼规格	经密(根/10cm)	纬密(根/10cm)	在轮胎中的位置
P_1	98	8	内层
P_2	70	10	中层
P_3	47	16	外层

(2)帘子布的纱线捻度:通过加捻,使帘子线产生的螺纹状扭曲,可缓和帘子线上发生的弯曲和压缩变形,有利于提高帘子线的耐疲劳性。此外,捻度还能影响其抗张强力和伸长,常用的捻度一般在 320~490 捻/m。

(3)帘子布的组织结构:帘子线的组织对黏合力、强力等有一定影响,一般采用平纹组织。这样,纱线之间的相互约束较好,橡胶与帘子线可以充分黏合。

(4)帘子线的线密度:帘子线的强力与其线密度(或直径)有关。常见锦纶帘子线的线密度有 93.3tex×2、117.8tex×2 涤纶帘子线有 1100dtex×2、1650dtex×2、1430dtex×3。不同生产厂家有不同线密度系列,可根据设计要求选用。

第三节　几种常用帘子线的性能

用于轮胎帘子布的材料是多样的,一般有钢丝、锦纶、人造丝、涤纶、玻璃纤维、芳纶、棉纤维,它们的性能各不相同。

一、钢丝帘子线

钢丝帘子线的特点是强度高,一根直径为 0.25mm 钢丝的强力可达 1.2kN 以上,且强度受温度影响极小,当温度高到其他纤维熔化点时,钢丝还能保持原强度的 93%。钢丝帘子线的初始模量高,伸长率极小,耐热性和导热性极好,这对保持轮胎的尺寸稳定性很有利。其缺点是密度大,难以与橡胶黏合,耐疲劳性差,不耐化学腐蚀。单根钢丝的直径一般在 0.1~0.4mm。

钢丝帘子线是根据其结构,将单丝直接捻成帘子线,或先捻成股线,然后再拼成帘子线。钢丝帘子线有以下几种类型。

1. 高伸长率钢丝帘子线　在捻线时采用较小捻距,让单丝在股内的捻向和各股在帘子线内的捻向一致,制成具有较高伸长率的钢丝。普通结构钢丝伸长率为 1.7%,而这种帘子线的伸长率约为 7.5%。因为它的反复压缩变形性能优异,当轮胎受外来冲击时,它能起缓冲作用,保护其内部的带束层不受损坏,从而提高轮胎使用寿命。

2. 开放结构钢丝帘子线　这种结构的钢丝是将钢丝制成疏松的钢丝帘子线,即捻度较低,帘子线缝隙较大。这种结构的钢丝,在压延和硫化时,胶料易于渗透到钢丝帘子线间隙中去,从而使胶料与钢丝的黏附性能提高。

3. 密集型结构钢丝帘子线 这种钢丝是用 12 根或 27 根单丝捻成松而无规则的帘子线，外缠一根直径为 0.15mm 的单丝。它避免了点接触引起的应力集中，使拉伸强度、耐疲劳性能提高。同时，因其制造工艺和结构比较简单，帘子线价格也比较便宜。

一般来说，带束层要求单丝直径粗一些，而胎体帘子线则要求柔软和耐屈挠性能好，单丝直径细一些为好。

二、锦纶帘子线

锦纶帘子线具有强度高、弹性好、耐疲劳及耐冲击性能好，滞后损失小等优良特性。其单位重量强度比人造丝高 1.5 ~ 1.8 倍，耐屈挠性能比人造丝高 10 倍；耐磨性优于其他纤维；但耐热性差，受热即收缩，强度有损失；耐光性能差，与橡胶不易黏合。

锦纶帘子布使用前必须进行浸胶和热伸张处理，以改善其黏合性能和热变形性能，使之在制成轮胎后有较好的尺寸稳定性。锦纶帘子布压延时必须保持一定的张力，轮胎硫化出模后应立即进行后充气，使轮胎在充气状态下冷却，避免在自由状态下因受热而引起的帘子布急剧收缩。用锦纶帘子布制造的轮胎，使用中会产生“平点”。这是由于轮胎行驶停止后，胎体温度上升，轮胎接地面积的区域内冷却条件与其他部分不同，故应变不同，当轮胎再次滚动时，这种应变的差别就造成“平点”，轮胎继续滚动，这种差别就会逐渐消失。

锦纶 6 耐冲击、耐疲劳、耐干热老化性好些、强力略高、成本低。锦纶 66 则尺寸稳定性好、热稳定性好、耐老化、高温下收缩小、强力损失小。但轮胎在苛刻行驶条件下使用时，采用锦纶 6 帘子布的轮胎升温较锦纶 66 的低，而且行驶温度超过 100℃时，两种帘子线的动态模量大致相当。

锦纶帘子布主要应用于载重轮胎、工程机械轮胎、航空轮胎及其他苛刻条件下使用的斜交结构轮胎。一般工程机械轮胎及大型载重轮胎的胎体帘布，应选用高强力粗帘子线。

锦纶帘子布储存期一般为半年，储存期要注意防潮和避免紫外线照射。锦纶帘子布开包后应及时应用，以确保成品质量。

三、涤纶帘子线

自 1962 年美国固特异公司成功开发出涤纶帘子线以来，因其断裂强度大、弹性模量高、延伸率低、耐冲击性好等优良性能，使涤纶帘线轮胎的操纵稳定性和乘坐舒适性好，耐磨性好，其重量比人造丝轻 10%，没有“平点”。涤纶帘线的尺寸稳定性比锦纶好，比人造丝差些，密度介于人造丝与锦纶之间。涤纶帘子线的发展经历了三个阶段：高强帘子线，高强低伸帘子线，高模低热收缩帘子线（HMLS）。HMLS 帘子线具有高模量、高疲劳强度、超尺寸稳定性、低热收缩的优点，适合于做单层子午线帘子布轿车轮胎。涤纶的尺寸稳定性是一个反映热塑性纤维固有模量的参数，该参数对轮胎工艺非常重要，它影响轮胎制造工艺和轮胎性能，如轮胎不均匀性、轮胎耐用性、骨架材料的黏接力、轮胎综合性能的变化等。另外，涤纶帘子线的成本较低。

涤纶帘子线的缺点是与橡胶的黏合比锦纶差，摩擦因数大，滞后损失较大。涤纶轮胎在使用时生热大，由于生热高，若轮胎中其他材料含有胺类物质，会发生胺解。因此，在涤纶轮胎配方中忌用有胺类的原材料，如含有胺类的天然胶，属于胺类的促进剂、防老剂。

涤纶帘子线也要进行热处理，热处理的温度比锦纶帘子线的要高，而且对温度控制和伸长要求比较严。经多年的研究和改进，涤纶帘子线的不足已明显改善，应用领域和用量增长迅速，具有逐步代替强力黏胶帘布之势。涤纶帘子布已成为乘用车子午胎、轻卡车子午胎胎体帘子布的主要品种。在美国，由于解决了高温下胺解的问题，故轿车子午线胎的胎体基本上采用了此种帘子线。

四、人造丝帘子线

人造丝的干强度较高，湿强度较低，弹性模量高，回弹率不太高，伸长率较低，耐热性能较好，温度升高时强力还稍有提高，耐磨性能较差，密度与棉纤维相近，吸湿率较高，和橡胶黏合性能较差，耐酸耐碱性能较差，对有机溶剂稳定，抗虫蛀，但不耐菌蚀。随着人造丝帘子线强度和耐疲劳性能的不断改进，相继出现了一超、二超、三超和高定伸等品种，以适应子午胎发展的需要。虽然人造丝帘子线在强度和耐疲劳性能方面不如锦纶和涤纶帘子线，但其伸长率比锦纶帘子线小，摩擦生热比涤纶帘子线低，热收缩性和尺寸稳定性也比锦纶和涤纶帘线好，因此人造丝帘子线用于子午胎仍有一定的市场，尤其是西欧目前应用得较多。

人造丝帘线的结构主要有 1840dtex × 2、1840dtex × 3、也有 1340dtex × 3、2450dtex × 2 及 2450dtex × 3 等。由于人造丝易吸湿，用于轮胎的人造丝帘子布控制含水率至关重要，允许的含水率应低于 2% 。

第四节　帘子布的生产工艺

帘子布生产包括加捻、织造和浸胶热处理三大工序。

一、帘子线的加捻

帘子线的加捻一般有初、复捻和直接捻两种方式。

1. 传统的初、复捻线工艺　传统的帘子线捻线采用初、复捻两步法。第一步是初捻，把纺丝后的丝束加捻卷绕；第二步是复捻，两股或三股初捻筒子纱喂入，反向加捻卷绕。初捻时给单股纱加的捻度在复捻时已退掉，复捻后的帘子线的特征是单股纱内不带捻度。初、复捻捻线工艺流程长，帘子线强力损失多，设备占地面积大，成本高。

2. 帘子线的直接捻线工艺　帘子线直捻机有两股原丝参与直接捻线，一股外纱，一股内纱。外纱从纱架上退绕下来经过外纱张力控制器进入导丝管，导线管与直捻锭子的轴的底部相接，锭子的轴是中空的，纱从底部进入中空锭子，经过中心导丝器从储纱盘的径向横孔中穿出，向上经加捻盘形成气圈引入张力调整器。内纱安装在直捻锭子的储纱罐内，储纱罐靠磁力固定，不随锭子旋转。内纱从储纱罐引出进入内纱张力控制器；内纱张力控制器使内纱与外纱张力一致，内纱和外纱分别从两个入口进入张力调整器（匀捻器）。张力调整器是直捻机中很重要的部件，它能够把内外纱长度差异限制在每米5mm以内。如果没有张力调整器，内外纱的长度不一致，将会造成一根纱包缠另一根纱的现象。

帘子线的直捻工艺与初复捻工艺相比，缩短了工艺流程，节约设备场地和成本，卷装大，提高生产效率和帘子线的强力。但直捻工艺只能加工两股捻线，不能生产三股帘子线。同样，直捻帘子线的单股纱不带捻度。

二、帘子布的织造

织造时，按照设计的帘子布的宽度和所需帘子线的根数，在筒子架上安装相应数量的筒管，如图18－2所示。帘子线从筒管上引出，通过张力装置进入织机，张力装置能够给予每根帘子线（经线）均一的张力，使经线在有条不紊的情况下进行投纬。纬线只对经线起固定、支撑的作用，密度很小，能保持帘子布在压延工序之前不乱即可，在轮胎加工过程中，纬纱将断裂而失去作用。

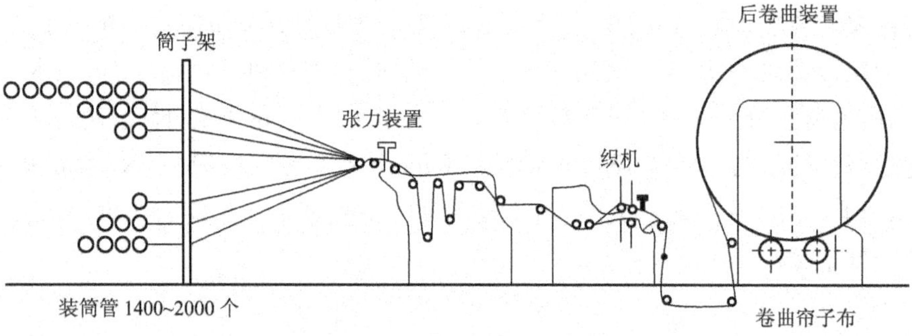

图18－2　帘子布织造示意

由于在成型工序中，要把压过胶的帘子布沿一定角度裁成一条一条的使用，经线要被割断，这时如果纬线强力过大，经线易发生乱序。同时要求，纬线在帘子布热定型时不发生收缩，如热收缩过大，帘子布的幅宽变窄，同样会导致经线混乱。因此，纬线一般采用27.8tex（21英支）左右的棉纱。子午线轮胎在成形时，需要纬线有一定的伸长能力，以顺应胎体帘子布在成形过程中间距逐渐加大的调整，因此子午线轮胎的纬线最好使用具有较大伸长能力的弹力纬纱，它是一种以预拉伸锦纶丝为芯丝的棉包芯纱。

三、浸胶热处理

帘子布织成后，经浸胶→干燥→拉伸→定形或热拉伸→定形→浸胶即得成品帘子布。

为了使帘子布与橡胶很好的黏结，需要对帘子布进行浸胶处理。通常，锦纶用间甲胶浸渍液（RFL）处理，如图18－3所示。

RFL液是间苯二酚和甲醛及橡胶胶乳在水性溶液中反应而得的水性黏合剂，制RFL浸渍液时，间苯二酚与甲醛的物质的量比，催化剂的添加量，熟化反应的温度和时间都是重要

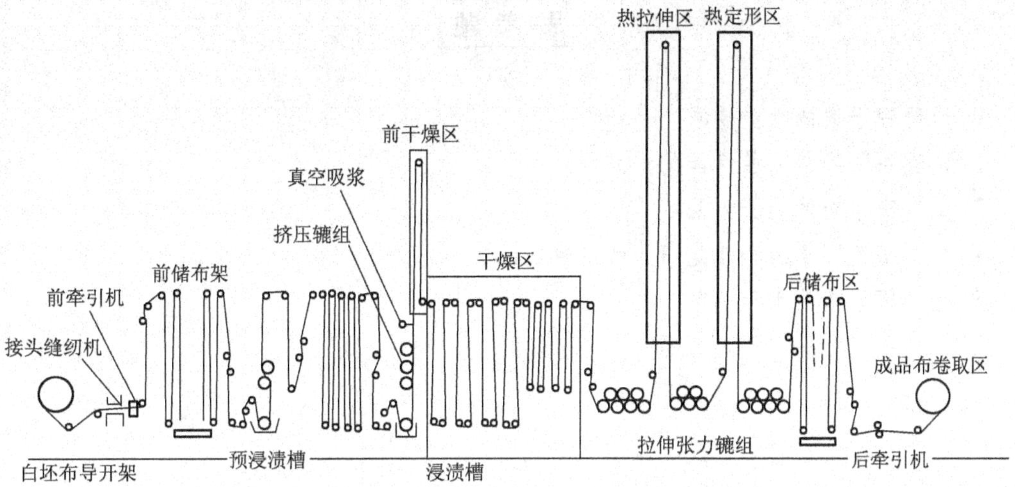

图 18－3　一浴浸渍机结构

的影响因素。在浸渍槽中，RFL 液在帘子布上的附胶量由浸轧罗拉控制，然后对浸过胶的帘子布进行加热，使 RFL 浸渍液干燥和硬化，以赋予帘子布较好尺寸稳定性和与橡胶的亲和能力。如果工艺条件，如加热温度，时间，张力等控制不当时会导致帘子布与橡胶的黏合不良，使轮胎的耐久性下降。

涤纶的分子结构决定其难以与橡胶黏合，采用常规 RFL 液浸渍处理不能达到理想的效果，因此应选用涤纶帘子布专用的浸胶体系。

帘子布的黏合强度随覆胶量增大而增大，但覆胶量达到饱和点后，黏合强度几乎不再增大，织物开始脆化，耐疲劳性和耐久性降低。当浸渍剂渗透进纤维束丝 2～3 层时，既可使织物获得良好的黏合性能，又不会使织物脆化而导致耐疲劳性能下降。覆胶量一般为 4.5%～6%。

在浸渍干燥后的热处理过程中，先加张力拉伸，然后在稍低于热拉伸温度下进行零拉伸或很小的负拉伸，使纤维大分子在热拉伸时形成的排列形态稳定下来，消除分子的内应力，稳定浸胶帘子布的物理性能。

热处理的温度、张力和时间要根据材料品种、设备状况而定。表 18－3 为加工锦纶帘子布时常用的热处理工艺。

表 18－3　加工锦纶帘子布的热处理工艺

区　　域	温度(℃)	时间(s)	伸长率(%)
干燥	100～140	50～120	0～2
热牵伸	190～210	20～40	4～12
热定形	190～210	20～40	0～2

思考题

1. 说明帘子线的性能要求。
2. 论述帘子线与轮胎性能的关系。
3. 简述帘子布的表征方法。
4. 分析锦纶帘子线和涤纶帘子线的性能。
5. 论述帘子布的生产工艺。

参考文献

[1] 张文彬．新世纪产业用特种纤维材料[J]．纺织导报,2001(5):104-106.

[2] 徐克勋．精细有机化工原料及中间体手册[M]．北京:化学工业出版社,2004.

[3] 董纪震,罗鸿烈,王庆瑞,等．合成纤维生产工艺学(下册)[M]．北京:纺织工业出版社,1980

[4] H. M. Caesar,袁力强．聚对苯二甲酰对苯二胺(PPTA)的制造工艺与应用[J]．国外纺织技术:纺织针织服装化纤染整,2001(3):1-7.

[5] 张佩华,丁辛．PPTA纤维的物理结构与微观形变和断裂的关系[J]．国外纺织技术:纺织针织服装化纤染整,1998(5):21-24.

[6] 魏春学．芳纶纤维及其制品的开发应用[J]．国外纺织技术:纺织针织化纤服装染整,1999(9):34-35.

[7] 管宝琼,徐登宝．高强度高模量芳纶的结构、性能及其应用[J]．合成纤维,1990 (5):41-45.

[8] 张大省．芳香族聚酰胺纤维[J]．合成技术及应用,1996(1):31-35.

[9] A. Carmichael, PCI Fibres. 工业用纤维——芳族聚酰胺纤维和其他高性能纤维的市场[J]．汪玲玲,译．国际纺织导报．2007(8):10-11.

[10] 王茂章,贺福．碳纤维的制造、性质及其应用[M]．科学出版社,1984.

[11] 王善元,张汝光．纤维增强复合材料[M]．中国纺织大学出版社,1998:40-43.

[12] 马运志．沥青基碳纤维的发展和应用[J]．山东纺织科技,2006(3):71-76.

[13] 刘桂琴,刘学东．碳纤维增强复合材料的应用与展望[J]．宁夏石油化工,2002(2):13-15.

[14] 黄凤萍．碳纤维及其复合材料的发展[J]．陶瓷,2005(10):11-16.

[15] 丁新波,晏雄．碳纤维的生产及应用现状[J]．纤维技术,2004(6):69-73.

[16] 张晓虎,孟宇,张炜．碳纤维增强复合材料技术发展现状及趋势[J]．纤维复合材料,2004(1):50-58.

[17] 吕立斌．碳纤维及其复合材料性能与应用[J]．山东纺织科技,2004(4):53-56.

[18] 苏小萍．碳纤维增强复合材料的应用现状[J]．高科技纤维与应用,2004 (5):12-15.

[19] 张晓虎．碳纤维增强复合材料技术发展现状及趋势[J]．纤维复合材料,2004(1):50-58.

[20] 混凝土结构设计规范．GB 50010—2002[S]．北京:中国建筑工业出版社,2002.

[21] 吴刚,安琳,吕志涛．碳纤维布用于钢筋混凝土梁抗剪加固的试验研究[J]．建筑结构,2003(7):16-20.

[22] 刘秉钱,李牧．功能纸及纸制品的制造[M]．北京:轻工业出版杜,1998.

[23] 赵稼祥．日本石墨纤维公司的沥青基碳纤维[J]．技术纤维与应用,2001 (4):17-20.

[24] 杜仕国,高欣宝．电磁屏蔽导电复合材料[J]．兵器材料科学与工程,1999 (6):61-66.

[25] 赵东林,沈曾民．碳纤维及其复合材料的吸波性能和吸波机理[J]．新型碳材料,2001 (2):66-72.

[26] 杨栋梁．纤维用抗菌防臭整理剂[J]．印染,2001(3):8-11.

[27] 吉向飞,李玉平,杨柳青．抗菌剂及抗菌材料的发展和应用[J]．太原理工大学学报,2003(1):11-15.

[28] 抗菌针织品. FZ/T 73023—2006[S]. 北京:中国标准出版社,2006.

[29] 张天鸿. 甲壳胺国际研究之趋势[J]. 中国食品添加剂,2000(2):37.

[30] 王曙中,王庆瑞,刘兆峰. 高科技纤维概论[M]. 北京:东华大学出版社,2000.

[31] R. A. A. Muzzarelli, E. R. Pariser. Proceeding of the first international conference on Chitin/Chitosan. [R]. 1. Internationd Conference on Chition/Chitosan, Boston(USA),1977.

[32] 刘世英,吴清基,王鹤中,等. 医用甲壳质与甲壳胺纤维的开发现状及前景[J]. 产业用纺织品,1994 (3):6 - 12.

[33] 刘永强. 甲壳质和甲壳胺在纺织工业中的应用[J]. 国外纺织技术,2003(3):12 - 13.

[34] 沈德兴,郏志清,孙瑾,等. 甲壳胺纤维的结构与性能[J]. 中国纺织大学学报, 1997 (1): 63 - 69

[35] 何秀玲. 纳米载银无机抗菌剂及其对棉织物抗菌整理的研究[D]. 上海:东华大学 7 - 8.

[36] 任学宏,胡韵. 抗菌织物后整理加工现状[J]. 印染助剂,2005(1):10 - 13.

[37] 郭登峰,郭腊梅. 纺织品抗菌整理现状及发展趋势[J]. 广西纺织科技,2006(3):38 - 42.

[38] 中国人民解放军济南军区联勤部军事医学研究所. 恶唑烷酮衍生物类抗菌纺织品及其制备方法:中国,01127382. 8[P]. 2002 - 03 - 06.

[39] 中国人民解放军济南军区联勤部军事医学研究所. 一种抗菌纺织品的制备方法:中国,01127381. X [P]. 2002 - 03 - 06.

[40] 朱民儒. 中国产业用纺织品和非织造布的进展[J]. 产业用纺织品,2005(12):1 - 8.

[41] 杨彩云. 产业用纺织品[M]. 北京:中国纺织出版社,1998.

[42] 吴湘济. 医用纱布及口罩新产品的开发与应用[J]上海工程技术大学学报, 2005,(1):86 - 88

[43] 张丽,王庆珠,吕宏亮. 高性能医用纺织品的新发展[J]. 现代纺织技术,2005(5):51 - 53.

[44] 曹徐苇. 远红外纺织品发展综述[J]. 印染助剂,2007(7):1 - 5.

[45] 董绍伟,徐静. 远红外纺织品的研究进展与前景展望[J]. 纺织科技进展,2005(2):10 - 12.

[46] 王进美,田伟. 健康纺织品开发与应用[M]. 北京:中国纺织出版社,2005.

[47] 徐卫林. 红外技术与纺织材料[M]. 北京:化学工业出版社,2005.

[48] 薛少林,阎玉霄,王卫. 远红外纺织品及其开发与应用[J]. 山东纺织科技,2001(1):48 - 51.

[49] 吴大诚,杜仲良,高绪珊. 纳米纤维[M]. 北京:化学工业出版社,2001.

[50] 张兴祥,段谨源. 远红外织物的保健作用探析[J]. 红外技术,1994(6):27 - 30.

[51] 刘磊,曹俊周. 远红外纤维材料服用舒适性的人体功效学评价[J]. 北京纺织,1998(5):20 - 23.

[52] 张富丽. 远红外纺织品的研究与应用[J]. 海军医学杂志,1999(2):154 - 156.

[53] 戴莹瑛,王琴云. 远红外辐射性涤纶纤维的研制[J]. 江苏纺织科技,1993(3):2 - 6.

[54] 薛迪庚. 织物的功能整理[M]. 北京:中国纺织出版社,2001.

[55] 裘康,刘绒. 抗静电织物的加工方法与性能评定[J]. 纺织科技进展,2005(2):49 - 51.

[56] 沈兰萍,南燕. 防静电织物的设计原理与性能测试方法[J]. 四川纺织科技,2002(2):38 - 40.

[57] 金永良. 金属纤维的性能特点及其产品开发[J]. 棉纺织技术,2003 (7):28 - 30.

[58] 王妮,魏征. 浅谈防静电纺织品的研究与开发[J]. 上海丝绸,2001(1):38 - 40.

[59] 傅伟江,姜开明. 纺织品的抗静电[J]. 中国劳动防护用品,2000(2):36 - 39.

[60] 徐玉琴,抗静电涤纶织物的研究开发[J]. 中国劳动防护用品,2000(2):14.

[61] 吴红玲,蒋少军. 纺织品抗静电整理技术的研讨[J]. 陕西纺织,2003(2):26 - 27.

[62] 许兰杰,郭昕. 提高织物防静电性能的途径和方法[J]. 四川丝绸,2007(3):27 - 29.

[63] 伏广伟,贺显伟,陈颖．导电纤维与纺织品及其抗静电性能测试[J]．纺织导报,2007(6):112－114.
[64] 商成杰,董健．电磁辐射屏蔽技术与防电磁辐射纺织[J]．济南纺织化纤科技,2006(2):3－7
[65] 王琴云,丁欧,周仪．电磁波辐射防护织物和服装的开发[J]．上海纺织科技,2005(9):65－67
[66] 程明军,吴雄英,张宁,等．抗电磁辐射织物屏蔽效能的测试方法[J]．印染,2003(9):31－34
[67] 环境电磁波卫生标准．GB 9175—1988[S]．北京:中国标准出版社,1987.
[68] 程明军,吴雄英,张宁,等．抗电磁辐射织物屏蔽效能的测试方法[J]．印染,2003(9):31－34
[69] 潘颖,朱平,董朝红．电磁防护纺织品的研究开发[J]．染整技术,2007 (3):4－7.
[70] 唐增荣．纺织品抗紫外线整理的开发和研究[J]．济南纺织化纤科技,2006(4):16－22.
[71] 钟安华,邱佩琼,王东．抗紫外线辐射机理及其产品开发[J]．印染助剂,2002(3).43－45.
[72] 董绍伟．织物的抗紫外线整理[J]．染整技术,2005(2):8－12.
[73] 齐娟娟．纺织品的抗紫外线整理[J]．染整技术,2007(2):20－21.
[74] 杜艳芳,裴重华．防紫外线纺织品的研究进展[J]．针织工业,2007(9):23－27.
[75] 范杰．纺织品的紫外线防护与性能测试[J]．广西纺织科技,2005(1):32－35.
[76] 何厚康,张瑜．相变纤维的研究与发展[J]．合成纤维,2002(2):18－21.
[77] 石海峰,张兴祥．蓄热调温纺织品的研究与开发现状[J]．纺织学报,2001 (5):63－64.
[78] 石海峰,张兴祥．微胶囊技术在蓄热调温纺织品中的应用[J]．产业用纺织品,2001 (12):1－10
[80] 姜勇,丁恩勇,黎国康．相变储能材料的研究进展[J]．广州化学,1999 (3):48－53.
[80] 张兴祥,朱民儒．新型保温调温功能纤维和纺织品[J]．产业用纺织品,1996 (5):4－7.
[81] 王玮玲,于伟东．相变纤维的特征与作用[J]．北京纺织,2003(6):12－14.
[82] 何厚康．相变纤维的研究与发展[J]．东华大学纤维材料改性国家重点实验室, 2002(10):18－2
[83] 李桦,马晓光,李俊升．相变材料在调温纤维上的应用[J]．染整技术,2007(11):1－4.
[84] 高明珠．相变材料微胶囊在纺织服装中的应用[J]四川纺织科技,2004(2):34－36.
[85] 李玉红,焦庆影,夏定国 常低温相变储热材料的研究和应用[J]．化学教育,2004(10):9－13
[86] H. V. S. Murthy,赵丽丽,朱龙．智能纺织品概述[J]．技术创新,2004(2):1－5.
[87] 李传婕,王进美．智能纺织品开发现状与应用展望[J]．陕西纺织,2007(1):32－34.
[88] 崔桂新,马晓光．电子信息智能纺织品的发展[J]．天津工业大学学报,2004(2):51－54.
[89]《新纺织》编辑部．纺织电子产品的未来[J]．新纺织,2002,(10):13－15.
[90] 沈新元,沈云．智能纤维的现状及发展趋势[J]．合成纤维工业,2001(1):32－35.
[91] 周小红,练军．智能纺织品的研究现状及应用[J]．上海纺织科技,2002 (5):11－13.
[92] 杜红丽,赵书林．阻燃纤维及其最新研究进展[J]．陕西纺织,2006(2):24－28.
[93] 吕景春．纺织品阻燃技术浅谈[J]．四川丝绸,2007(1):27－29.
[94] 欧育湘．实用阻燃技术[M]．北京:化学工业出版社,2002.
[95] 邹振高,王西亭．常规阻燃纤维的技术现状与发展趋势[J]．纺织导报,2006(3):45－47.
[96] 齐鲁,江辉．阻燃纤维材料的现状与发展趋势[J]．材料导报,2003(1):39－41.
[97] 彭治汉,刘丽雅．阻燃纺织品研究开发新进展[J]．阻燃材料与技术,2004(3):34.
[98] T. Muller. 纺织品的阻燃整理[J]．国际纺织导报,2001(1):67－71.
[99] 纺织品燃烧性能试验氧指数法．GB/T 5454—1997[S] 北京:中国标准出版社,1999.
[100] 刘晓燕,徐鹏．纺织品阻燃性能的测试[J]．检测研究,2004(5):19－21.

[101] 张济邦,徐宁伦. 阻燃织物性能测试方法述评[J]. 染整科技,1998(4):33-37.
[102] 赵雪,朱平,展义臻,等. 阻燃纺织品的性能测试方法及发展动态[J]. 染整技术, 2007(5).
[103] 王永强. 阻燃材料及应用技术[M]. 北京:化学工业出版社,2003.
[104] 张潭江,冯良荣,邱发札. 纳米无机阻燃剂的研究进展[J]. 化学进展,2004 (4): 509-516.
[105] 戴玉梅,赵明祥,王安兵,等. 无纺布湿法合成革生产工艺探讨[J]. 聚氨酯工业,2000(2): 37-39.
[106] 谢国龙. 湿式 PU 人造革性能影响因素的探讨[J]. 聚氨酯工业,1997(1):31-34.
[107] 朱克银. 湿法革用聚氨酯树脂国内外概况[J]. 安徽化工,1996(1):1-6.
[108] 刘学本. 湿式聚氨酯人造革的生产简介[J]. 聚氨酯工业,1993(1):38-42.
[109] 张建. 建筑薄膜材料的发展与应用[J]. 山西建筑,2007,33(6):159-160.
[110] 胥传喜,陈楚鑫,钱若军. ETFE 薄膜的材料性能及其工程应用综述[J]. 钢结构,2003(6): 35-36
[111] 钟莉莉,张丽叶. TFS 膜材——建筑用织物[J]. 新型建筑材料,2002(9):45-46.
[112] 陈志华. 两种常用膜材料 PTFE 和 ETFE[J]. 建筑知识,2007(4):6.
[113] 徐扑. 膜结构建筑和膜结构纺织品[J]. 科技前沿,2005(8):250-252.
[114] 张俊才. 前景广阔的膜结构与膜材料[J]. 建筑技术与应用,2003(3):22.
[115] 唐泽靖子. 用于膜结构建筑的膜材料[J]. 世界建筑,2002(3):81-85.
[116] 金峻,姚念亮. 膜结构在建筑中的应用[J]. 上海建设科技,2003(1):9-12.
[117] 毕海峰,张玉梅,王华平. 汽车安全气囊的技术发展[J]. 现代纺织技术,2001(1):53-55.
[118] 方一芳,将世祥. 安全气囊织物的研制与开发[J]. 丝绸,2000(11):28-30.
[119] 杜盛康. 汽车安全气囊的发展过程及国内外现状[J]世界汽车,2001(11):18-20.
[120] 侯大寅. 汽车用安全气囊织物的质量标准及测试方法[J]. 上海纺织科技,1998(6):54-56.
[121] 宿颖峰. 汽车用安全气囊及其织物[J]. 中国个体防护装备,2005(04):39-40.
[122] 王会让. 2006 年中国汽车安全气囊产业研究[J]. 中国汽摩配,2007(1):29-31.
[123] 郭秉臣. 浆粕气流成网非织造技术的发展[J]. 产业用纺织品,2005(4):1-5.
[124] 叶奕梁,徐朴. 浆粕气流成网技术的新进展[J]. 纺织导报,2002(2):61-67.
[125] 叶奕梁,徐朴. 关于浆粕气流成网非织造布技术[J]. 纺织导报,2002(1):58-64.
[126] 郭秉臣. 浆粕气流成网技术综述[J]. 纺织导报,2006 (5):36-38.
[127] 产业用纺织品编辑部. 我国第一条浆粕气流成网生产线投入生产[J]. 产业用纺织品,1998 (11):47
[128] Fleissner. 使用水刺技术的气流成网复合非织造布生产线[J]. 纺织导报,2006 (6):25-27.
[129] 罗佳丽. 复合造纸毛毯的工艺与性能研究[D]. 青岛:青岛大学,2007.
[130] 吕向阳. 我国造纸毛毯行业的现状分析及发展建议[D]. 西安:陕西科技大学,2005.
[131] 王小瑞. 底网(BOM)针刺造纸毛毯工艺与性能的研究[D]. 西安:西安工程科技学院,2002.
[132] 朱宁,李一玲,本德萍. 全化纤底网复合造纸毛毯的开发[J]. 棉纺织技术,2001(2):45-47.
[133] 邓炳耀,晏雄. 造纸压榨毛毯底网结构的设计[J]. 棉纺织技术,2006(1):61-62.
[134] 王小瑞,朱宁. 造纸毛毯的热定型[J]. 四川纺织科技,2001(5):28-30.
[135] 吕向阳,韩邦春. 造纸毛毯透通性等性能的测试及其发展趋势[J]. 中国造纸,2007(5):52-55
[136] 刘建勇. 造纸毛毯的抗污整理研究[J]. 产业用纺织品,2004(10):27-32.

[137] 杨金魁．我国造纸毛毯技术的新发展[J]. 上海造纸,2006(2):58－61.
[138] 章贵荣,陈风．抗污底网压榨造纸毛毯的制造方法:中国,200410067278.7 [P]. 2006－04－26
[139] 刘瑞宁．土工合成材料在公路工程中的应用[J]. 交通世界(建养．机械),2008(1):98－99.
[140] 冯楚生．土工合成材料及其在水利工程中的应用[J]. 湖南水利水电,2007(5):35－37.
[141] 刘晓辉．复合加筋土高挡墙的分析与研究[D]. 成都:四川大学,2005.
[142] 刘宗耀,杨灿文,王正宏,等．土工合成材料工程应用手册[M]. 北京:中国建筑出版社,1994
[143] 潘玮,李戎,段菊兰．各种轮胎帘子线纤维的发展[J]. 纺织导报,1999(5):13－16.
[144] S. 阿达纳．产业用纺织品手册[M]. 北京:中国纺织出版社,2000.
[145] 晏雄,肖建宇．产业用纤维及纺织品[M]. 上海:中国纺织大学出版社,1996:212－213.
[146] 李旭明,李龙．橡胶复合材料用聚酯帘子布的发展[J]. 北京纺织,2003,24(3):32－33,62.
[147] 丁双山,王凤然,王忠明 人造革与合成革[M]. 北京:中国石油出版社,1998

纺织高等教育“十一五”部委级规划教材

书　　名	主　编
纺织导论	薛　元
纺织导论(双语)	顾　平
纺织英语(第三版)	黄　故
新型纺纱(第二版)	谢春萍
纺纱实验教程	杨锁廷
机织实验教程	朱苏康
机织物组织与设计(双语)	聂建斌
织物纹织学	金子敏
针织学(第三版)(双语)	宋广礼　等译
针织工艺概论(第二版)	赵展谊
针织实验教程	张佩华
针织工艺与设备(第二版)	龙海如
针织厂设计(第二版)	李　津
针织 CAD 原理与应用	蒋高明
针织面料 CAD	龙海如
毛衫设计与市场开发	毛莉莉
纺织品功能性设计	吴　坚
纺织品及服装外贸(第二版)	张神勇
进出口纺织品检验检疫实务	郭晓玲
非织造布技术概论	马建伟
技术纺织品	陈韶娟
纺织企业现代管理(第二版)	林子务

书　名	主　编
棉纺织工厂设计(第二版)	钱鸿彬
纺织品检验学(第二版)	蒋耀兴
纺纱机械(第二版)	毛立民
织造机械(第二版)	陈　革
纺织厂空气调节(第三版)	周亚素
针织产品设计	张佩华
丝针织生产技术与新产品开发	陈慰来
丝绸产品设计(第二版)	沈　干
纺织经济与纺织品贸易	高长春
纺织服装电子商务	汤兵勇
技术经济分析	郑建国
纺织服装外贸英语函电	刘　嵩
纺织服装外贸跟单实务	倪武帆
纺织服装外贸单证实务	倪武帆
纺织品服装市场调研与预测	刘国联
纺织品服装消费科学	戴晓群
纺织服装贸易概论	王建坤
纺织服装外贸案例分析	吴雄英
纺织品服装进出口操作指南	钱竞芳
纺织品服装质量控制与管理	王亚超　杨卫丰
纺织服装企业物流管理	王亚超
现代纺织企业管理(第二版)	孙明贵
纺织电测技术(第二版)	朱正锋
纺织工艺设计	张增强

书名	作者	定价(元)
【普通高等教育"十五"国家级规划教材】		
纺织材料学	于伟东	48.00
纺织品设计学	李栋高	46.00
机织学	朱苏康　等	38.00
纺纱学	杨锁廷	32.00
针织学	龙海如	32.00
【纺织高等教育"十一五"部委级规划教材】		
纺织品功能性设计	吴　坚　李　淳	40.00
针织学(第三版)(双语)	宋广礼　等译	40.00
【纺织高等教育"十五"部委级规划教材】		
衣用纺织品学	蒋惠钧	35.00
纤维材料学	李栋高	48.00
纺织材料实验技术	余序芬	48.00
纺织品色彩设计	荆妙蕾	35.00
纺织概论	蒋耀兴	45.00
家用纺织品造型与结构设计	沈婷婷	31.00
纺织品 CAD 原理与应用	顾　平	40.00
纺纱系统与设备	郁崇文	58.00
纺织工艺设计与质量控制	郁崇文	42.00
纤维材料近代测试技术	潘志娟	48.00
针织服装设计与生产工艺	李　津	38.00
丝纺织工艺学	俞加林	56.00
羊毛衫设计与生产工艺	孟家光	45.00
【纺织高等教育教材】		
纺织面料设计	黄翠蓉　等	38.00
棉花检验与加工	徐　红	38.00
纺织服装营销学	王金泉	36.00
非织造布技术概论	马建伟　等	30.00
织物结构与设计(第三版)	蔡陛霞	34.00
纺织产品开发学(第二版)	滑钧凯	38.00
现代测试信号处理理论与实践	段　红	30.00
纺织英语(第二版)	黄　故	36.00
成形针织产品设计与生产	宋光礼	30.00
【纺织工程专业双语教材】		
纺织品设计手册	[英]杰奎·威尔逊	35.00
机织物组织与设计	聂建斌	34.00
【天津市高校"十五"规划教材】		
现代纺纱技术	杨锁廷	35.00
现代织造技术	郭兴峰	26.00

高校教材

书目：纺织类

书　名	作　者	定价(元)
【纺织机械系列教材】		
纺纱机械	周炳荣	30.00
织造机械	夏金国　等	30.00
【其他】		
纺织材料学	姚　穆　等	28.00
纺织材料实验教程	赵书经	22.00
简明纺织材料学	李亚滨　等	18.00
纺织品检验学	蒋耀兴	25.00
纺织企业现代管理	林子务	20.00
纺织商品学	刘建华	25.00
纺织工艺学概论(上、下)	于新安　等	18.00/17.00
棉纺工艺原理	陆再生	32.00
棉纺设备	陆再生	28.00
棉织原理	黄　故	30.00
棉织设备	黄　故	28.00
现代棉纺技术基础	刘国涛	28.00
棉纺织工厂设计	钱鸿彬	35.00
非织造布学	郭秉臣	58.00
针织物组织与产品设计	杨尧栋　等	38.00
针织工艺与设备	许吕崧　等	30.00
针织工艺概论	赵展谊	15.00
针织物染整	孔繁超	20.00
针织英语	汪黎明	23.00
羊毛衫加工原理与实践(上、下)	邓秀琴	30.00/20.00
针织厂设计	杨尧栋	24.00
针织服装设计基础	桂继烈	25.00
模糊控制技术	刘曙光　等	22.00
电气传动控制系统	陈振翼	25.00
实用机构学	沈世德	26.00
纺粘法非织造布	郭合信	32.00

高校教材

注　若本书目中的价格与成书价格不同，则以成书价格为准。中国纺织出版社市场营销部门市、函购电话：(010)64168231。或登录我们的网站查询最新书目：

中国纺织出版社网址：www. c-textilep. com